高等职业教育"十四五"规划旅游大类精品教材
研学旅行管理与服务专业系列专家指导委员会、编委会

专家指导委员会

总顾问

王昆欣　　世界旅游联盟（WTA）研究院首席研究员
　　　　　浙江旅游职业学院原党委书记

顾　问

文广轩　　郑州旅游职业学院原校长
李　丽　　广东工程职业技术学院党委副书记、院长
李　欢　　华中科技大学出版社旅游分社社长

编委会

总主编

魏　凯　　山东旅游职业学院副校长，教授
　　　　　全国餐饮教育教学指导委员会委员
　　　　　山东省旅游职业教育教学指导委员会秘书长
　　　　　山东省旅游行业协会导游分会会长

编委（排名不分先后）

陈佳平　　河南职业技术学院文化旅游学院院长
王亚超　　北京中凯国际研学旅行股份有限公司董事长
郭　峻　　山东理工职业学院文化旅游与艺术学院党总支书记
陈　瑶　　广东行政职业学院文化旅游学院党总支书记、院长
张楗让　　郑州旅游职业学院旅游管理学院党总支副书记
刘雁琪　　北京财贸职业学院科技处处长
李智贤　　四川职业技术学院创新创业学院院长
李风雷　　湖北三峡职业技术学院旅游与教育学院院长
乔海燕　　嘉兴职业技术学院文化与旅游学院院长
蒋永业　　武汉职业技术学院旅游与航空服务学院院长
陈天荣　　武汉软件工程职业学院文化旅游学院院长
蔡　展　　丽江文化旅游学院旅游管理学院院长
丁　洁　　南京旅游职业学院旅游管理学院副院长
杨　琼　　青岛幼儿师范高等专科学校文旅学院副院长
张清影　　漳州职业技术学院文旅学院副院长
王锦芬　　泉州幼儿师范高等专科学校外语旅游学院副院长
李晓雯　　黎明职业大学外语与旅游学院副院长
叶一青　　福建幼儿师范高等专科学校外语教育学院副院长
杜连丰　　广东研学汇实践教育研究院院长
程伟勇　　云驴通上海照梵软件有限公司总经理
谢　璐　　山东旅游职业学院旅游管理教研室主任
王　虹　　马鞍山师范高等专科学校旅游管理专业带头人
宋斐红　　山东旅游职业学院旅游信息系主任
朱德勇　　武汉城市职业学院旅游教研室主任
吕开伟　　酒泉职业技术学院旅游与烹饪学院旅游管理系主任
李坤峰　　湄洲湾职业技术学院研学旅行管理与服务专业主任
边喜英　　浙江旅游职业学院旅行服务与管理学院副教授
莫明星　　广西体育高等专科学校体育管理学院副教授
郭瑞娟　　山西旅游职业学院旅游管理系副教授
王超敏　　广东生态工程职业学院旅游与文化学院副教授
邓　菲　　江西工业职业技术学院经济管理学院副教授
李广成　　江阴职业技术学院经济管理系副教授
吴　敏　　闽西职业技术学院文化与旅游学院副教授

高等职业教育"十四五"规划旅游大类精品教材
研学旅行管理与服务专业系列

总顾问 ◎ 王昆欣　　总主编 ◎ 魏　凯

青少年心理学

QINGSHAONIAN XINLIXUE

主　编：王　虹　张　运
副主编：朱　青　万丽文　唐晓霞　楼历月　冯金城

http://press.hust.edu.cn
中国·武汉

内 容 简 介

本书系统阐述了青少年心理发展的核心要素与关键阶段,从认识青少年出发,深入剖析了家庭、学校、社会等成长环境对青少年心理的塑造作用。书中特别关注研学旅行在青少年成长中的独特价值,通过解析研学旅行中的心理学原理,揭示了青少年在研学过程中的认知深化、情感升华和意志锤炼。本书还从认知、情感、意志、社会关系等多个维度,全面展现了青少年心理发展的丰富内涵。同时,结合研学旅行实践案例,探讨了如何通过研学活动有效促进青少年核心素养的提升。

本书内容丰富、结构严谨,既适合作为高职院校的教学用书,也适合广大教育工作者、家长及青少年自我学习和参考,还可以为研学旅行管理与服务专业学生的学习提供有力的理论支持和实践指导。

图书在版编目(CIP)数据

青少年心理学 / 王虹,张运主编. -- 武汉:华中科技大学出版社,2024.8. -- (高等职业教育"十四五"规划旅游大类精品教材). -- ISBN 978-7-5772-0984-5

Ⅰ. B844.2

中国国家版本馆 CIP 数据核字第 202415Q9R7 号

青少年心理学
Qingshaonian Xinlixue

王虹 张运 主编

总 策 划:	李 欢
策划编辑:	王雅琪 王 乾
责任编辑:	洪美员
封面设计:	原色设计
责任校对:	刘小雨
责任监印:	周治超
出版发行:	华中科技大学出版社(中国·武汉)　电话:(027)81321913
	武汉市东湖新技术开发区华工科技园　邮编:430223
录　　排:	孙雅丽
印　　刷:	武汉科源印刷设计有限公司
开　　本:	787mm×1092mm　1/16
印　　张:	15
字　　数:	328千字
版　　次:	2024年8月第1版第1次印刷
定　　价:	49.80元

本书若有印装质量问题,请向出版社营销中心调换
全国免费服务热线:400-6679-118　竭诚为您服务
版权所有　侵权必究

序一

习近平总书记在党的二十大报告中深刻指出,要"统筹职业教育、高等教育、继续教育协同创新,推进职普融通、产教融合、科教融汇,优化职业教育类型定位""实施科教兴国战略,强化现代化建设人才支撑""要坚持教育优先发展、科技自立自强、人才引领驱动""开辟发展新领域新赛道,不断塑造发展新动能新优势""坚持以文塑旅、以旅彰文,推进文化和旅游深度融合发展",这为职业教育发展提供了根本指引,也有力地提振了旅游职业教育发展的信念。

2021年,教育部立足增强职业教育适应性,体现职业教育人才培养定位,发布了新版《职业教育专业目录(2021年)》,2022年,又发布了新版《职业教育专业简介》,全面更新了职业面向、拓展了能力要求、优化了课程体系。因此,出版一套以旅游职业教育立德树人为导向、融入党的二十大精神、匹配核心课程和职业能力进阶要求的高水准教材成为我国旅游职业教育和人才培养的迫切需要。

基于此,在全国有关旅游职业院校的大力支持和指导下,教育部直属的全国重点大学出版社——华中科技大学出版社,在党的二十大精神的指引下,主动创新出版理念、改进方式方法,汇聚一大批国内高水平旅游院校的国家教学名师、全国旅游职业教育教学指导委员会委员、全国餐饮职业教育教学指导委员会委员、资深教授及中青年旅游学科带头人,编撰出版"高等职业教育'十四五'规划旅游大类精品教材"。本套教材具有以下特点:

一、全面融入党的二十大精神,落实立德树人根本任务

党的二十大报告中强调:"坚持和加强党的全面领导。"党的领导是我国职业教育最鲜明的特征,是新时代中国特色社会主义教育事业高质量发展的根本保证。因此,本套教材在编写过程中注重提高政治站位,全面贯彻党的教育方针,"润物细无声"地融入中华优秀传统文化和现代化发展新成就,将正确的政治方向和价值导向作为本套教材的顶层设计并贯彻到具体项目任务和教学资源中,不仅培养学生的专业素养,还注重引导学生坚定理想信念、厚植爱国情怀、加强品德修养,以期落实"立德树人"这一教育的根本任务。

二、基于新版专业简介和专业标准编写,兼具权威性与时代适应性

教育部2022年发布新版《职业教育专业简介》后,华中科技大学出版社特邀我担任

总顾问,同时邀请了全国近百所旅游职业院校知名教授、学科带头人和一线骨干教师,以及旅游行业专家成立编委会,对标新版专业简介,面向专业数字化转型要求,对教材书目进行科学全面的梳理。例如,邀请职业教育国家级专业教学资源库建设单位课程负责人担任主编,编写《景区服务与管理》《中国传统建筑文化》及《旅游商品创意》(活页式);《旅游概论》《旅游规划实务》等教材成为教育部授予的职业教育国家在线精品课程的配套教材;《旅游大数据分析与应用》等教材则获批省级规划教材。经过各位编委的努力,最终形成"高等职业教育'十四五'规划旅游大类精品教材"。

三、完整的配套教学资源,打造立体化互动教材

华中科技大学出版社为本套教材建设了内容全面的线上教材课程资源服务平台:在横向资源配套上,提供全系列教学计划书、教学课件、习题库、案例库、参考答案、教学视频等配套教学资源;在纵向资源开发上,构建了覆盖课程开发、习题管理、学生评论、班级管理等集开发、使用、管理、评价于一体的教学生态链,打造了线上线下、课内课外的新形态立体化互动教材。

本套教材既可以作为职业教育旅游大类相关专业教学用书,也可以作为职业本科旅游类专业教育的参考用书,同时,可以作为工具书供从事旅游类相关工作的企事业单位人员借鉴与参考。

在旅游职业教育发展的新时代,主编出版一套高质量的规划教材是一项重要的教学质量工程,更是一份重要的责任。本套教材在组织策划及编写出版过程中,得到了全国广大院校旅游教育教学专家教授、企业精英,以及华中科技大学出版社的大力支持,在此一并致谢!

衷心希望本套教材能够为全国职业院校的旅游学界、业界和对旅游知识充满渴望的社会大众带来真正的精神和知识营养,为我国旅游教育教材建设贡献力量。也希望并诚挚邀请更多旅游院校的学者加入我们的编者和读者队伍,为进一步促进旅游职业教育发展贡献力量。

王昆欣
世界旅游联盟(WTA)研究院首席研究员
高等职业教育"十四五"规划旅游大类精品教材总顾问

序二
XU ER

2024年5月17日,全国旅游发展大会在北京召开。习近平总书记对旅游工作作出重要指示,强调"新时代新征程,旅游发展面临新机遇新挑战",要"坚持守正创新、提质增效、融合发展"。党的十八大以来,我国旅游业日益成为新兴的战略性支柱产业和具有显著时代特征的民生产业、幸福产业,成功走出了一条独具特色的中国旅游发展之路。当下,我国旅游业正大力发展新质生产力,推动全行业高质量发展,加速构建旅游强国。

在这个知识经济蓬勃发展的时代,教育的形式正经历着前所未有的变革。随着素质教育理念的深入人心与国家政策的积极引导,研学旅行作为教育创新的重要实践,已成为连接学校教育与社会实际、理论学习与实践探索的桥梁。"读万卷书,行万里路",研学旅行不仅丰富了青少年的学习体验,更是培养其综合素质、创新意识、民族使命感、社会责任感的有效途径。自2016年11月30日教育部等11部门联合出台《关于推进中小学生研学旅行的意见》以来,研学旅行作为教育新形式、旅游新业态在国内蓬勃发展,成为教育和文旅行业的新增长点。2019年10月,"研学旅行管理与服务"专业正式列入《普通高等学校高等职业教育(专科)专业目录》,研学旅行专业人才培养正式提上日程。但是行业的快速发展也暴露了研学旅行专业人才短缺、相关理论体系不完善、专业教材匮乏、管理与服务标准不一等问题。为了有效应对这些挑战,在此背景下,我们联合全国旅游院校的多位优秀教师与行业精英,经过深入调研与精心策划,推出研学旅行管理与服务专业的系列教材,旨在为这一新兴领域提供一套专业性、系统性、实用性兼备的教学资源,助力行业人才培养。

习近平总书记指出,要抓好教材体系建设。从根本上讲,建设什么样的教材体系,核心教材传授什么内容、倡导什么价值,体现的是国家意志,是国家事权。教材建设是育人育才的重要依托,是解决培养什么人、怎样培养人以及为谁培养人这一根本问题的重要载体,是教学的基本依据。教材建设要紧密围绕党和国家事业发展对人才的要求,扎根中国大地,拓宽国际视野,以全面提高质量为目标,以提升思想性、科学性、民族性、时代性、系统性为重点,形成适应中国特色社会主义发展要求、立足国际学术前沿、门类齐全、学段衔接的教材体系,为培养担当民族复兴大任的时代新人提供有力支撑。新形态研学旅行管理与服务专业教材的编写既是一项迫切的现实任务,也是一项重要的研究课题。本系列教材根据专业人才培养目标准确进行教材定位,按照应用导向、能力导向要求,优化教材内容结构设计,融入丰富的典型案例、延伸材料等多元化内容,全线贯穿课程思政理念,体现对工匠精神、红色精神、团队精神、文化传承、文化创新、文明旅游、生态文明和社会主义核心价值观的弘扬和引导,提升教材的人文精神。同时广泛调查和研究应用型本科高等职业教育学情特点和认知特点,精准对标研学旅行相关岗位的职业特点及人才培养的业务规格,突破传统教材的局限,打造一套能够积极响应旅游强国战略,适应新时代职业教育理念的高质量专业教材。本系列教材共包含十二本,每一本都是对研学旅行或其中某一关键环节的深度剖析与实践指导,形成了从理论到实践、从课程设计到运营管理的全方位覆盖。这套教材不仅是一套知识体系的构建,更是一个促进教育与旅游深度融合,推动行业标准化、专业化发展的积极尝试。它为相关专业学生、教师、行业从业人员提供权威、全面的学习资料,助力培养一批具备教育情怀、专业技能与创新能力的研学旅行管理与服务人才,进一步推动我国研学旅行事业向更高水平迈进。

研学旅行管理与服务专业教材的编写对于专业建设、人才培养意义重大,影响深远。华中科技大学出版社与山东旅游职业学院、浙江旅游职业学院等高校,以及北京中凯国际研学旅行股份有限公司深度合作,以科学、严谨的态度,在全国范围内凝聚院校和行业优秀人才,精心组建编写团队,数次召开研学旅行管理与服务专业系列教材编写研讨会,深入一线对行业、院校进行调研,广泛听取各界专家意见,为教材的高质量编写和出版奠定了扎实的基础。在此向学界、业界携手共建教材体系的各位同仁表示衷心的感谢!

我们相信,这套教材的出版与应用能够为研学旅行的发展注入新的活力,促进理论与实践的有机结合,为研学旅行专业人才的培养赋能,也为教育创新和旅游业的转型升级、提质增效贡献力量。同时,我们也期待读者朋友们能为本系列教材提出宝贵的意见和建议,以便我们不断改进和完善教材内容。

魏凯

山东旅游职业学院副校长,教授

全国餐饮教育教学指导委员会委员

山东省旅游职业教育教学指导委员会秘书长

山东省旅游行业协会导游分会会长

前言

我们翻开这本《青少年心理学》教材时,不禁会思考:青少年,这个处于人生关键转折期的群体,他们的内心世界究竟是怎样的?他们如何面对成长中的挑战与困惑?又如何通过研学旅行等实践活动促进自身的全面发展?这正是本教材所要探讨的核心问题。

青少年时期,是一个人从儿童向成人过渡的重要阶段。在这个阶段,青少年的身心发展经历了巨大的变化,他们的认知、情感、意志和社会关系等方面都在不断发展和完善。然而,这个过程中也充满了各种挑战和困惑。如何帮助他们更好地应对这些挑战,促进其健康成长,是我们作为教育工作者和心理学者的重要使命。

研学旅行作为一种新型的教育方式,为青少年的全面发展提供了广阔的空间。通过研学旅行,青少年可以走出课堂,深入社会,亲身感受自然与人文的魅力,提高自己的实践能力,培养创新精神。同时,研学旅行也是促进青少年心理健康发展的一个重要途径。在研学旅行中,青少年面对各种未知和挑战,可以学会独立思考、解决问题,增强自信心和提高社会适应能力。

本教材正是基于这样的背景和需求而编写的。本教材结合心理学、教育学、社会学等多学科的理论和实践,深入探讨了青少年心理学的基本原理和应用方法,分析了青少年认知、情感、意志和社会关系等方面的发展特点,揭示了青少年成长中的心理规律和问题。同时,也结合研学旅行的实践案例,探讨了如何通过研学旅行促进青少年的全面发展。

在编写过程中,本教材力求做到科学性、系统性和实用性相结合,注重吸收国内外最新的研究成果和实践经验,力求为读者呈现一个全面、深入、生动的青少年心理学世界。同时,注重教材的实用性和可操作性,以便能够为教育工作者和心理学者提供一套切实可行的指导方案。

当然,青少年心理学是一个复杂而庞大的领域,本教材的探索只是冰山一角,我们深知,还有许多未知和挑战等待大家去发现和解决。因此,我们希望通过这本教材的出版,引起更多人对青少年心理学的关注和研究,共同为青少年的健康成长贡献力量。

感谢所有为本教材编写付出辛勤劳动的作者和编辑人员,感谢广大读者对本教材的关注和支持,希望它能够成为读者了解青少年心理,进而促进青少年健康发展的有益工具。

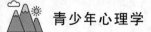

  本教材编写分工如下：第一章由马鞍山师范高等专科学校张运、万丽文老师编写；第二章由清远职业技术学院唐晓霞老师编写；第三章由马鞍山师范高等专科学校王虹老师编写；第四章由马鞍山师范高等专科学校朱青老师编写；第五章、第六章由朱青、王虹和唐晓霞老师编写；第七章由张运老师编写；第八章由万丽文老师编写；案例收集和全书统稿工作由楼历月老师完成。

  愿这本《青少年心理学》能够成为读者探索青少年内心世界的一把钥匙，为读者在青少年教育工作中提供有益的参考和启示。

王虹

2024 年 5 月 1 日

目录
MULU

第一章 认识青少年　　001

第一节 青少年发展时期　　002
一、青少年的界定　　002
二、青少年的基本特征　　004

第二节 青少年成长环境　　013
一、家庭　　013
二、学校　　014
三、社会(第三空间)　　015

第二章 研学旅行中的青少年　　019

第一节 研学旅行与青少年发展的关系　　021
一、参与是前提　　021
二、学习深体验　　021
三、技能得锻炼　　023
四、实践出真知　　025

第二节 青少年问题与挑战　　025
一、认知失调　　026
二、情绪失调　　027
三、意志弱化　　027
四、关系失衡　　028

第三节 研学旅行的育人作用　　031
一、助推学生德智体美劳全面发展　　031
二、促进学生心理健康发展　　033

三、促成跨学科实践育人　　034
　　四、整合利用社会教育资源　　034

第三章　研学旅行中的心理学原理　　036

第一节　研学旅行中精神分析观　　038
　　一、弗洛伊德的理论　　038
　　二、埃里克森的理论　　041

第二节　研学旅行中认知发展观　　046
　　一、皮亚杰的理论　　046
　　二、信息加工理论　　051

第三节　研学旅行中行为主义学习观　　054
　　一、华生的理论　　054
　　二、巴甫洛夫的理论　　056
　　三、斯金纳的理论　　058
　　四、班杜拉的理论　　062

第四节　研学旅行中系统发展观　　065
　　一、霍尔的复演说　　065
　　二、维果茨基的理论　　067
　　三、朱智贤的发展观　　070
　　四、生态系统理论　　072

第四章　青少年认知发展与研学旅行　　077

第一节　认知发展　　079
　　一、青少年认知发展形式运算阶段　　079
　　二、青少年信息加工理论　　083

第二节　自我中心思维　　084
　　一、青少年的自我中心　　084
　　二、青少年自我中心与行为问题　　085

第三节　学习　　087
　　一、学习与研学旅行　　087
　　二、学习动机　　088
　　三、学习迁移　　092

四、学习策略　　095
　　五、学习成效影响因素　　097

第五章　青少年情感发展与研学旅行　　111

第一节　青少年研学行程中的情感发展　　112
　　一、情感与情绪　　112
　　二、青少年情感发展的一般特点　　117
　　三、青少年常见的情感与情绪问题　　122
　　四、青少年的情绪管理策略　　125

第二节　青少年研学行程中的品德发展　　129
　　一、品德　　129
　　二、青少年品德发展的特征　　130
　　三、青少年研学行程中的德育功能　　135
　　四、青少年价值观培育　　137

第六章　青少年意志发展与研学旅行　　143

第一节　青少年研学行程中的意志发展　　144
　　一、意志　　144
　　二、青少年意志行动的特点　　145
　　三、当代青少年意志品质的现状　　147
　　四、影响青少年意志品质发展的因素　　149
　　五、培养青少年良好意志品质的方法　　151

第二节　青少年研学行程中的挫折心理　　155
　　一、挫折　　155
　　二、影响青少年挫折产生的因素　　157
　　三、青少年受挫后的行为表现　　161
　　四、挫折的作用　　163
　　五、应对挫折的策略　　164

第七章　青少年社会发展与研学旅行　　168

第一节　青少年的同学关系　　169
　　一、同学关系的内涵　　169

二、青少年同学关系问题　　170
　　三、同学关系的影响因素　　175
　　四、同学关系对青少年研学旅行的影响　　177

第二节　青少年的师生关系　　180
　　一、师生关系的内涵　　180
　　二、青少年的师生关系类型　　181
　　三、师生关系对青少年心理健康的影响　　183
　　四、研学旅行中青少年师生关系调节　　185

第三节　青少年的其他关系　　188
　　一、亲子关系　　188
　　二、亲子冲突　　192
　　三、影响亲子冲突的因素　　193
　　四、临时交往关系　　195

第八章　青少年核心素养与研学旅行　　197

第一节　研学旅行中青少年积极发展观　　198
　　一、积极青少年发展观　　198
　　二、积极发展的特征　　199
　　三、青少年积极发展的特征评估　　202

第二节　研学旅行中青少年核心素养框架的建构　　203
　　一、学生发展核心素养框架的建构　　203
　　二、学生核心素养指标的内涵　　204
　　三、学生核心素养形成的国际经验　　207
　　四、研学旅行与学生核心素养的提升　　209

第三节　基于核心素养的研学旅行课程设计　　213
　　一、中小学研学旅行课程定位　　213
　　二、中小学研学旅行课程原则　　214
　　三、核心素养融入课程目标设计　　214
　　四、核心素养融入研学课程设计　　215

参考文献　　218

阅读推荐　　221

第一章
认识青少年

 本章概要

  本章主要分为两个部分:青少年发展时期、青少年成长环境。首先从青少年的界定和青少年的基本特征来描述与解释青少年发展时期。青少年的生理发展一般特征有:身体外形的变化,如身高、体重的变化;内部机能的变化,如内脏、肌肉和脂肪、脑、腺体和激素的变化;性成熟。青少年心理发展的一般特征有过渡性、封闭性、动荡性和社会性。青少年心理发展的影响因素有遗传因素、家庭因素、学校因素、同伴关系因素、大众媒体和社会文化因素。其次通过家庭、学校和社会(第三空间)这三个方面来展现青少年成长环境。

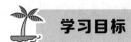

知识目标

1.了解青少年时期身体发育的特点,尊重理解青少年身体特点及性别差异。
2.熟悉青少年的成长环境。

能力目标

1.能够掌握青少年成长过程中出现的身心变化过程,培养理性看待青少年生长发育和心理现象的意识。
2.在研学旅行中掌握青少年成长过程中各类环境的影响内容与程度。

思政目标

1.把握青少年身体发育带来的心理影响,领会新时代好少年标准,引导榜样的力量。
2.通过分析青少年的成长环境,营造有利于青少年健康发展的环境。

知识导图

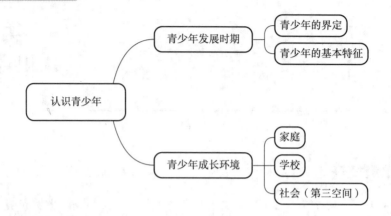

 章节要点

  青少年时期：我国心理学界一般把青少年时期界定为十一二岁至十七八岁这一发展时期，相当于小学高年级到中学教育阶段。

  第一性征：影响生殖能力的身体特征的变化，即由遗传决定的生殖器官和性腺上的差异，如男性的睾丸与阴茎、女性的卵巢与子宫。

  第二性征：那些重要的能够区分男女性别的但对生殖能力无本质影响的身体外部形态特征。

  遗传：遗传是一种生理现象，是指双亲的身体结构和功能的各种特征通过遗传基因传递给下一代的现象。

第一节　青少年发展时期

一、青少年的界定

（一）青少年时期

  我国心理学界一般把青少年时期界定为十一二岁至十七八岁这一发展时期，相当于小学高年级到中学教育阶段。其中，十一二岁至十四五岁这一阶段为少年期，又称青春期；十四五岁至十七八岁称为青年初期（林崇德，1995）。

  西方心理学界一般将青少年时期界定为从青春发育期开始直至完成大学学业，即十一二岁至二十一二岁这一阶段，大致相当于人生整个发展历程中的第二个十年（Cole 等，1996；Santrock，2001；Steinberg，1999）。

虽然国内外学者没有给青少年时期下一个统一的界定,但依据我国的国情,本书在分析青少年时期将依据我国心理学界的年龄界定,将青少年时期设定为我国小学阶段高年级、初中阶段和高中阶段。

(二)早期发展

按照发展心理学观点,早期发展主要研究个体从受精卵的形成一直到衰老、死亡的生命全过程中心理发生与发展的特点和规律,即研究个体毕生心理发展的特点和规律。个人一生的发展,从青少年时期之前,大体可以分为产前期、婴儿期、幼儿期、学龄儿童期。下面介绍青少年早期发展的四个阶段至青少年时期的年龄划分及其特点。

1. 生命的开始

母亲产前期或孕期(从受精卵到出生)是一个人生命的开端,个体主要在母体环境中发展。从受精卵的形成一直到发育成一个完整的人,个体先后经历了胚种期、胚胎期和胎儿期。在这一阶段,一个新生命的各个器官和基本的身体结构逐渐形成,身体成长最迅速,也很容易受环境的影响。优生是这一阶段最重要的任务。

2. 婴儿期的发展

婴儿期(从出生到三岁),儿童经历了从母体环境到母体外的自然和社会环境的转变,感觉、知觉等心理活动迅速发展起来,身体成长和动作技能发展迅速。而且,在最初的几周就已表现出学习和记忆能力,运用各种符号和解决问题的能力开始发展起来,言语理解和运用能力也迅速发展。这一时期,儿童与父母或其他养育者的依恋构成儿童早期最重要的社会关系。这一时期是早期教育的关键期。

3. 幼儿期的发展

童年早期(三岁到六七岁)又称为幼儿期或学前期。这一时期,儿童开始进入幼儿园,接受系统的学校教育。这一时期是系统的学校教育的开端,同时也是接受学龄期的系统教育的准备期。

4. 学龄儿童期的发展

童年中期(六七岁到十一二岁)又称为学龄初期。这一时期是儿童开始接受系统的学校教育、学习系统的知识和技能的时期。这一时期是儿童道德发展的重要时期。

5. 青少年期的发展

青少年期(十一二岁到十七八岁)是儿童向成人过渡的时期,儿童在生理上日益成熟,产生成人感。这一时期是自我认同感形成的重要时期,形成明确的理想和积极的价值观并为之奋斗是这一阶段的主要任务。个体在这一时期渴望得到属于自己的空间与隐私。

思政园地

健全青少年心理健康教育和心理问题干预机制

全国政协委员、北京师范大学国家高端智库教育国情调查中心主任张志勇建议,加快健全青少年心理健康教育和心理问题干预机制。

张志勇建议全社会行动起来,建立青少年心理健康学校教育护航机制、青少年心理问题校家社协同辅导机制,以及青少年心理健康教卫联合会诊、干预和康复机制,还有心理高危学生网上巡查机制和党委领导、政府主导、教育主责、社会协同的中小学生心理健康教育工作机制等五大机制,共同保护青少年心理健康。

张志勇强调,对于中小学来说:一是要把青少年身心健康和人格健全作为落实立德树人根本任务的首要目标;二是要健全学校心理健康教育体系,全面推行全员育人导师制,为青少年营造和谐健康的教育生态。

资料来源 2024年3月7日《中国教育报》。

二、青少年的基本特征

(一)青少年生理发展的一般特征

1. 身体外形的变化

1)身高的变化

身高的变化是青少年身体形态变化直观的标志之一。人的一生中会有两次生长发育高峰:第一次是从胎儿到出生后1岁左右,第二次是在10—20岁的青少年期。一般来说,男孩生长发育高峰出现在13.5岁,女孩生长发育高峰出现在11.5岁。在生长发育高峰期,男孩的身高平均每年可增长7—9厘米,最多可达10—12厘米;女孩的身高平均每年可增长5—7厘米,最多可达9—10厘米。表1-1是根据国家卫健委2018年发布的《7岁~18岁儿童青少年身高发育等级评价》提炼出的中国11—18岁青少年身高发育等级划分标准。

表1-1 中国11—18岁青少年身高发育等级划分标准　　单位:厘米

年龄/岁	性别	下等	中下等	中位数	中上等	上等
11	男	130.39	138.20	146.01	153.82	161.64
11	女	132.09	139.72	147.36	154.99	162.63
12	男	134.48	143.33	152.18	161.03	169.89
12	女	138.11	145.26	152.41	159.56	166.71
13	男	143.01	151.60	160.19	168.78	177.38
13	女	143.75	149.91	156.07	162.23	168.39
14	男	150.22	157.93	165.63	173.34	181.05
14	女	146.18	151.98	157.78	163.58	169.38
15	男	155.25	162.14	169.02	175.91	182.79

续表

年龄/岁	性别	下等	中下等	中位数	中上等	上等
15	女	147.02	152.74	158.47	164.19	169.91
16	男	157.72	164.15	170.58	177.01	183.44
16	女	147.59	153.26	158.93	164.60	170.27
17	男	158.76	165.07	171.39	177.70	184.01
17	女	147.82	153.50	159.18	164.86	170.54
18	男	158.81	165.12	171.42	177.73	184.03
18	女	148.54	154.28	160.01	165.74	171.48

注：源自2018年中华人民共和国国家卫生健康委员会发布的资料。

2) 体重的变化

在身高快速增长的同时，青少年的体重也在增加，体重的增长虽不如身高增长得明显，但其增长的时间比身高增长的时间要长得多，变化幅度也较大。近年来，随着我国经济社会发展和人民生活水平提高，我国青少年营养与健康状况逐步改善，生长发育水平不断提高，营养不良率逐渐下降。与此同时，由于青少年膳食结构及生活方式发生深刻变化，加之课业负担重、电子产品普及等因素，青少年营养不均衡、身体活动不足现象广泛存在，超重肥胖率呈现快速上升趋势，已成为威胁我国儿童身心健康的重要公共卫生问题。

2021年9月，教育部第八次全国学生体质与健康调研结果公布显示，一些学生体质与健康状况亟待解决。儿童青少年期，超重肥胖增长趋势如果得不到有效遏制，将极大影响我国年轻一代的健康水平，且会显著增加成年期肥胖、心脑血管疾病和糖尿病等慢性病过早发生的风险，给我国慢性病防控工作带来巨大压力，给个人、家庭和社会带来沉重负担。

2. 内部机能的变化

1) 内脏的变化

心脏和肺的迅速发育及功能完善，使人体从外界吸取氧气和排出体内废气的能力大大提高，从而满足了青春期身体快速增长和新陈代谢旺盛的需要。

一方面，青少年的心脏的重量大大增加。初生时，人的心脏的重量一般为20—25克，到青少年时期可增长12—14倍，达到240—350克，而且心脏纤维的弹力变大，收缩力增强，每次搏动时输出的血液量大大增加，和成人接近。这时候，虽然每分钟心脏搏动次数有所减少，但心脏的供血能力却显著提高。同时，血压、脉搏也接近成人水平。青少年男孩12岁时，平均血压为105/63 mmHg，平均脉搏为84次/分；18岁时，平均血压为113/70 mmHg，平均脉搏为79次/分。青少年女孩12岁时，平均血压为102/63 mmHg，平均脉搏为85次/分；18岁时，平均血压为105/66 mmHg，平均脉搏为81次/分。

另一方面,青少年的肺功能也大幅提升。青少年时期胸廓增大,肺的容积也同时增大,加之呼吸肌的力量增强,每次呼吸的深度加大,也使每分钟呼吸的次数减少,但吸进和呼出的气体量却显著增多。12岁时,青少年的肺的重量约为新生儿的9倍,青少年男孩平均肺活量为2007毫升;18岁时,平均肺活量达到3521毫升。12岁时,青少年女孩平均肺活量为1728毫升;18岁时,平均肺活量达到2283毫升。

2) 肌肉和脂肪的变化

青少年的肌肉的发育大致和身高的发育一致。随着身高的增长,肌肉的长度增加,肌肉纤维变粗,总重量也加大。而且其肌肉组织也变得更为紧密,肌肉力量大大增强,体力也随之增强。不过,肌肉的发展上有着明显的性别差异,在男性身上表现得更为明显。在肌肉重量增加的同时,肌肉的收缩力、耐久力也相应地增强,逐渐能够承担比较重的体力活动。男孩的肌肉发展较快,力量也比女孩大,手的握力差异就是最好的例证。12岁时,青少年男孩平均握力为21.62千克,18岁时达到42.68千克;12岁的青少年女孩平均握力为19.01千克,18岁时达到26.36千克。

在肌肉发展的同时,青少年的脂肪也有很大的变化。不过,与肌肉发展不同的是,男孩的脂肪呈现逐渐减少的趋势,他们发育更好的是肌肉,所以他们看起来更加强壮。然而,女孩的脂肪并没有减少,而是分布在骨盆、胸部、背部上方、上臂、臀部和髋部,使得她们日益丰满起来。

3) 脑的变化

脑对全身各系统各器官的机能活动起着调节支配的作用,所以脑的发育比其他各器官的发育要早要快,一直处于领先地位。8岁时,儿童的脑的重量已达1320多克,青少年时期可达1400克。虽然脑的质量与容积增加很少,但皮质细胞的机能却在迅速发育,这在脑电波频率的变化上得到充分的反映。

如果以下列三个指标作为大脑皮质成熟的标志:一是大脑皮质的细胞振荡基本达到α波范围,二是α波的频率基本达到成人水平,三是"重脉搏"与"复脉搏"呈现的百分值基本接近成人水平(约15%),那么在9岁时枕叶基本成熟,在11岁时颞叶基本成熟,而全皮质的成熟则在13岁左右。此后直到20岁左右,脑细胞的内部结构和机能不断进行复杂的分化,沟回增多、加深,神经联络纤维数量的激增使得在青少年时期个体的认知能力迅速提高。

正是因为脑的内部结构不断分化和完善,机能更加精细和复杂,因而这时候的青少年的理解、判断、推理、思考的能力都比儿童时期大大提高,有了很大的飞跃。一方面,随着年龄增长,脑电波逐渐加快,10岁左右出现的α波(频率8—13Hz)越来越活跃,14岁以后成为脑电波的主要形式。另一方面,青少年的脑部不断分化,沟回增多、加深,兴奋过程和抑制过程逐步平衡,尤其是内抑制机能日臻完善。到青少年中期,兴奋过程和抑制过程已经能够协调一致。

4) 腺体和激素的变化

激素在很大程度上决定了青春期的身体变化,包括身体外形、内脏、脑的发育和性的成熟。激素是内分泌腺分泌到血液中的化学物质,能够促进人体外形和结构的变化,影响人的先天行为模式的获得,调节体内平衡。人体内有20多种激素,在青少年时期起明显作用的是人体生长激素、睾丸素、雌激素和黄体酮。

人体生长激素刺激骨骼的发展,促进生长。如果分泌不足会导致"侏儒症",而分泌过多则会导致"巨人症"。另外,睾丸素、雌激素和黄体酮都可以称为性激素,它们主要由性腺产生,对第一性征、第二性征的发展有重要影响。这三种激素在男女体内均有,只是浓度不同。睾丸素主要是促进生殖系统和肌肉的生长发育。雌激素主要促进女孩的肌肉生长、第二性征的发展和身体长高,并影响脂肪分布。睾丸素和雌激素都会影响男女的性驱力。黄体酮主要促进乳房的发育,启动月经周期等。

3. 性成熟

青少年时期表现出的身体形态上的性别差异称为第二性征。第二性征的出现是青少年时期生理发育最为明显的标志。所谓第二性征,是指那些重要的能够区分男女性别的但对生殖能力无本质影响的身体外部形态特征。而影响生殖能力的身体特征的变化称为第一性征,即由遗传决定的生殖器官和性腺上的差异,如男性的睾丸与阴茎、女性的卵巢与子宫。个体进入青春期后,第一性征开始分泌性激素,从而促进了第二性征的发育,主要包括阴毛的生长、性器官外表的变化和乳房的发育等(见表1-2)。

表1-2 男女青少年性成熟的主要变化

男孩变化	大致年龄/岁	女孩变化	大致年龄/岁
睾丸增大	12	子宫与阴道增大	10
阴毛生长	12—13	乳房发育	11
阴茎长大	13	阴毛生长,体重快速增长	12
遗精	14	身高快速增长	12
身高快速增长	14	肌肉和器官发育高峰	12—13
腋毛生长,长出胡须	14	月经初潮	12—13
肌肉和器官发育高峰	15	腋毛生长	14
嗓音变化	15	阴毛成型	16
阴毛成型	18	乳房成型	18

男性的第二性征主要表现为音调变低、喉头突起,长出胡须、阴毛,睾丸和阴茎增大,肌肉骨骼发育坚实,身体显得健壮。睾丸是男性的主性器官,它分泌的雄激素刺激着男性附性器官(输精管、附睾、精囊、射精管、前列腺、阴茎等)和第二性征的发育。男性性发育大约从12岁开始,随着睾丸的发育,开始出现遗精。

女性的第二性征主要表现为音调变高、乳房隆起,长出阴毛,骨盆变宽,臀部变大,皮下脂肪增多,形成女性体态。其中,最明显的变化就是阴毛和乳房的发育。卵巢是女性的主性器官,大约从10岁开始发育,它负责产卵、分泌雌激素和孕激素,雌激素刺激着女性附性器官(输卵管、子宫、阴道等)的发育和第二性征的出现。女性发育成熟的一个重要标志是月经初潮的到来,月经初潮一般发生在身高增长高峰后1年左右,初潮年龄波动范围为10—16岁。

需要指出的是,青春期个体生理发育时间与速度不仅存在性别差异,而且在同性个体之间同样存在差异,即生理发育与性成熟的"早熟"和"晚熟"现象,因此,仅仅依靠群体的平均年龄来判断个体的发育年龄容易产生误差。青少年的发育受到遗传生物因素和后天环境因素的交互作用。比如,对成熟时间影响最大的是遗传因素,但环境因素也产生重要的影响,例如,儿童期营养和健康状况良好的青少年进入青春期的时间要早于他们的同伴。

(二) 青少年心理发展的一般特征

青少年生理上的发育基本上完成了从儿童向成人的过渡,而生理上的成熟又促使青少年自我意识和成人感的产生,出现强烈的独立性冲动。但是,在青少年时期,由于他们的心理成熟水平和社会地位与新出现的性需要和独立性需要存在着明显的矛盾(见图1-1),这就使得他们的心理产生成人感和幼稚性并存的矛盾,从而使整个青少年时期表现出过渡性、封闭性、动荡性和社会性四个基本特点(林崇德,1983)。

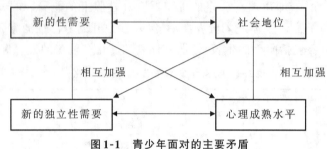

图1-1 青少年面对的主要矛盾

1. 过渡性

青少年生理发育、实践活动和社会地位等方面的特征决定了这一阶段心理的过渡性:发展迅速但又不够稳定,很多方面兼具童年期的幼稚和成年期的成熟。

青少年心理的过渡性在青少年前期与青少年后期表现出两种不同的特点:青少年前期是一个半幼稚、半成熟的时期,是独立性和依赖性、自觉性和幼稚性错综复杂、充满矛盾的时期;青少年后期是一个逐步趋于成熟的时期,是个体独立走向社会生活的准备时期。比较而言,青少年前期还保留着一定的幼稚性,而青少年后期则更多表现为成熟时的独立性和自觉性。但总体来看,青少年还只是逐步走向成熟,他们在认知、学习、自我控制等方面的能力还不成熟,情感丰富、热烈但又常常缺乏控制,个性与自我意识迅速发展但仍不够稳定。因此,仍然需要教师、家长和有关人士对其多加关怀与指导,以促使他们顺利度过这一时期,走向真正的成熟。

2. 封闭性

青少年心理发展的封闭性是指他们的内心世界逐渐复杂,开始不大轻易将内心活动表露出来。青少年心理发展的封闭性特征与他们的认知能力和意志力的发展有着直接的关系,青少年的认知能力发展迅速,抽象逻辑思维开始占优势,思维类型从"经验型"向"理论型"发展。因此,智力活动的"内化"程度就越来越高,心理发展也逐渐趋于封闭。同时,在青少年时期,个体的意志力也得到了相应的发展,情感上的波动能被很好地控制而不表现出来。这是封闭性的情感与意志方面的基础。

青少年的心理发展虽然表现出一定的封闭性,但是他们对同龄、同性别的人,特别是"知己"却很容易袒露内心,教育者应了解这一特点并在教育实践中进行有效应用。当然,与成年人相比,青少年由于生活经历有限,他们有时会显得非常纯真、直率。

3. 动荡性

正如图1-1所示,青少年要面对四种矛盾冲突:新的性需要与社会地位的矛盾、新的性需要与心理成熟水平的矛盾、新的独立性需要与社会地位的矛盾、新的独立性需要与心理成熟水平的矛盾。他们为了满足各种新的需要,很容易产生变革现实的愿望,充当社会变革的"排头兵",在各种活动中"打头阵"。他们希望受人重视,希望他人把自己看成"大人",当成社会的一员;他们思想单纯,很少有保守思想,敢想敢说,敢作敢当。他们的自信心与自尊心在增强,对于别人的评价十分敏感,好斗好胜,但思维的片面性却很大,容易偏激;他们很热情,也重感情,但有极大的波动性,容易激动和冲动;意志品质也在发展,但克服困难的毅力还不够,往往把坚定与执拗、勇敢与蛮干混同起来。这些都是他们心理发展的动荡性表现。

青少年虽然有着"初生牛犊不怕虎"的勇气,但他们又容易走另一个极端。许多研究表明,品德不良最容易在青少年期出现,青少年违法犯罪在违法犯罪总数中所占的比例也相当高,其他一些意外(如车祸、溺水、斗殴等)伤亡也更多发生在青少年时期。另外,研究还发现,从青春期开始,个体心理疾病的发病率逐年增高,青少年时期是心理疾病发病的高峰阶段。因此,青少年是个体心理发展过程中充满着动荡的一个时期,教育者需要对此阶段的个体给予特别的关注。

4. 社会性

与前一个阶段的儿童相比,青少年的心理具有更大的社会性。如果说儿童心理发展的特点更多地依赖生理的成熟和家庭、学校环境的影响,那么青少年的心理发展及其特点在很大程度上则取决于社会和政治环境影响。他们不再局限于自身或周围生活中的具体事务,而是开始关注政治、历史、文化、道德、法律等问题,开始关注理想与兴趣的发展,开始考虑未来志愿,开始选择生活道路。

(三)青少年心理发展的影响因素

1. 遗传因素

遗传是一种生理现象,是指双亲的身体结构和功能的各种特征通过遗传基因传递给下一代的现象。人类通过遗传,将祖先在长期生活过程中形成和固定下来的生物特征传递给下一代。遗传的生物特征或称遗传素质,主要是指那些与生俱来的有机体的构造、形态、感官和神经系统等方面的解剖生理特征。遗传对生理发育的影响是不容置疑的,如个体的性别、身高、体型、肤色、血型等,生理发育的速度与成熟时间虽然受后天环境影响,但主要还是受遗传的影响。

个体的智能是否是遗传的?心理学界虽然有着非常多的争论,但是较为一致的看法是:智能至少部分由遗传因素决定。关于遗传因素对个体智能的影响,一个极端例子是一种被称为唐氏综合征的因染色体异常而导致的疾病。唐氏综合征的出现是由于人体的21号染色体成为三体,即有3个21号染色体,而正常人应该是2个,因此,唐氏综合征又称为21-三体综合征,这是母亲或父亲的生殖细胞分裂不正常所致。遗传因素对精神障碍产生的影响一直是精神病学领域中有争议的问题。显然,某些特定的精神疾病无疑是遗传的,如亨廷顿舞蹈症就源自单独一个线性基因,而有些一般的精神障碍则明显与后天的创伤、疾病或中毒造成的脑损伤有关。当然,遗传对精神分裂症的影响的证据并不意味着患有精神分裂症的父母的孩子必然会患精神分裂症。从遗传中承袭的可能是对精神分裂症的易感性,如果环境良好,心理障碍的症状可能根本就不会出现;如果环境恶劣,即使极少有遗传上的易感性,也会诱发严重的心理障碍。

2. 家庭因素

作为社会结构的基本单位,家庭对个体的心理发展产生极为重要的影响。在婴幼儿与儿童时期,个体的生存、保护和社会化等大多是通过家庭完成的。因此,社会赋予了父母合法的权威性,这更多地表现为以父母为中心的单边主义。到了青少年时期,由于个体生理的变化与心理的发展,家庭对青少年发展的影响就发生了明显的变化,家庭对青少年发展的支持与指导变得更为突出,父母权威的合法性就开始降低,表现为以父母为中心的单边主义向平等与民主的双边主义过渡。

对于青少年而言,在成长的过程当中,正处于叛逆期和青春期的关键阶段,需要家长对这一阶段的青少年心理健康发展情况投入更多的关注,帮助青少年在正确的道路上成长和发展家庭。对于青少年而言,家庭并不仅仅是学习和日常生活的场所,更重要的是,在家庭中,父母及其长辈的生活方式和思想观念会对青少年的身心发展和未来成长产生十分重要的影响。青少年在成长的过程中需要父母及其长辈使用正确的方式来对其进行培养,使青少年自身的生活能力和生活技能得到相应的发展和培养。对青少年盲目地宠爱和溺爱,会在一定程度上导致青少年相关的生活能力和生活技能存在一定的缺失和不足。这对于青少年自身的心理健康成长而言,也存在着一定的障碍和问题。

3. 学校因素

学校作为一个有目的、有计划、有系统地教育人的专门机构,不仅承载着给青少年传授各种专门的知识和技能,而且需要把特定的社会文化和价值观等传递给学生。学校本身就是社会的一个部分,因此,学生在校学习的过程就是一种接受社会影响的过程,学校中多种因素都影响着学生的心理发展,如教师因素、教学内容与课程设置、学校环境和班级气氛等。大量的教育经验证明,教师的个性、能力及教育风格等对青少年学生心理发展影响极大。

学校开设的课程以及校外、课外活动都会影响到青少年学生的智力、个性、意志等方面的发展。研究表明,与那些没有接受正式学校教育的儿童相比,及时入学接受教育的儿童认知发展明显更好。例如,儿童在学校可以培养各种知觉分析技能,包括提升记忆技巧,能对所学的材料进行精加工,掌握一定的记忆策略;逐步掌握归纳推理能力,具备对具体概念进行抽象化的能力;掌握分析与综合的能力;能够更准确地理解语言所表达的更为抽象的关系,运用语言进行更为复杂准确的交流;学会对自己认知过程进行更全面的认知和更合理的监控,即学会元认知。

4. 同伴关系因素

同伴关系是指同龄人之间或心理发展水平相当的个体之间在交往过程中建立和发展起来的一种人际关系。在青少年时期,他们开始疏远成人而热衷于与同伴交往,对同伴倾注越来越多的感情,对异性表现出强烈的交往欲望。受人尊重的需要、友谊的需要和交往的需要成为青少年时期发展迅猛的社会性需要,同伴关系对满足这一需要具有无可替代的作用。

与小学中低年级时期相比,青少年与同伴共度的时间显著增加,彼此的互动更为频繁、复杂、持久。从年龄特点来看,个体在生活各个领域选择同伴作为交往对象的比例会随年龄增大而呈递增趋势,而对父母、老师的选择则呈递减趋势。青少年被赋予较强的自主性,他们与同伴的交往不再受到成人的过度监控。友谊关系是青少年时期十分重要的同伴关系。"真正的友谊"在中学各阶段开始占据重要位置。青少年的友谊具有较大的稳定性与内在性,友谊关系双方注重亲密的情感联系,相互理解与支持。友谊关系的建立是基于双方拥有共同的兴趣、爱好、思想与情感。青少年的友谊不仅仅局限于同性之间,异性之间开始建立一种新型的友好亲密的互动关系,这是非常正常的,也是十分必要的。但需要注意的是,教育者要把握男女青少年友谊关系的度,不要使其陷入"早恋"。

5. 大众媒体和社会文化因素

1) 大众传媒因素

随着社会的发展与科学技术的进步,大众传媒对青少年的心理发展的影响越来越大。大众传媒主要包括报纸、广播、电影、电视、图书、电子出版物、网络等。作为生理与心理发展处于特殊时期的青少年,他们对外部世界充满好奇,迫切希望获得新知识,了解新信息,成为社会认同的一员,因此,青少年成了大众传媒最热心的读者、听众和观众。青少年心理发展的各个方面无一例外地受到大众传媒的影响,其中影响最大的是网络。

互联网的出现,在一定程度上打破了信息交流之间的壁垒,让学生在日常生活中快速、大量地获取相关的信息知识内容,这对于学生而言具有一定的优势。与此同时,快速的信息冲击也会使得青少年自身在成长的过程中容易受到其他思想言论的影响。这也会导致青少年自身的心理发展出现不平衡、不健康的问题,当前阶段的青少年自身思想观点并未形成,固定模式仍旧较为容易受到外界的影响。青少年在成长的过程中,要能够正确对待互联网上的信息和言论,避免被极端思维影响,造成较为严重的心理失衡问题。青少年要能够形成健康的思想观念和健全的人格。

知识活页

网 络 成 瘾

网络成瘾（Internet Addiction Disorder，IAD），一个新的名词，随着网络时代的大跨步前进，也逐渐走进了人们的视线。重庆市第九人民医院和西南大学心理系联合对重庆市北碚区5所学校的400多名学生进行调查。结果显示，网络成瘾的发病率达到了10%—15%，而意识到这是一种疾病并进行治疗的却不足5%。专家为此提醒，在让青少年从互联网上获得知识的同时，千万不要让他们病倒在电脑屏幕前。

根据多年来对大量上网成瘾的网民的观察，心理学家认为，网络成瘾患者有以下这些具体临床症状。

(1) 耐受性增强，网瘾越来越大，要不断增加上网时间。

(2) 戒断症状，如果有一段时间不上网，患者就会变得明显的焦躁不安，有强烈的上网冲动。

(3) 上网频率总是比事先计划的要高，上网时间总是比事先计划的要长，企图缩短上网时间的努力，总是以失败而告终。

(4) 花费大量时间在和互联网有关的活动上，如添置新硬件、下载软件、升级电脑等。

(5) 上网使个人的社交、职业和家庭生活受到严重影响，如个体变得十分冷漠、不愿意说话。

(6) 患者虽然能够意识到上网带来的严重问题，但仍然继续花费大量时间上网。

如果一个人在过去的一年内表现出上述症状中的三种以上，他就有可能患上了网络成瘾。

2) 社会文化因素

任何个体的发展都会受到特定的社会文化或生活方式的影响，都会留下文化的印记。社会文化对青少年的影响主要通过两种方式进行：一是主流文化的影响，二是亚文化的影响。主流文化就是为社会公众所普遍接受的社会规范文化，而亚文化是指一部分人群根据自己特定的生活环境和需要，形成一种与主流文化有一定区别，适合自身活动的社区性、职业性和年龄特点的局部文化。

青少年亚文化主要是指青少年表现出的一切文化特征，例如，他们的思想观念、思维方式、行为特征、语言风格、衣着打扮等。近年来，在青少年中代表时尚的"酷"非常流行：青少年认为"酷"就是一种冷漠的形象；"酷"是另类，异于常人的表现；"酷"是装扮出来的；"酷"是很有个性但又能为其他人接受的东西；自我感觉与别人不同，就是"酷"；靓仔就是"酷"；在某些方面比别人好，又有些自傲，就是"酷"。很明显，青少年在凸显自身的亚文化特色的过程中是否会过分偏离主流文化，还需要相应的教育与指导。

第二节 青少年成长环境

一、家庭

正如习近平总书记所说,家庭是人生的第一所学校,家长是孩子的第一任老师,要给孩子讲好"人生第一课",帮助扣好人生第一粒扣子。因此,在青少年的成长过程中,家庭环境的影响是非常重要的。家庭环境具体可以概括为物质、文化、心理和教育四个方面。在生活环境中,对个体心理发展有最直接和最重要影响的是家庭环境。

(一)家庭物质环境

在现代社会中,家庭的物质环境更多的是指家庭的物质生活环境。它是一个家庭生存的基础,对个体自身的发展具有重要的作用。首先,家庭的居住环境对个人的成长具有重要的意义。古时便有"孟母三迁"的佳话,在当今社会,一般处在环境较好、距离学校近、方便孩子上学的地方的房屋价格也会相对高昂。家庭经济生活状况也会对子女产生重要的影响。一般来说,生活水平高的家庭相对于生活水平低的家庭而言,子女拥有一个温暖、舒适的环境概率也会相对增大。如果经济条件较好,父母对教育的投资也会相对增多,家庭成员之间因为经济原因而产生的分歧和矛盾也会相对减少,家庭成员之间的关系会更加融洽。相反,如果家庭的经济收入较少,有的家庭甚至温饱问题都难以解决,连正常的基本生活都不能维持,那么对孩子教育方面的投资必然会大打折扣,同时相较经济条件较好的家庭,可能家庭成员之间的矛盾和分歧也会增多,不利于良好亲子关系的养成。因此,家庭物质环境的建设在青少年的品德养成过程中是必不可少的步骤。

(二)家庭文化环境

家庭文化是家庭成员之间长期共同生活形成的文化综合体,它是社会文化组成的一部分。每个家庭文化都有各自独特的优点,每一个家庭成员都会受到各自的家庭文化的影响,家庭文化环境主要包括家庭文化设施、家庭生活方式和家风家教等。在家庭中,每个成员的起居饮食和生活习惯都包含着各自独特的家庭文化。随着社会的发展,人们的生活条件得到提高,家庭文化设施不断丰富,质量也在提高,家庭文化水平在家庭总消费的比重也在逐步增加。不同家庭的文化设施也不尽相同,但总的来说,文化设施不仅包含了家庭成员休息和娱乐的需要,还包括了家庭成员继续学习和全面发展的需要,这些文化设施的丰富有利于青少年良好品德的养成。同时,传统家庭观念在我国的社会中也一直占据优势地位,然而,社会发展也使传统观念正在被逐渐地淡化,取而代之的是核心家庭主义,但这一现象并不意味着对传统观念的彻底否定,相反，孝敬父母、尊老爱幼等优良传统被继承和发扬了下来。处于飞速发展的今天，只有改变传统的家庭观念，摒弃不合理的陋习，才能使家庭充满新的活力。只有这样，才有利于青少年全面健康地发展。

（三）家庭心理环境

家庭不仅是我们每一个人生活的场所，更是我们的心灵港湾。家庭心理环境又称为家庭心理氛围，它是指在一定的家庭物质环境和文化环境下，家庭成员在家庭生活中逐渐形成的感受、情绪和态度等心理状态的总和。青少年正处于人生的关键期，需要父母营造一个愉悦的心理环境。良好的家庭心理环境不仅是当今社会人们感觉到幸福的重要标志之一，也可以使亲子关系变得更加融洽，使青少年获得安全感，有利于他们的健康成长和自信、乐观、善良等优良品质的形成。相反，不良的心理环境会加大家庭成员之间发生冲突的概率，经常在这种压抑的家庭氛围下生活的青少年，可能会形成心灵创伤，进而变得自私自利、冷漠等。

（四）家庭教育环境

家庭教育主要是以家庭环境为中介，在日常生活中对成员的一种无形的品质教育，在这种氛围的熏陶和感染下促使家庭成员良好行为习惯的养成。不同的国家、民族和每个家庭物质生活、生活习惯、家族传统文化都会有很大的不同。家庭文化和家庭教育虽然有很大的不同，但是两者相互交融，相辅相成。每个家庭的文化都是独特的，在家庭中成长的青少年也深受家庭文化的影响。除此之外，学校环境和社会环境也会对青少年的行为习惯养成产生不同的影响。但由于家庭环境是青少年生活最久的环境，所以较之学校环境和社会环境有更大的优势。因此，家庭教育环境对青少年的健康成长起着非常重要的基础作用。

二、学校

学校是青少年提高智力和道德素质，掌握各种知识和认知自我的一个重要阵地，与青少年的健康成长息息相关。学校的教育理念、规模、学制、教育设施和教育者的素质及其教育内容、方式、方法都会对青少年的成长产生重要影响。拥有一个有利于学习的、宽松的、友好的、善意的、民主的环境，能够有力地促进青少年心理健康成长。

拓展阅读 1-1

（一）学校规模

占地面积较大的学校看起来似乎更具权威性——它较大的地盘、长长的围墙、众多的教室和潮水一般的学生，都暗示着它的力量和正确性。而规模较小的学校则缺乏这样的权威。但这显然只是一种表面现象。一项研究比较了学生对课外活动的参与程度，结果发现尽管两个学校学生人数相差20倍，但规模较大的学校，其课外活动只比规模较小的学校设置略多。相比之下，规模较小的学校参加艺术、新闻和学生自治活动的学生比例是规模较大的学校的3—20倍。小学校里活动的变化也更多。小学校里的学生更容易取得重要的地位和培养责任心，从学校环境中所获得的奖赏和满足也更多。研究者认为,这些差别大部分是由于小学校中有更多的学生处于担负责任的地位。也有研究报告显示,在学校规模与学生的学业成就之间没有发现正相关。

(二)学制

城乡地区的不同,中小学学制也不等,学生在校时间和上过的学校各不相同。这些构成了儿童成长的不同经验。研究表明,学制也对学生行为产生一定的影响。研究者将普通九年一贯制小学里从六年级升入七年级的学生与读完六年小学要到新的学校去读初中的学生进行对比,对于同时还经受着其他转折的少年(如青春期),增加一个转入新学校的负担会对他们产生不良影响。与留在原小学的七年级的学生相比,那些进入新学校的初中学生自我概念较差,较少参加学校活动和俱乐部,并且觉得自己较少融于学校和同伴团体之中。

(三)教室的空间与课堂组织

前排的学生是否比后排的学生更为积极?位于中心的学生是否比旁边的更加积极?研究证实,学生在教室里坐的位置对学生参与课堂确实有一定的影响,坐在前排及教室中间的学生参与课堂的程度较高。

班级大小也有影响。较小的班集体有更多的个体化活动、更多的群体活动,学生也有更积极的态度和较少的错误行为。教师对较小的班集体也更为满意。但是,班集体规模在通常的20—40名学生的范围内对学业成绩几乎不产生影响,尽管较小的班集体在低年级有利于学习阅读和算术,并且对残疾儿童和落后儿童的学习进步有所帮助。

(四)教师

教师是学校里的重要角色之一。教师与不同学生之间的相互作用有很大差异,这一方面是因材施教所要求的,另一方面可能会给部分学生带来不利影响。有实验证明,教师对学生的期望和行为反应受到学生家庭背景、人格特点、性别、外貌的影响。一般情况下,教师更倾向于接触那些热情自信、落落大方、较少提要求的学生,对于为班级活动提供适当建议的学生也较关心,但常常忽视安静、内向的学生,与他们交往较少。对那些经常不守纪律而被认为是有"行为问题"的学生则较为反感。当然,这种情况会依教师个人特点而有所不同。

三、社会(第三空间)

青少年的成长发展与社会环境状况息息相关。近年来,我国社会经济不断繁荣发展,社会进步带来的新思想、新观念在丰富青少年的精神世界的同时,也带来了一些负面影响和消极因素,对青少年的健康发展产生了不容忽视的影响,青少年的健康发展面临严峻威胁和挑战。而青少年时期是个人成长发展的关键时期,世界观、人生观和价值观逐渐形成,在生理、心理上不断走向成熟的同时,也正处于辨别能力、自控能力相对薄弱的时期,容易受到外界的影响。因此,为青少年健康成长创造良好的社会环境,首先依赖于我们在理论上对当代青少年成长的社会环境的本质属性以及社会环境影响青少年成长的机制有科学的认识,这就在客观上要求我们深化对社会环境影响青少年成长的机制的研究。

(一) 经济环境

经济环境是青少年健康成长的物质环境,也是最基本的环境。一个地区的经济发展状况会影响到人的综合素质的发展,同时各产业的发展状况、前景、国家的经济政策,以及各种商业化、市场化行为,都会影响到青少年的择业观、人生观、价值观的形成。

(二) 政治和法律环境

政治和法律环境指国家的方针政策、法律法规,尤其是关于青少年权益保障方面的法规等,通过对青少年行为的引导和纠正来影响他们的成长。

(三) 文化环境

文化是社会的催化剂,文化环境与青少年成长密切相关。优秀的文化具有教化、引导作用,能够促进青少年向积极的方面发展,但是庸俗的、低级的文化会导致青少年走向犯罪。文化的范围十分广泛,既有伦理道德、行为规范的,也有文学艺术、思维习惯的,既有文化氛围的,也有文化市场的。我国历史上形成的一系列传统文化有积极的一面,也有消极的一面,所以文化环境是值得人们深入研究的。

思政园地

让优秀传统文化教育落地生根

大红的灯笼、喜庆的对联、精美的窗花……满满"中国红",浓浓"文化味"。

年俗,向来是中国人最讲究,也最斑斓的文化习俗。辞旧迎新的春节,寄托了亲友团聚的美好期盼,也孕育出异彩纷呈的传统文化。从民艺到舞乐,从风物到美食,不少学校布置的寒假作业,都围绕这些传统文化意蕴展开。学生可以在完成作业的同时,了解传统节日,感受文化魅力。

中华优秀传统文化是中华文明的智慧结晶和精华,承载着中华民族的民族记忆和民族精神。加强中华优秀传统文化教育,有利于引导青少年学习中华文明的悠久历史,让青少年感受中华文化的博大精深,理解中国道路的历史必然,在启迪心智、浸润涵养、陶冶情操中,滋养家国情怀,坚定奋斗方向。

传统文化教育如何落地生根?体验式教学尤为切题。临摹名家书法,品鉴汉字的美学意境;剪窗花、扎风筝,体会民俗技艺的匠人匠心;去博物馆研学,领略历史的辉煌灿烂……在一次次动手制作、一场场参观体验、一项项调研实践中,中华优秀传统文化的种子埋进了青少年的心田。要落地生根,光靠学校一方还不够,既要充分发挥课堂教学主渠道作用,又要注重课外活动和社会实践的重要作用,还要加强家庭、社会与学校之间的配合,各方同向同行,才能形成合力。

传统文化教育,如何推陈出新?一段时间以来,文化市场涌现出一大批植根于中华优秀传统文化的创意产品,备受青少年喜爱。从妙趣横生的《只此青绿》,到形式多样的非遗文化体验、博物馆数字展览,再到频频出圈的拜年服、龙头帽等,越来越多的优秀传统文化从民间走上舞台,从线下走到线上。可见,传统文化教育不能只停留在课本,而要广泛运用新技术、新创意、新平台进行创新性表达,融入各类青少年喜闻乐见的文化载体中。

经典浸润,以文化人,传统文化教育的功效是深沉而恒久的。为此,要着力将传统文化教育纳入日常教学中,融入生活实践中,用润物无声的方法,用循序渐进的步骤,让传统文化所蕴含的文化价值进一步走进青少年的内心,引导青少年在亲近中热爱传统文化,在热爱中弘扬中华文化,在弘扬中勇担复兴使命。

资料来源 吴丹,2024年2月16日《人民日报》。

(四)自然和科技环境

所谓"一方水土养一方人",自然环境的不同会导致生活在此环境中的人的性格、观念、心理、气质等的差异。特定的地域环境与历史传统造就了一方的文化特色和一方人的性格。很多人都会在自己的成长过程中印上鲜明的地域特色,例如,人们常说"江南出才子"。科技环境表现为各种科学技术,最直接的是现代通信技术,它改变了人们传统的交际方式和生活方式,也会对青少年的成长产生一定的影响。

知识活页

青少年学生的四种逆反心理

1. 自负型逆反心理

一般来说,这类学生从小生活在优越的环境中,养成了高傲、自私和心胸狭窄的性格,听不得批评和劝告。

2. 困惑型逆反心理

学生正处在由过去的依赖性吸收知识向独立性吸收知识的过渡阶段。当他们眼里见的、实际做的与老师、家长讲的"对不上号"时,就慢慢地对教育产生怀疑,对社会感到困惑,产生困惑型逆反心理。

3. 失落型逆反心理

希望得到别人的赞美、理解和支持是人的需要,青少年学生更是如此。一旦他们的长处和进步得不到肯定和表扬,他们就会动摇上进的信心和力量，在心里产生失落感和被遗弃感，从而用消极、冷漠的态度对待周围的事物，久而久之，便产生失落型逆反心理。

4.受挫折型逆反心理

有些学生，或因自尊心受到伤害，或因人格受到侮辱，或因学习受到挫折，整天沉溺于烦恼和痛苦之中，对学习和生活失去信心，用怀疑、敌视的态度对待周围的一切，以求得短暂的心理平衡和满足。

资料来源 中小学生《心理健康教育》八年级上册。

本章小结

1.了解青少年时期个体的身体变化特点，理解青少年发展中性别的差异，掌握青少年心理学研究的发展及特征。

2.理解家庭环境中父母婚姻和教养方式对青少年发展的影响，理解学校环境中的学校规模、班级设置等对青少年发展的影响，把握社会环境中青少年的发展特点。

本章思考题

1.请简述青少年时期的男孩和女孩身体变化表现在哪些方面。

2.请简述青少年的成长环境有哪些。

在线答题

第二章
研学旅行中的青少年

本章概要

本章主要介绍研学旅行与青少年的关系。研学旅行是课堂之外的实践活动,一方面可以有效地培养学生的六大核心素养,另一方面也有助于学生接触社会,在家庭与学校之外的第二课堂中得到更多的锻炼。青少年在成长过程中会遇到问题和面临挑战,研学旅行可以帮助他们解决或解答其中的部分疑问,让他们更加健康地成长,成为一个全面发展的人。

学习目标

知识目标

1. 了解研学旅行与青少年发展的关系,掌握青少年的心理状态。
2. 熟悉青少年阶段所存在的问题,针对这些问题切实地研究解决方案,发挥研学旅行的育人作用。

能力目标

1. 能够理解和分析青少年与研学旅行的关系。
2. 在研学旅行中根据青少年遇到的问题和所面临的挑战,能够做出相应的指引。

思政目标

1. 认识青少年所面临的问题,帮助青少年初步解决所面对的问题与挑战,发挥研学旅行的育人作用。
2. 通过研学旅行活动,积极引导青少年的正能量行为。

知识导图

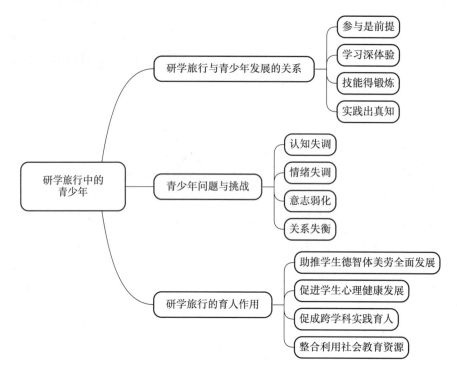

 章节要点

兴趣：一个人积极探究某种事物及爱好某种活动的心理倾向。

技能：个体运用已有的知识经验，通过练习而形成的一定的动作方式或智力活动方式。

认知失调：由美国社会心理学家费斯廷格提出的一种态度改变理论，是指个体认识到自己的态度之间或者态度与行为之间存在着矛盾。

情绪失调：也称为"影响失调"，是指人无法控制自己的情绪反应。

关系失衡：某种关系中的人与人之间出现了不对等的关系问题。

道德感：关乎人的言论、行动、思想或意图是否符合人的道德需要而产生的情感体验。

理智感：人对认知活动产生的情感体验。

美感：人从审美活动中得到的愉悦体验。

第一节　研学旅行与青少年发展的关系

一、参与是前提

在研学旅行活动中,学生的参与是活动能够顺利开展的前提。同时,学生主动参与学习并取得教学效果也是组织研学旅行活动所要达成的初步目标。学生的主动参与发生于学生的意愿,而不是强迫,意愿则是来自人对事物和活动的兴趣。因此,激发学生的学习欲望和提高学生的学习兴趣是学生主动参与学习的基础。

兴趣是指一个人积极探究某种事物及爱好某种活动的心理倾向。兴趣是在需要的基础上产生的,但并不是说人的需要都是兴趣。例如,人饿了有吃饭的需要,但不能说吃饭是人的兴趣。兴趣是人对需要的一种具有情绪色彩的表现,反映了人对客观事物的选择性态度。我们在从事自己感兴趣的活动时,总是伴随着一种积极的、愉快的情绪体验;而从事不感兴趣的活动时,则伴随一种消极的、厌烦的情绪体验。浓厚的学习兴趣能够激起强大的学习动力,维持持久的学习行为,带来良好的学习效果。有研究表明,兴趣比智力更能促进学生勤奋学习,而且学习效果也好。孔子说过,"知之者不如好之者",认为"好学"对教育非常重要。20世纪初,欧洲著名进步主义教育家德可乐利将兴趣作为其教学法的中心,他指出:"兴趣是个水闸门。借助它,注意的水库被打开,并规定了流向。"赫尔巴特学派甚至将兴趣视为教育过程必须借助的"保险丝"。杜威也把兴趣作为儿童成长的"指示器"。可见,将兴趣作为学生学习过程发生的原动力,是有识之士的共识。良好的兴趣可以促使人参与某项活动,从而获得知识经验,增长才干。

研学旅行是一门引导学生从实际生活中发现问题,注重知识和技能综合运用的综合实践课程,具有自主性、开放性、探究性和实践性。在研学旅行活动中,学生是主动的学习者。要想学生参与其中,那么研学机构在设计课程的时候就必须结合学生的年龄特点和兴趣爱好来设计相应的活动。在设计课程的时候要了解孩子的需求和兴趣,明确课程中心思想,再整合旅行目的地的资源,加上课程的铺垫、引导、体验、思考等,最后设计出有意义、有意思的研学课程。课程的目标是要让学生产生好学、乐学的动力,实现学生的有效参与和高效学习。只有学生参与其中,获得了主动感之后,学生才会更愿意去做这些事情。家长与老师应该多鼓励学生去参与他们感兴趣的项目,让学生通过自己的行动去获得技能,从而增强自己的自信心。

二、学习深体验

研学是一种研究性学习、体验性学习方式,是一种动手实践能力很强的教学活动,它将研究性学习和旅行体验相结合,通过将学生带入真实的环境中进行学习,打破传统学习的界限。学生可以亲身参与实地考察、参观考古遗址、参观生态保护区等活动，亲身感受不同地域和文化的独特之处。这种真实的亲身学习体验有助于学生拓展学习领域，培养开放的思维方式和跨文化交流的能力。

如今的课堂仍存在学习停留在浅层次而不够深入的问题，体现核心素养的"真实情境下的问题解决"能力薄弱普遍存在。作为课外活动的研学，首先要从培养学生的问题解决能力开始，因为问题解决能力和批判性思维能力的提高，也会促进深度学习行为的发生。

加深体验，在情境中探索各种方法，为问题解决蓄力。注重于问题解决的教学课堂是开放的课堂，提供学生讨论、质疑、思辨与操作的机会，各层次的学生都能有话说，大家的思维都活跃起来，想法多样纷呈。当然，这样的课堂也会有很多"节外生枝"，但当教师充分预设学生生成的想法和问题时，也能有策略应对、有层次推进学习，最终达成学生或独立或合作解决问题能力的提升。

思政园地

体验民族文化之美

"干栏式建筑如何搭建""民族刺绣的文化之美在哪里""铜鼓具有怎样的演变过程和铸造方法"……广西南宁市民主路小学各校区的近千名学生带着一串串问题，到广西民族博物馆开展别样的非遗研学旅行。

"广西民族博物馆作为首批全国中小学生研学实践教育基地，一直致力于民族文化的专题教育，积极探索青少年利用博物馆学习的机制，为全面推进民族团结进步事业、铸牢中华民族共同体意识，进一步提高科普场馆创新与发展等能力贡献博物馆力量。"广西民族博物馆党委书记吴伟镔说。

广西有12个世居民族，民族文化多元，非物质文化遗产丰富多彩，截至2023年5月，有自治区级非遗项目共914项，省级项目数量位居全国前列。其中，70个项目入选国家级非物质文化遗产名录，壮族霜降节作为"中国二十四节气"扩展项目列入联合国教科文组织人类非物质文化遗产代表作名录，非遗代表性项目保护体系日趋完善。

随着素质教育理念的深入和旅游产业跨界融合，广西各地的研学旅行市场需求不断释放，前来文博单位、非遗工坊开展研学旅行的学生团队络绎不绝。在柳州的螺蛳粉产业园，每月有数千名外地游客、学生来到这里旅游、参观、研学；在环江毛南族自治县的花竹帽编织技艺传习示范基地，一顶顶精美的毛南族花竹帽让前来参加研学的小朋友惊叹不已；在合浦县月饼小镇，东坡学堂常年开讲，孩子们可以了解月饼的前世今生，还可以亲手制作月饼。

"'非遗＋研学'有效丰富了研学资源和产品的多样性，也让年轻人在参与非遗传承和传播中体验民族文化之美，实现非遗创造性转化、创新性发展。"广西壮族自治区文化和旅游厅非物质文化遗产处有关负责人说。

资料来源　2023年5月11日《中国文化报》。

研学旅行不仅给学生带来了感官上的愉悦与新奇,还促进他们将书本知识和现实情景结合起来,获得了更深切的体验,并激发了家国情怀。如在参观被誉为"中华民族的人文圣地,全球华人的精神家园"的炎帝陵时,学生们敬献花篮,虔诚祭拜,齐诵《祭炎帝文》,学生作为中华儿女的民族自豪感油然而生,对祖国的热爱之情溢于言表。再如,钱学森航天实验班的学生走进了上海交通大学,徜徉于钱学森图书馆,看到了巨大的书墙和整齐恢宏的钱老手稿,受到了深深的震撼。"爱国、奉献、求实、创新"的钱学森精神,鼓舞着学生追求卓越、树立崇高的理想,并把个人理想同祖国的命运、个人的成长奋斗与祖国的繁荣发展结合到一起,而这些都使游览变得深刻而厚重。

三、技能得锻炼

研学旅行的目标之一是锻炼学生的技能。一般将个体运用已有的知识经验,通过练习而形成的一定的动作方式或智力活动方式称为技能。技能包括初级技能和技巧性技能。前者是借助有关的知识和过去的经验,经过练习和模仿而达到"会做"某事或"能够"完成某种工作的水平。后者则要经过反复练习,完成一套操作系统,以达到自动化的程度。在技能训练中,学生可以通过亲自动手操作来提高技能。高水平的技能是人们进行创造性活动的重要条件。在研学旅行过程中,可以将生存技能、生活技能和学习技能等进行有意识的培养,从而更好地让学生与未来的生活、工作实现对接。

(一)生存技能

研学旅行是在户外开展的教育活动,这给了野外生存技能训练一定的空间。在研学旅行中,有拓展训练这一项,拓展训练的场地主要是开阔的自然环境,如高山、森林、湖边、丘陵等。这些地方普遍人烟稀少,非常适合那些有着冒险精神的人参与,当然这也在一定程度上增加了活动的风险性。为此,每名拓展训练的参与者都应该学习并掌握必要的生存技能,以便在遇到危险时能够自救或给遇到困难的他人提供帮助。我们常说的生存技能主要分为求生技能和方向辨别技能。求生技能,就是要学会在户外寻找水源、食物,然后还要懂得取火。方向辨别也是一个非常重要的技能。

水在任何情况下都是人们生存的重要物质,在户外运动中也是如此。由于在户外环境下没有可供直接饮用的水源,所以在活动前要带够所需的水。当然,鉴于户外环境的不确定性,活动中可能会出现意外损失掉水,或是所携带的水不够喝的情况。此时为了能够顺利完成活动,或是实现互帮、自救,很有必要掌握获取饮水的技能。

经常参加户外活动的运动者,他们的装备中总是包括一些能够制造火的工具,足以见得火是户外活动中经常需要的。火的重要性在于其用途非常广泛,如在获取食物和水的过程中都需要火的参与。因此,学生要学会在没有任何点火工具的情况下进行点火,学会架锅烧饭等。

开展户外运动的场所有时是一些人迹罕至的地方,如果在这类地点发生了意外情况,如迷路或食物丢失、损毁等,就会造成食物短缺。此时,人们就需要通过其他方法来获取食物。虽然人可以坚持几天不吃饭,但如果能通过生存技巧获取食物,则更能保证良好健康的状况。为此,在户外环境中掌握必要的获取食物的方法就显得非常重要。要学会辨别哪些动植物可以食用、哪些动植物不能食用,以及各种可食用动植物在野外条件下的食用方法。

户外活动的环境与人们熟悉的城市有很大不同。在户外,几乎没有可供判断方向的人工标志物,甚至到了晚上连灯光也没有,且人烟稀少。这样的环境会使得户外活动者遇到因无法判断方向而迷路的情况,进而陷入更大的困境之中。因此,掌握正确的辨别方向的方法在此时就显得至关重要。

（二）生活技能

明尼苏达大学的马丽连·罗斯曼教授根据戴安娜·鲍姆林德博士实施的一项纵向研究数据,得出了以下结论:世界上最成功的那些人,从三四岁就开始做家务了,十几岁才开始做家务的人则相对不那么成功。

越来越多国际、国内专家学者通过对生活技能教育的研究发现,学生掌握一定程度的基本生活技能,就能够利用恰当的行为方法,从容处理日常生活中的种种问题与挑战,从而轻松地远离心理问题和行为问题。同时,生活技能教育能够在一定程度上提高学生的自我意识水平,缓解紧张焦虑的情绪。

哈佛大学精神病学专家乔治·瓦利恩特认为,童年做家务是未来成功的基本要素。爱德华·哈洛威尔是精神病学专家和作家,曾在哈佛大学做过教授。他认为,做家务能够培养孩子"能做""会做"的感觉,这种感觉让人觉得自己是勤劳的人,而不是废物。

2022年3月,教育部正式印发《义务教育课程方案》,将劳动从原来的综合实践活动课程中完全独立出来,并发布《义务教育劳动课程标准(2022年版)》。根据《义务教育课程方案》,劳动课程平均每周不少于1课时,用于活动策划、技能指导、练习实践、总结交流等。同时,这门课程注重评价内容多维、评价方法多样、评价主体多元。劳动课程内容共设置十个任务群,每个任务群由若干项目组成(见图2-1)。

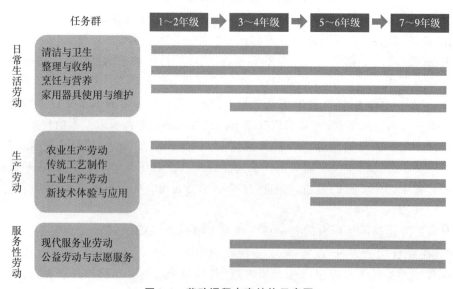

图2-1 劳动课程内容结构示意图

研学旅行中,学生应掌握的生活技能不仅指购买车票、办理酒店入住、洗衣服等基本生活能力,更主要的是指一个人的心理社会能力,是指有效地处理日常生活中的各种需要和挑战的能力,在各种关系中表现出适应和积极的行为能力。

(三)学习技能

学习技能(Study Skill)是个体通过反复练习而形成的促进信息编码及任务完成的认知活动方式。20世纪60年代前人们一般认为,给学生具体学习技能的指导,就能直接提高学习效率。现代一般认为,凡能促进学生对信息进行深加工的方法都能促进有效学习。学习技能是学习者用以帮助自己有效学习的一种学习技术。

研学旅行教育活动,旅行是载体,研是形式,学是本质。因此,如何在研学旅行中进行学习技能训练是我们必须思考的问题。有学者提出,可以把研学旅行中的学习技能分为六大方面:一看,即观察旅行现场的现象和事物,从而做出相关判断;二问,即通过问询、访问等形式,获取第一手研究资料;三做,即开展采集、测量、实验等参与性强的实践活动;四思,即通过独立思考或小组合作头脑风暴,进行推理探究;五写,即用笔记录数据、绘制图表、梳理资料等;六说,即通过学生汇报、表演,展现研学成果。

拓展阅读 2-1

四、实践出真知

2014年,教育部研制印发《关于全面深化课程改革 落实立德树人根本任务的意见》,提出教育部将组织研究提出各学段学生发展核心素养体系,明确学生应具备的适应终身发展和社会发展需要的必备品格和关键能力。2016年,教育部等11部门联合印发《关于推进中小学生研学旅行的意见》,其中明确指出,中小学生研学旅行是由教育部门和学校有计划地组织安排,通过集体旅行、集中食宿方式开展的研究性学习和旅行体验相结合的校外教育活动。因此,研学旅行的核心是研究性学习和旅行体验,灵魂是实践育人。

2000多年前的泗水河畔,孔子和他的学生趁着春光,踏歌而行,继而周游列国。在游学过程中,孔子与弟子开阔眼界,在"天地大课堂"中增进学识、修身养性,成为研学旅行源头最富诗意的一页。研学旅行作为教育改革的关键措施,正在创造性地改变学生的学习方式,为学生提供一个多渠道获取知识,并将学到的知识综合应用于实践的机会,通过实践培养和提升学生的关键能力。

第二节 青少年问题与挑战

2018年《中国青年发展报告》显示,中国17岁以下儿童青少年中,有约3000万人受到各种情绪和行为问题的困扰。对中国15个城市73992名6—16岁的儿童青少年所做的调查表明,儿童情绪和行为问题发生率为17.6%,其中12—16岁青少年情绪和行为问题检出率高达19.0%，男孩发生率高于女孩，且发生率近年来一直在升高。2019年，中国青少年研究中心与中国科学院心理研究所针对青年进行的心理健康专题调查显示，14—18岁青少年有7.7%存在抑郁高风险，5.1%存在重度焦虑情况。同时，儿童青少年心理健康问题的发生还处于逐渐上升的态势。有研究指出，中国儿童青少年抑郁症状的发生率随着时间的推移而上升，2000年之前发生率的估计值为18.4%，到2016年后，发生率已经上升到26.3%。不可否认，儿童青少年心理健康问题已经成为不可忽视的公共卫生问题。本节将从认知失调、情绪失调、意志弱化和关系失衡四个方面来介绍青少年所面临的问题与挑战。

一、认知失调

认知失调（Cognitive Dissonance）是由美国社会心理学家费斯廷格提出的一种态度改变理论，是指个体认识到自己的态度之间或者态度与行为之间存在着矛盾。费斯廷格认为，一般情况下，个体对于事物的态度以及态度和行为间是相互协调的；当出现不一致时，就会产生认知不和谐的状态，即认知失调，并会导致心理紧张。认知不协调是一种不愉快的情感体验，会促使人们产生解除这种不协调的动机，而且不协调的程度越深，人们解除它的动机往往就越强烈。

个体为了解除紧张，会使用改变认知、增加新的认知、改变认知的相对重要性、改变行为等方法来减少认知失调，以重新恢复平衡。

（一）改变认知

如果两个认知相互矛盾，我们可以改变其中一个认知，使它与另一个相一致。

（二）增加新的认知

如果两个不一致的认知导致了失调，那么失调程度可以由增加更多的协调认知来降低。

（三）改变认知的相对重要性

因为一致和不一致的认知必须根据其重要性来加权，所以，可以通过改变认知的重要性来减少失调。

（四）改变行为

认知失调也可以通过改变行为来减少，但一般情况下，行为比态度更难改变。

可以寻找兴趣，训练新的替代行为。当认知元素之间存在失调时，可以通过增加与某一特定元素相协调的认知元素，从而提高认知系统中协调元素的比例，进而使不协调得到减弱。网络游戏成瘾会引起认知失调，可以增加认知系统中的协调因素，进而弱化不协调。例如，对于有美术天赋的孩子，可以引导其参与学习电脑绘图、电脑绘制知识结构图等活动，使得孩子从"碰到电脑就想玩游戏"转变为"碰到电脑就想画画"，寻找新的刺激点，建立新的条件反射，塑造新的替代行为。

二、情绪失调

情绪失调也称为"影响失调",是指人无法控制自己的情绪反应。这意味着当一个人感到不知所措、焦虑或愤怒时,很难安抚自己、让自己平静下来,并且在这些感觉出现后会发现很难恢复到"正常"状态。

情绪的发展既有赖于先天的遗传素质,也有赖于后天的环境、教育和个体的实践活动,情绪的发展是个体遗传因素、环境、教育诸多因素交互作用的结果。但相对而言,环境、教育和实践活动的因素起着更为巨大和肯定的作用。

进入青少年时期,个体的情绪会表现出一系列与生理发展相关的倾向。青少年在生理上日趋成熟,在认知和个性、社会性方面都表现出向成年期的过渡性特点,情绪也表现出半成熟、半幼稚的特点。一方面,他们的情绪比童年期更为成熟、更为丰富,情绪体验也更为深刻;另一方面,他们的情绪体验还不如成年人那么稳定。

这一时期,青少年的情绪反应呈现出两极性的特点。首先,他们的情绪表现变化剧烈,有时非常狂暴,如急风暴雨,有时又比较温和、细腻,情感日益复杂化和丰富化。其次,他们的情绪具有高度的可变性,同时又显示了明显的固执性。也就是说,他们的情绪体验还不够稳定,常常从一种情绪快速地转为另一种情绪,特别是在遭遇挫折的时候。而且,由于认知上常常陷入偏执,情绪也往往比较固执。另外,他们的情绪有时具有内向性或掩蔽性,故意掩饰自己的喜怒哀乐,有时又刻意地表现或袒露自己的情绪。

青少年缺乏应对消极情绪的调控方法和技巧。个体的情绪发展是一种比较自然的过程,但是对于情绪的调控则是一种必须经过学习和训练才能获得的知识和技巧。目前,社会、家庭和学校在这方面对青少年的关注和投入稍显欠缺,客观上使得部分青少年受困于嫉妒等消极情绪的侵扰中。

三、意志弱化

在家庭教育与学校教育中,青少年处于被动接受的地位,属于受教育者,由于缺乏生活经验,家庭与学校在引导青少年成长的过程中,主观地将青少年视为"孩子",忽略了其作为公民的主体意识,在重视"管教"而不重视"尊重"的情况下,青少年沦为教育、家庭的附属品;在教学活动中,或是放任自流,或是过度干预,导致青少年产生依赖、顺从心理,丧失了自我意识。

学生意志薄弱主要表现为缺乏行动的目的性和一致性,做事往往半途而废,不能经受学校和生活带来的正常竞争,不能正确地面对挫折,放任自流。

孩子出现意志薄弱的原因比较复杂,主要包括以下几个方面:一是家长过度保护。家长对孩子的过度保护,使得孩子缺乏面对挫折和困难的机会,从而无法培养坚强的意志力。二是缺乏目标和计划。孩子做事缺乏明确的目标和计划,往往随心所欲,无法持之以恒地完成一件事情。三是依赖性强。孩子过分依赖家长和老师,缺乏独立思考和行动的能力,从而无法培养自主性和独立性。四是自信心不足。孩子对自己的能

青少年心理学

力和价值缺乏信心,从而无法积极面对挑战和困难。

随着现代教学水平的不断发展,教育早已超出了识文断字的基本层次,其更注重对青少年意志品质的培养。在教学环节培养青少年的优秀品格,已然成为重要的教学任务。要在青少年教育活动中加强品德意志的培养,就要对教学活动进行重新规划,在调整现阶段教学结构的同时,为青少年建立新的成长框架,并且在对应的教学活动中对教学结构进行更改,为青少年创造自我发挥、自我成长的发展空间。

四、关系失衡

关系失衡是指某种关系中的人与人之间出现了不对等的关系问题。这种不对等表现在对人、对事、对物的态度及逻辑上的不对等。关系失衡是关系问题中最为广泛存在的一种关系问题分型。对于青少年来说,最重要的关系是家庭关系、同伴关系和师生关系。

(一)家庭关系

家庭关系对青少年成长的影响是深远的。在每个家庭中,成员之间相互作用,使整个家庭关系呈现出动态平衡。这种动态平衡具有自我修复功能,使家庭结构保持稳定。一旦家庭关系的平衡状态被打破,家庭的功能就会出现问题,尤其是可能导致家庭中未成年人出现心理、性格、思想、情绪、行为、交际等方面的问题。相关研究表明,生活在关系失衡家庭中的孩子,一般会存在如下问题:不开心;对生活没有热情;生活缺乏乐趣;没有可以倾诉的人;对学习持无所谓态度甚至厌恶等。这些孩子更容易出现吸烟、喝酒、打架甚至犯罪等问题,而且孩子会带着原生家庭的种种"遗传"特质走向社会,成为其一生的印记。家庭关系失衡对子女的影响主要体现在以下六个方面。

1. 性格

孩子性格的形成依赖于父母及其所在的家庭环境。研究表明,生活在家庭关系正常氛围中的孩子,往往具备活泼、开朗、自信等人格特质;而在关系失衡的家庭环境中,孩子的情感常常难以表达,易形成消极的人格特质,如孤独内向、自卑焦虑、忧心忡忡,对人对事消极敏感、漠不关心、情绪不稳定,自我控制、自我约束能力差等。

2. 认知

从发展心理学的角度来看,认知系统是建立在童年学习经验的基础上的。在关系紧张的家庭,孩子的问题得不到解决,而家长又不能给予恰当的补救性教育,就可能导致孩子认知扭曲。

3. 行为

通过对青少年偏差行为的调查,人们发现青少年偏差行为在关系失衡的家庭中出现的比例较高,表现也较突出,大体分为以下几种类型:对学习没有兴趣,过早放弃学业;叛逆,反抗家长的权威;早恋、早婚、早育;缺乏责任感;习惯用暴力解决问题。例如,一部分青少年出现行为偏差的现象,是因为对父母的婚姻状况不满、对父母的管教方式不满、对现有的生活方式不满等,从而以非理性的行为方式来反抗家长的权威。

4. 学业

长期处在家庭关系失衡状态中的孩子,有想要摆脱现状而奋力抗争、努力奋斗而表现优秀甚至出类拔萃的,但也有存在学习障碍的。他们有的感觉生活迷茫,没有目标追求;有的缺乏归属感和安全感,无法安心学习;有的为了逃避现实,迷恋网络游戏,从虚拟世界寻求慰藉。

5. 健康

日趋紧张的夫妻关系、缺失或错位的亲子关系,会导致孩子在其中很难获得快乐和安全体验,长期下去会产生健康问题。一方面是生理健康。一些生活在关系严重失衡的家庭中的孩子,人生没有目标、职业没有规划、生活没有规律,不求上进,逃学厌学甚至自暴自弃,通宵泡网吧消磨时日,这些势必导致生理健康出现问题。另一方面是心理健康。长期生活在关系失衡的家庭中的孩子,焦虑、抑郁、情感障碍等心理失衡现象频现。

6. 青少年犯罪

导致青少年犯罪的各种原因中,家庭不良因素是一个不容忽视的重要原因。家庭是最小的社会元素,几乎所有的社会问题都能在家庭中找到相关原因。在失衡家庭关系中,青少年在性格和行为上产生偏差,不愿或不会与人沟通,遇到问题用极端方式解决,如果没有得到进一步的干预矫正,可能会走上犯罪的道路。

2020年发布的《未成年人检察工作白皮书(2014—2019)》显示,未成年犯罪嫌疑人数量在2015—2017年连续三年下降后,2018年、2019年又同比上升5.87%、7.51%,盗窃、抢劫、故意伤害、寻衅滋事等犯罪数量占全部犯罪数量的82.28%。因此,从家庭关系入手,研究家庭关系失衡对青少年成长的影响,挖掘青少年成长中出现问题的根源并有针对性地加以解决,对促进家庭关系和谐、促进社会和谐以及促进青少年的健康成长意义重大。

(二)同伴关系

同伴关系是同龄人之间或心理发展水平相当的个体之间在交往过程中建立和发展起来的一种人际关系。这种关系是平行的、平等的,不同于个体与家长或与年长个体之间交往的垂直关系。同伴关系对青少年社会能力、认知、情感、自我概念和人格的健康发展起着重要作用。

青少年进入学校之后,同伴关系对他们的影响会越来越大。由于同伴群体的交往具有平等性、开放性,更能够满足青少年的心理和社会需求,因而也更容易赢得他们的认同。青少年进入青春期之后,伴随着生理成熟、性意识萌发和成人感的出现,他们急切需要摆脱"儿童"刻板印象,建立新的自我概念。为此,同辈认同和崇拜的对象,或者当红歌手、影视明星、体育精英等,容易引起他们的兴趣和注意。与此同时,他们反感成人社会惯常地将他们当作"孩子"看待，不喜欢被命令、告诫、劝说和指引，而喜欢自己做决定，反权威的代言人往往受到青少年同辈群体的欢迎和尊重，并易于成为他们的代表。

学者沃建中、林崇德、马红中等采用自己编制的人际关系测验量表来探索中学生的人际关系特点，研究结果表明：中学生与同伴交往水平要高于与父母、教师、陌生人交往的水平；初中学生的同伴关系水平变动较大；到了高中阶段，同伴关系逐渐稳定，并且保持在一个较高的水平。

研究者们还根据青少年的同伴接纳水平，将其分为四种类型：受欢迎的青少年；有争议的青少年；被拒绝的青少年；被忽视的青少年。被拒绝和被忽视的青少年在同伴关系中会遇到更多的困难。

 知识活页

哈洛的恒河猴实验

被人称为"猴子先生"的心理学家哈洛用恒河猴做了一个"隔离实验"来研究没有同伴交往的猴子的社会行为。

哈洛培育了大量的恒河猴，等幼猴一出生，就把幼猴的生活环境分为以下三种培育方式：完全隔离，没有母亲，没有同伴；只与母亲在一起生活，没有同伴；只有同伴在一起生活，没有母亲。

6个月后，隔离实验研究结果发现，完全隔离的猴子与正常的有母亲、有伙伴一起生活的猴子有很大的不同，它们常常呆呆地坐着，眼睛发直，有猴子接近时，只会自己打自己，社交行为的发展受到极大的损害。

只与同伴在一起生活的猴子，缺少母爱，对同伴的依附很紧密，彼此具有很强的依恋关系，但是遇到挫折的时候就会焦虑不安，当群体中的一员不在的时候，就会特别紧张焦虑，同时对群体外的成员表现出很强的攻击性。这说明，同伴可以起到部分替代母亲的作用，同伴交往具有社会性行为性质，但是不足以实现母亲一样的安全效果，从而使个体与群体以外的其他成员正常交往。

但只有母亲的猴子却具有异常的行为模式，对于生人，要么是回避，要么是攻击，患有社交障碍。

资料来源 百度百科。

隔离实验研究给我们的启示包括：有同伴的孩子能够获得一定的安全感，跟同伴之间具有很强的依恋关系；没有同伴的孩子，缺乏社交行为，不懂得与外界沟通，常常回避，攻击性强。同伴交往对孩子的心理发展具有成人交往无法替代的至关重要的作用。

（三）师生关系

学校是为了有计划、系统地向青少年传授知识和技能而设立的，它是儿童走向社会的第一座桥梁。学校作为正规的社会化场所，其作用是引导青少年逐步形成社会所期望的心理行为模式、获得适应社会的能力，从正面将社会规范、道德价值观、知识、技能传授给新一代人。学校的亚文化倾向和教师的期待、威信、风格，以及师生关系的性质等，都可能对青少年的社会化过程产生重要影响。

个体在学生时代的主要人际交往源于班级，班级环境对学生社会行为和学业水平的发展极为重要。教师作为班级环境的主要建设者与引领者，与学生形成的师生关系对学生的社会适应具有重要意义。关怀理论（Theory of Caring）提出关怀与被关怀是个体基本需要，教师与学生的关怀互动可以促进学生心理健康发展。师生关系是体现关怀的关键所在，包括亲密、冲突和依赖三种类型。在师生关系的多元维度中，亲密型无疑是其中最为理想的类型，它象征着一种积极、健康的互动模式。相较之下，冲突型和依赖型则反映出一种消极的、有待改善的师生状态。良好的师生关系如同庇护学生的坚实屏障，为学生提供了一个安全、温馨的环境，促进其在学业、情感以及社交等多方面的健康成长与发展。特别是在学校适应和同伴交往方面，良好的师生关系更是发挥着不可或缺的作用。然而，消极的师生关系却可能成为学生成长的绊脚石。例如，冲突型的师生关系往往加剧了依恋回避倾向，使学生在与同伴的交往中更容易遭遇拒绝，进而陷入深深的孤独感之中。这种负面效应不仅影响了学生的心理健康，也可能对其长远发展造成难以挽回的损失。因此，我们应当高度重视师生关系的构建与维护，努力营造更多积极、健康的师生互动模式。

家庭与学校同是生态微系统中的重要组成部分，能够对个体产生最直接影响。当二者之间的影响方向一致时，能够为青少年的健康成长、学业成就、持续性发展提供合力，反之则可能产生重度的内耗。

第三节　研学旅行的育人作用

一、助推学生德智体美劳全面发展

2018年，习近平总书记在全国教育大会上提出要努力构建德智体美劳全面培养的教育体系。2019年发布的《中国教育现代化2035》又进一步提出要更加注重全面发展，大力发展素质教育，促进德育、智育、体育、美育和劳动教育有机融合。2023年5月29日，习近平总书记在中共中央政治局第五次集体学习时强调要加快建设教育强国，指出"我们建设教育强国的目的，就是培养一代又一代德智体美劳全面发展的社会主义建设者和接班人，培养一代又一代在社会主义现代化建设中可堪大用、能担重任的栋梁之才"。

2019年,《中共中央 国务院 关于深化教育教学改革 全面提高义务教育质量的意见》(简称《意见》)发布。《意见》要求:坚持德智体美劳"五育"并举,全面发展素质教育。突出德育实效,深化课程育人、文化育人、活动育人、实践育人、管理育人、协同育人;提升智育水平,坚决防止学生学业负担过重;强化体育锻炼,实施学校体育固本行动,严格执行学生体质健康合格标准;增强美育熏陶,实施学校美育提升行动;加强劳动教育,积极开展校外劳动实践和社区志愿服务,创建一批劳动教育实验区。实现"五育"并举,必须打破"五育"边界,以融合思维促进学生的全面发展。

道德感是关乎人的言论、行动、思想或意图是否符合人的道德需要而产生的情感体验。儿童在经历了家庭、幼儿园、学校、社会的教育后,渐渐掌握了一定的道德准则,并用这些准则来衡量自己与他人的行为。当行为与准则相符时,就会产生高兴、满足的体验;不相符时,则产生懊丧、羞耻、愤怒等体验。我国学者认为,道德感主要包括义务感、责任感、集体主义感和爱国主义感。

理智感是指人对认知活动产生的情感体验。它与人的求知欲、认识兴趣、解决问题的需要是否满足相联系。儿童一出生就积极地探索外界,用眼睛追寻物体,辨别不同的刺激。心理学家布鲁纳认为,人类婴儿生来就有一种好奇的内驱力。巴甫洛夫也认为,儿童生来就有一种不学而能的探究力,即条件反射。

随着年龄的增长,儿童会从认知活动的过程和结果中得到越来越多的喜悦。有研究发现,3—4岁的孩子第一次用积木搭起房子时,会高兴得手舞足蹈。好奇心强、喜欢提问,这也是儿童理智感的特殊表现。皮亚杰的研究表明,学前儿童的语言中,15%属于提问性质,在新奇环境中问题比例更大。这种认识兴趣进一步推动了理智感的发展。

美感是指人从审美活动中得到的愉悦体验。儿童美感的发展与其知觉、思维的发展水平密切相关。婴儿期,婴儿对不同知觉对象已有了明显的偏爱。到学前时期,已能将艺术作品中的形象与真实生活中的对象区分开来。这时的美感与道德感密切相关,常常以道德感代替美感。幼儿对色彩鲜艳的东西容易产生美感,并开始从一些艺术活动中产生初步的美感,对天然景色的美也能有所体验。小学时期,儿童的美感仍然受外部特征的制约,如鲜艳、新奇等,同时很看重真实感。与实物十分相似或接近的作品就被认为是好的、美的。对抽象、概括的艺术作品的欣赏还需要经过艺术教育的熏陶。

青少年时期是身心健康发展的关键期,适宜的体育运动对青少年的心理健康发展具有良好的促进作用。调查发现,青少年群体中存在任性、自卑、懒惰、说谎、嫉妒、早恋、厌学、沉迷网络等各种心理问题,开展阳光体育活动,发挥体育运动的特殊功能,可以促进青少年心理健康发展。例如,可以通过在青少年中开展阳光体育活动,激发健康的情感意识,铸造坚强的意志品质,塑造健康的个性心理,构建良好的人际关系,培养健康的性心理认知,增强环境适应能力。通过研学旅行活动,带领学生走进大自然、接触社会,引领学生在体验中学习、锻炼,可以促进学生知识与经验的深度融合,积极培养学生刻苦学习、自立自强、互勉互助、吃苦耐劳等优秀品质,促进支撑学生终身发展、适应时代要求的关键能力的形成。

青少年个性多元、思维活跃,处于人生的"拔节孕穗期",最需要精心引导和栽培,如果缺少核心价值观的引领,青少年很容易迷失在令人眼花缭乱的互联网和应接不暇的自媒体信息中。因此,学校应结合时代特征和青少年的特点和需求,对学生开展有效的思想政治教育。学校可以将研学旅行作为课堂教学的延伸和补充,探索开展多样化、趣味性的综合实践教育活动;围绕立德树人根本任务,将培育和践行社会主义核心价值观融入教育教学的全过程,将思政小课堂同社会大课堂结合起来,在活动中对学生进行思想品德教育,在学生的心中埋下真善美的种子,培养德智体美劳全面发展的社会主义建设者和接班人。

研学旅行中的活动均围绕与社会生活实际密切相关的内容,关注人类生存和发展的问题而展开,如环境问题、科技创新等。在对这些问题的思考与探究中,学生加深了对社会、自然和自我的认识和理解,对社会生活和民生的思考,也培养了积极进取的生活态度和对他人、对社会的责任感。在多样而又广阔的世界里,学生经历了一次次的心灵洗礼,逐渐清楚了"我是谁""为了谁"等问题,认识到自己肩负的使命和努力的方向,树立了"自尊、自信、自立、自强"的信念,以及在祖国欣欣向荣的发展中贡献力量的伟大志向。

二、促进学生心理健康发展

心理健康是指身体、智能以及情感等各个方面处于一个良好的状态,有充沛的精力,能从容地应对日常工作与生活,遇事积极乐观,勇于承担责任,胸怀坦荡,情绪稳定,有高度的社会适应能力。对青少年来说,心理健康还包括人格健全、能接受自己和认同他人、注意力集中、耐受力适度等。

参加研学旅行活动,尤其是参加自己喜欢并擅长的活动时,可以让人心情愉悦,得到满足感和幸福感。研学指导师要根据学生的不同情况,安排适合学生参与且具有吸引力的活动项目,以丰富、有趣、灵活、生动的教学方式激发青少年的活动热情,让学生在丰富多彩的研学活动中产生奋发向上、积极乐观等健康的情感意识,促进其责任感、正义感等情感的产生与发展。

铸造青少年坚强的意志品质意志是指决定达到某种目的时而产生的心理状态,是克服前进道路上的阻碍、实现目标的心理过程,对工作、学习以及生活都有着巨大的影响。研学旅行活动种类繁多,拓展类研学活动可以培养青少年勇敢顽强、克服困难、吃苦耐劳的精神,有助于培养其沉着冷静、谦虚谨慎、机智勇敢等意志品质,使青少年保持积极、健康的心理状态。学校应因材施教,使学生能够在研学旅行活动中有所收获,磨炼学生的意志,培养学生的品格,有目的地促使学生变得自信、勇敢、果断、自律以及坚毅。

研学旅行活动具有很强的群体性,为人际交往提供了良好的机会。青少年可以通过研学活动冲破自我封闭,学会接纳他人,发展和谐的人际关系,在活动中建立平等、亲密的友谊。研学活动也有利于消解学生在学习和生活中的烦恼及压力,使其心胸变

拓展阅读 2-2

得宽广,视野变得开阔,更有助于构建良好的人际关系。

参加研学旅行活动可以增强青少年的环境适应能力。青少年对环境的适应能力是心理健康发展的重要指标。青少年在参加研学活动时需要面临各种情况,在活动的过程中需要通过自身敏锐的观察力、果敢的判断力和坚定的意志力等良好心理素质,去完成研学课程所布置的任务。顺境、逆境中的心理变化,胜利、失败之间的思想斗争等,都使其承受着强烈的心理压力,而尽快适应环境、克服压力,会使其获得快速的成长。在参加研学活动的过程中,学生不仅可以发现自己的兴趣爱好,还可以进一步加深对自身的认识,既能帮助学生提高自身的生理机能和身体素质,还能够使其心情变得愉快,使有忧郁情绪的青少年产生积极的情绪体验,从而增强自信心,消除忧郁,获得成就感。

三、促成跨学科实践育人

研学旅行是一种基于活动的跨学科融合实践。它以跨学科主题探究形式的"研",培养学生面对复杂情境时发现问题、分析问题、解决问题的能力;同时,让学生在"行"的体验和感悟中获得品格提升。学校可以用跨学科的视野挖掘和整合校内外的教育资源,以融合的思路设计并实施课程,从而实现育人方式的转型,促进学生全面而有个性地发展。

在研学活动中,除了单一课程的实践和应用,更需要将多学科的知识融合在一起,在同一个问题上多学科参与,发现各学科之间的联系,从而提高学生的思维能力、创新能力等核心素养。把实践活动设计成为一条主线,从而使多学科都参与进来,提高学生的参与度,从理科到文科,打造新的教学理念和学习方法,为校本课程的开发打下坚实的基础。比如,在研学活动中,学生通过数学中的测量、化学中的考察等实践活动,将得到的数据进行分析整理,从而提高学生的动手操作能力和思维创新能力;通过英语中的文化传播手段,提升学生的学习英语兴趣,促进多元文化交流;通过政治中的立德树人、知行合一理念,培养学生的爱国情怀和亲社会行为,使学生自觉遵守社会规则、爱护环境,做到文明有礼、诚信做人、服务和奉献社会,并且提升人际交往能力,培养学生的核心素养。

四、整合利用社会教育资源

新时代加强劳动教育,应倡导学校、家庭、社会教育的一体化,实现劳动教育方向整体一致,从而挖掘劳动教育系统工程的潜力。学校、家庭、社会这三种教育各有特色,它们之间很难互相代替。一体化的劳动教育恰恰可以将三者协调一致起来,形成多渠道一致影响的叠加效应,保障最佳的整体教育效益。

在当今社会,教育资源分布不均衡的问题备受关注。为了解决这一问题,各方力量纷纷加入社会教育资源整合的实践中。社会教育资源的不平等分布,导致了城乡教育差距的加大、教育资源严重浪费的问题。通过整合社会教育资源,可以提高资源的利用率,减少资源的浪费。只有各方资源都得到合理的分配和利用,才能最大限度地满足社会的教育需求。

本章思考题

1. 谈谈为什么对于学校而言,研学旅行既是机遇又是挑战。
2. 减少认知失调的方法有哪些?

在线答题

第三章
研学旅行中的心理学原理

 本章概要

  本章介绍研学旅行中的心理学原理,主要包括精神分析观、认知发展观、行为主义学习观和系统发展观。通过对心理学理论的介绍和分析,旨在帮助学生理解研学旅行中的心理过程和行为表现,并提供相应的实践指导。

 学习目标

知识目标

  1. 理解精神分析观的基本原理,了解潜意识对个体行为和心理发展的影响。
  2. 掌握认知发展观的核心概念,了解学生在研学旅行中认知发展过程和知识获取方式。
  3. 理解行为主义学习观的基本原理,了解学生在研学旅行中的行为塑造和学习过程。
  4. 了解系统发展观的核心概念,了解个体与环境之间的互动关系和对学生发展的影响。

能力目标

  1. 能够运用精神分析观的理论,分析研学旅行中学生的心理冲突和潜意识动机,提供相应的心理调适方法。
  2. 能够运用认知发展观的理论,解释学生在研学旅行中的认知发展过程,提供相应的学习策略和方法。
  3. 能够运用行为主义学习观的理论,设计行为塑造和学习活动,促进学生在研学旅行中的行为改变和学习效果。
  4. 能够运用系统发展观的理论,分析学生与研学旅行环境的互动关系,设计适应性的环境支持和发展方案。

思政目标

1. 培养学生的人文关怀和社会责任感,关注学生在研学旅行中的心理需求和发展问题。
2. 培养学生的创新思维和问题解决能力,帮助学生解决与跨过研学旅行中的心理困扰和遇到的挑战。
3. 培养学生团队合作和沟通能力,促进学生在研学旅行中形成良好的合作和人际关系。

知识导图

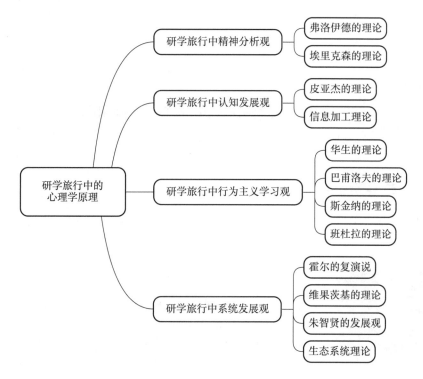

章节要点

冲突理论:指个体内心存在着不同欲望和冲突,这些冲突会影响个体的行为和心理发展。

潜意识:指个体意识之下的心理过程和动机,对个体行为和心理状态具有重要影响。

自我认同：指个体对自己的认知和评价，包括性别认同、文化认同等方面。

认知结构：指个体对信息的组织和处理方式，包括知觉、注意、记忆、思维等认知过程。

图式：是心理活动的框架或组织结构。

同化：个体在感受到刺激并将刺激纳入头脑中原有的图式之内，使其成为自身的一部分，是量的变化。

顺应：当个体遇到不能用原有图式来同化新的刺激时，便要对原有图式加以修改或重建，以适应环境，是质的变化。

条件反射：指个体通过刺激和反应之间的关联来形成条件反射，从而改变行为。

操作性条件反射：行为是通过操作和反馈之间的关联形成的。

强化：强化是塑造行为的基础，及时强化可以有效地塑造青少年的行为，指通过奖励刺激来增强特定行为，以达到行为塑造的目的。

观察学习：又称替代性学习，是指通过观察他人（榜样）所表现的行为及其结果而习得复杂行为的过程。

自我效能感：指个体对自己能力的评价和信心，对学习和行为改变起重要作用。

最近发展区：介于个体现实发展水平与潜在发展水平之间的一段区域。

第一节　研学旅行中精神分析观

一、弗洛伊德的理论

西格蒙德·弗洛伊德（Sigmund Freud），奥地利精神病医师、心理学家、精神分析学派创始人（见图3-1）。1873年进入维也纳大学医学院学习，1881年获得维也纳大学医学博士学位。1882—1885年在维也纳综合医院担任医师，从事脑解剖和病理学研究，然后私人开业治疗精神病，1895年正式提出精神分析的概念。1900年出版《梦的解析》，被认为是精神分析心理学的正式形成。1919年成立国际精神分析学会，标志着精神分析学派最终形成。弗洛伊德开创了潜意识研究的新领域，促进了动力心理学、人格心理学和变态心理学的发展，奠定了现代医学模式的新基础，为20世纪西方人文学科提供了重要理论支持。

图3-1　弗洛伊德

（一）基本观点

1. 人格的结构

弗洛伊德认为，人的心理与行为都是有前因和后果的，符合因果律。心理活动分为意识、无意识和潜意识。人格由三个层次的成分构成,即本我、自我、超我,人的行为主要由本我发动,在超我的监控下,由自我执行,是三种成分相互制约、相互作用的结果。

本我通常被看成追求生物本能欲望的人格结构部分,它包括人的基本需求和冲动,不受逻辑、道德或理性的约束,即生物本能我。自我是指人格积极的控制、观察以及学习的功能,负责调节本我和超我的冲突,遵循现实原则,即心理社会我。超我是指一个人在成长过程中所习得的道德理想、社会戒律和规范,即道德理想我。

弗洛伊德认为,心理发展的动力是本我、自我和超我三者相互斗争、相互协调的结果。本我,是由无意识组成的,提供各种能量;自我,是执行;超我,是来做监督的。他认为,有强大的自我才有健康的人格,现实的自我要同时受到来自本我、自我和超我三个方面的压力。个体的行为和心理发展取决于本我、自我和超我的交互作用。当三者处于平衡协调状态时,人就能保持心理健康;若平衡遭到破坏,就会造成心理冲突,甚至产生异常心理。

2. 人格发展阶段

弗洛伊德认为,性是人类最重要的一种本能,因而以性本能或力比多(Libido)的发展作为划分心理发展的标准。弗洛伊德对性的理解是十分宽泛的,除了与生殖活动有关之外,还包括能直接或间接引起有机体快感的一切活动,如儿童的吮吸和排泄等生活内容,都被包含在内。在性本能逐渐成熟的过程中,这些产生性快感的地方会从身体的一个部位转移到另一个部位。按每一个阶段力比多集中投射的身体部位,可以将人格发展划分为五个阶段,分别为:口唇期、肛门期、性器期、潜伏期、生殖期。

1)口唇期

口唇期指人从出生到1岁这一时期。这个时期的婴儿主要通过吸吮、咀嚼、吞咽和咬等口腔的动作来获得快感。弗洛伊德认为,如果幼儿能表达的话,无疑会说吸吮母亲的乳头是生活中最重要的事情。吸吮是生存必需的,同时它也产生快感,因此,婴儿在不饿时也吸吮自己的大拇指或其他东西。在这一时期的早期阶段,儿童的世界是"无对象"的,还不能意识到他人与自己的区别,只是笼统地渴求快感。在口唇期的后期阶段,才开始发展起关于他人的概念。这一阶段快乐的满足状况对以后的人格会产生长远的影响。

2)肛门期

在1—3岁,肛门区成为儿童性兴趣的集中点。排便导致肛门区的快感,儿童以排泄为乐,从玩弄粪便中获得满足。正是在这个时期,儿童第一次被要求放弃他们的本能快感,成人开始对孩子进行排便训练,儿童行为受到外界的要求。由于儿童获取快感的行为受到干涉,他可能与父母发生冲突。这一时期强烈的冲突可能导致日后人格的异常,形成所谓的肛门期人格,表现为邋遢、浪费、无条理、放肆,或者过分讲究干净、注重小节、固执、小气。因此,弗洛伊德特别提醒,对孩子的排便训练不宜太早、太严。

3)性器期

在3—6岁,儿童进入性器期。力比多这时集中到性器区,性器官成为儿童获得性满足的主要来源,具体表现为:这一时期的儿童喜欢抚弄生殖器,并且产生性幻想;儿童在行为上也开始有了性别差异。弗洛伊德认为,这个时期的男孩十分爱恋自己的母亲而忌恨自己的父亲,但又害怕父亲的惩罚,就转而模仿父亲的行为,企图以此来获得母亲的爱,这就是所谓的"恋母情结"。女孩刚好相反,眷恋父亲而忌恨自己的母亲,形成"恋父情结"。这两种情结对于个体以后的精神健康起着重要的作用,与道德规范、社会价值观的内化以及性别角色的认同也有着密切的联系。性器期冲突的顺利解决对人格的长期健康发展具有重要意义。

4)潜伏期

在6—12岁,儿童进入潜伏期。这时,儿童的性冲动减缓甚至暂停。儿童的典型特征是对性缺乏兴趣,男女之间界限分明,儿童主要与同性别的伙伴一起玩耍,这种状态一直持续到青春期。

5)生殖期

这一时期为12—20岁。儿童进入青春期后,在前一阶段平静下来的冲动和能量又重新活跃起来,对性的兴趣剧增。这一时期个体最重要的任务是摆脱父母的控制,进行自己的独立生活,寻求同龄伙伴之间的友谊,试图建立长期稳定的性关系。

(二)理论评价

弗洛伊德的理论开辟了精神分析的领域,其精神分析学说自问世以后引起巨大反响,提供了深入探索潜意识动机和人格内在动力的途径。一方面,弗洛伊德的理论提供了对个体心理活动的深入理解,为心理治疗和心理学研究提供了重要的视角。另一方面,弗洛伊德的理论也受到了科学验证的挑战,一些概念难以量化和测量,人们对这种理论褒贬不一。弗洛伊德的人格发展理论侧重人的情绪和动机的发展,强调了儿童早期经验和父母的教养态度在人格形成中的作用。弗洛伊德把人格结构分为三个部分,通过描述各部分之间的矛盾,把人格发展的过程看作是动态的、变化的过程,这些对人格发展研究产生了积极影响。然而,也有人批评弗洛伊德的理论过于主观和缺乏科学依据,对某些概念的解释也较为模糊。弗洛伊德的理论主要是基于对病人的研究提出来的,缺乏实证研究依据。而且,弗洛伊德对性本能的过分强调也是不恰当的,他过分强调潜意识和性本能在人格发展中的作用,把人格发展的动力归于性本能(力比多),认为性本能能否得到满足将会直接影响到人格的发展,忽视了社会环境对人格发展的作用,由此受到许多学者的批评。尽管如此,精神分析理论至今仍对儿童发展研究具有深刻的影响。

(三)对研学旅行的指导与启示

对于研学旅行而言,弗洛伊德的理论可以启示我们关注个体内部的心理冲突和潜意识动力,通过深入了解个体的心理活动,为研学旅行的心理支持和指导提供更全面的视角。弗洛伊德的精神分析理论为研学旅行提供了有益的启示和指导,有助于促进学生全面发展,提高研学旅行的质量。在实际应用中,需要结合精神分析理论,关注学生心理需求,激发学生内在动力,关注学生心理健康,促进人际关系和团队合作,引导学生自我成长,拓展研学旅行主题,从而实现研学旅行的内涵式发展。

1. 了解个体心理需求

弗洛伊德的精神分析理论强调潜意识、本我、自我和超我等概念,有助于我们深入了解个体的心理需求。在研学旅行中,了解学生的心理需求有助于更好地制订研学计划,满足学生在知识、情感和体验等方面的期待。

2. 激发学生内在动力

精神分析理论强调快乐原则,对于研学旅行而言,需要激发学生内心的兴趣和好奇心,让他们在旅行过程中感受到快乐。可以设计富有挑战性、趣味性的活动,让学生在研学旅行中体验到探索、成长和实现的快乐。

3. 关注学生心理健康

精神分析理论强调心理疾病的成因,启示我们在研学旅行中关注学生的心理健康。需要密切关注学生的情绪变化,及时发现和解决心理问题,为学生创造一个健康、安全的研学环境。

4. 促进人际关系和团队合作

精神分析理论中关于本我、自我和超我的理论,有助于理解人与人之间的冲突和矛盾。在研学旅行中,可以通过组织团队活动、交流分享等方式,帮助学生建立良好的人际关系,提高团队合作能力。

5. 引导学生自我成长

精神分析理论强调个体成长过程中面临的挑战和困境。在研学旅行中,可以针对各学段学生特点,关注学生成长过程中的心理需求,引导学生认识自己,克服困难,实现自我成长。

6. 拓展研学旅行主题

精神分析理论可以为学生提供丰富的研学旅行主题。例如,通过研究弗洛伊德的生平和工作,了解精神分析理论的发展历程及其对现代心理学的影响;或以精神分析理论为基础,探讨文学、艺术、历史等领域中的心理现象。

二、埃里克森的理论

爱利克·埃里克森(Erik H Erikson),美国精神病学家,发展心理学家和精神分析学家(见图3-2)。他提出人格的社会心理发展理论,把心理的发展划分为八个阶段,指出每一阶段的特殊社会心理任务,并认为每一阶段都有一个特殊矛盾,矛盾的顺利解决是人格健康发展的前提。

图3-2 埃里克森

(一)基本观点

1. 主要理论

与弗洛伊德相比,埃里克森更强调广阔的社会背景、自我和理智的力量对人格发展的作用。他不像弗洛伊德那样认为人的本性是恶的,而是认为儿童出生后本性既不是善的,也不是恶的,有向任何一个方向发展的可能。他对良好人格的形成和发展持有乐观的态度。埃里克森把人格的发展看作一个渐进的过程,人格的发展持续性,要依次经历八个阶段,每个阶段都有一个特定的发展任务。这些任务是由个体的生物成熟与社会文化要求之间的冲突产生的,如果儿童解决了每个阶段的冲突,完成了这个阶段的发展任务,就会获得积极的品质,进入下一个阶段,否则,就会形成消极的品质。儿童的发展水平通常处于积极与消极这两端之间,健康的人格倾向于积极的一端,不健康的人格倾向于消极的一端。个体的发展是按预定的步骤发展的,他们越来越向着日益扩大的社会活动范围的发展做准备。埃里克森认为,上一阶段任务的完成有助于下一阶段任务的顺利完成,但是,若前面某个阶段的任务没有很好地完成,在以后的阶段中仍有机会继续完成。在个体发展的过程中,有一系列的矛盾或冲突,这是心理发展的关键期或转折点,是个体心理进步或退步的关键期。

2. "人生八阶段"理论

1) 婴儿期(从出生到2岁)

这一阶段,婴儿面临的心理危机是基本信任与不信任。婴儿在本阶段的主要任务是满足生理上的需要,发展信任感,克服不信任感,同时掌握"希望品质",并将其作为人生所必须具备的至关重要的生存力量。他们通过与母亲及照料自己的人的交往,从生理需要的满足中体验安全,同时获得一种基本的信任感。对受到适当的爱和关注的儿童来说,世界是美好的,人们是充满爱意的,是可以接近的;反之,婴儿会对周围环境产生不信任感,即怀疑感,由于他们没有得到所需要的关爱和照顾,他们在一生中对他人都是疏远和退缩的。

2) 儿童早期(2—4岁)

这一阶段的心理危机是自主性与羞怯和疑虑,发展的基本任务是发展自主性,克服羞怯和疑虑,体验意志的实现。在此之前,儿童的依赖性很强,行为大部分由外界引起。然而,由于行走和语言的出现,能够比较独立地探索周围世界时,儿童便开始要求自主独立,处处喜欢显示自己的力量。他们爱讲"我""我自己来"之类的话,自己吃饭、穿衣、洗脸、走路。他们感受到了自己的力量,感受到自己有影响环境的能力。因此,如果此时处处束缚、横加限制,就会使其形成羞怯和疑虑,甚至产生孤独感和反抗情绪。同样,埃里克森也不赞同溺爱孩子,他认为父母的过度保护会阻碍这个年龄儿童的自主性发展。如果不允许儿童进行探索,不能获得个人控制感和对外界施加影响的认识,儿童便会对自己感到不确定,变得依赖他人。这个阶段发展任务的解决对个人今后对社会组织和社会理想的态度有着重要的影响,为未来的秩序和法制生活做好了准备。

3) 学前期(4—7岁)

这一阶段的心理危机是主动感与内疚感,发展的基本任务是获得主动感,克服内疚感,体验目的的实现。儿童的活动范围不再局限于家庭之内,在没有成人控制的情况下,应当培养他们控制自己的行为。为了体验成长,他们有时会进行一些违背父母和其他家庭成员的活动,但这又会使他们感到内疚。成功地解决这种危机的方法是获得一种平衡,使自己既能够体验主动感,又能够避免妨碍他人的权利和目标。

这一时期也称为游戏期。游戏执行着自我的功能,发挥着自我治疗和自我教育的作用,解决各种矛盾。此时的儿童必须学会怎样与他人一起玩、一起做事,怎样解决不可避免的冲突;他们学习怎样设定一个目标,通过说服来处理挑战;他们发展了企图心和目的感。不能很好地发展主动性的儿童,在这个阶段可能会缺乏目的感,并在社会交往或其他场合很少表现出主动性。埃里克森认为,儿童本阶段的主动性发展的程度与个人未来在社会中所取得的工作和经济上的成就密切相关。

4) 学龄期(7—12岁)

这一阶段的心理危机是勤奋感与自卑感。这时候,儿童进入学校,开始接受社会赋予他们的任务。为了完成这些任务,为了不落后于众多的同伴,他必须勤奋学习,但同时又渗透着害怕失败的情绪。本阶段的发展任务是获得勤奋感,克服自卑感,实现能力的提升。勤奋感不仅指学习和工作上的能力,还包括对人与人之间相互接触的胜任感。如果足够勤奋,他们在这个阶段中就能够掌握大量的交往和学习的技能,并因此感到自信;如果不能掌握这些技能,他们就会感到自卑。个人未来对工作和学习的态度与习惯,都与本阶段的勤奋感有关。

埃里克森劝告做父母的人,不要把孩子的勤奋行为看成捣乱,否则孩子会形成自卑感,认为自己不如别人。应该鼓励孩子努力获得成功,努力完成任务,激发他们的勤奋感与竞争心,有信心获得好成绩;还要鼓励他们尽自己最大的努力与周围的人发生联系,进行社会交往,使他们相信自己是有能力的、聪明的,任何事情都能做得很好。总之,使他们怀有一种成就感。

5) 青少年期(12—18岁)

这一阶段面临的心理危机是自我同一性与角色混乱,发展任务是建立自我同一性,防止角色混乱,体验忠诚的实现。自我同一性是埃里克森提出的一个核心概念,它是指个人对自己的本质、信仰和一生前后一致的比较完善的意识。具有自我同一性的青少年至少有三方面的体验。首先,他感到自己是一个独立的、独特的、有自己个性的个体,虽然他与别人一起活动,共同承担任务,但他可以与别人分离。其次,自我本身是统一的,他的需要、动机、反应模式可以整合一致。从时间来看,自我有一种发展的连续感和相同感。"我"是从童年的我发展而来的,将来的我还会不断地发展,但我还是我,而不是别人。最后,自我所设想的我与自己觉察到的其他人对自我的看法是一致的,并深信自我所努力追求的目标,以及为了达到这个目标所采用的手段是为社会所承认的。

青少年建立同一性的条件:长辈的真诚赏识而不是空洞的赞扬;在前一发展阶段形成的信任感;社会和文化要求青少年按一定的标准来行动;对自我的肯定。

青少年期要克服的危机:时间前景对时间混乱;自我确定对冷漠无情;角色试验对消极同一性;成就预期对工作瘫痪;性别同一性对性别混乱;领导的两极分化对权威混乱;思想的两极分化对观念的混乱。

6)成人早期(18—25岁)

本阶段的心理危机是亲密感与孤独感,发展的基本任务是获得亲密感,避免孤独感,体验爱情的实现。进入成人期后,青年男女已经具备能力并自愿准备去分担相互信任、工作、生儿育女和文化娱乐等生活,以期充分满意地进入社会。这一时期,如果没有发展出与别人共同劳动、与他人亲近的能力,没有找到友谊或其他的亲密关系,个体就会感到孤独。埃里克森认为,发展亲密感对能否顺利进入社会具有重要作用。

7)成人中期(25—50岁)

这一阶段面临的心理危机是繁衍感与停滞感,发展的基本任务是获得繁殖感,避免停滞感,体验关怀的实现。这时候,大多数人已经建立了家庭,面对一系列的任务,他们既要在自己的工作中努力进取,又要担负起养育家庭和照顾子女的重任。繁衍感这个概念包含着生产能力和创造能力,更主要的是指关心、建立和指导下一代成长的需要。没有繁衍感的人,就会处于停滞之中,成为人际关系贫乏的人。

8)成人晚期或老年期(50岁以后)

这一阶段面临的心理危机是自我整合感与失望,发展的基本任务是获得完善感,避免失望和厌恶,体验智慧的实现。这时,人生进入最后阶段,如果对一生感到满意,就会产生完善感。这种完善感包括长期锻炼出来的智慧感和人生哲学,是在回忆一生时所获得的自我整合,能够延伸到自己的生命周期以外,与新一代的生命周期融为一体。如果达不到这种感觉,就不免恐惧死亡,对生活充满了厌倦、失望和悔恨。

埃里克森"人生八阶段"理论归纳如表3-1所示。

表3-1 埃里克森"人生八阶段"理论归纳

阶段	年龄	发展任务		人格品质	中心问题
1	0—2岁	基本信任	基本不信任	希望	我能相信他人吗?
2	2—4岁	自主性	羞怯和疑虑	意志	我能独立行动吗?
3	4—7岁	主动感	内疚感	实现	我能成功地执行自己的计划吗?
4	7—12岁	勤奋感	自卑感	能力	与别人相比我是有能力的吗?
5	12—18岁	自我同一性	角色混乱	忠诚	我到底是谁?
6	18—25岁	亲密感	孤独感	爱情	我为某种关系做好准备了吗?
7	25—50岁	繁殖感	停滞感	关怀	我留下我的痕迹了吗?
8	50岁以后	自我整合感	失望	智慧	我的生命最终是有意义的吗?

(二)理论评价

埃里克森提出了心理社会发展理论,为心理学研究提供了一个发展的框架,强调了个体在不同阶段的心理发展和发展任务。埃里克森的理论强调了个体与社会环境的互动,对于理解个体的发展和身份形成具有重要意义。他将个体的发展划分为八个阶段,每个阶段都有特定的发展任务和危机。埃里克森的理论得到了广泛的应用和验证,包含着辩证法的思想,他把儿童看作一个整体,从社会的、情绪的和道德的整体发展来研究人格的发展。他抛弃了弗洛伊德的性本能中心的观点,强调社会环境和教育对儿童成长的影响,这些都推动了儿童研究的进展。但是,埃里克森的理论仍有本能论的色彩,每一阶段的社会要求与自我的冲突是否具有普遍性,各个阶段之间的关系是不是确定不变的,这些问题都有待进一步研究。

(三)对研学旅行的指导与启示

对于青少年而言,非常关键的发展任务是勤奋感和自我同一性的建立,埃里克森提出自我同一性的建立是有条件的:一是长辈的真诚赏识而不是空洞的赞扬;二是在前一发展阶段形成的信任感;三是社会和文化要求青少年按一定的标准来行动;四是对自我的肯定。

研学旅行作为一种融合学习和旅行的教育方式,可以通过埃里克森的心理社会发展理论为活动设计和心理支持提供重要的指导与启示。埃里克森的理论将个体的发展划分为不同的阶段,并强调了每个阶段的心理发展和发展任务。在研学旅行中,我们可以根据学生所处的发展阶段分析学情,设计相应的活动和提供相应的心理支持,以促进学生的心理成长和身份认同。

首先,了解学生所处的发展阶段是研学旅行活动设计的重要前提。根据埃里克森的理论,不同阶段的个体面临着不同的心理发展任务和危机。例如,青少年期的个体面临着身份认同的探索和建立的任务,而成年期的个体则面临着事业和人际关系的发展任务。可以通过了解学生所处的发展阶段,有针对性地设计研学旅行活动,以满足他们的心理发展需求。

其次,研学旅行可以为学生提供实践和体验的机会,帮助他们在不同阶段实现心理成长。根据埃里克森的理论,个体通过与社会环境的互动和经验的积累来实现心理发展。在研学旅行中,学生可以参与各种实践活动,与不同的文化、环境和人群互动,通过亲身体验来促进心理成长。例如,通过参观历史遗址、参与社区服务等活动,学生可以加深对历史文化的理解,培养社会责任感和文化包容性。

此外,研学旅行还可以提供支持和引导,帮助学生在旅行中实现心理成长和身份认同。根据埃里克森的理论,个体在不同阶段面临着心理发展的挑战和危机,需要得到支持和引导。在研学旅行中,教育者可以扮演重要的角色,提供情感支持、心理辅导和指导,帮助学生应对心理发展的挑战。通过与学生的交流和互动,可以了解学生的心理需求,提供相应的支持和引导,促进他们在旅行中实现心理成长和身份认同。

第二节　研学旅行中认知发展观

一、皮亚杰的理论

让·皮亚杰（Jean Piaget），瑞士儿童心理学家，儿童认知发展领域的奠基人之一（见图3-3）。皮亚杰的研究对认知心理学和教育心理学产生了深远的影响，皮亚杰也是儿童心理学、发生认识论的开创者，被誉为心理学史上除了弗洛伊德以外的另一位"巨人"，他提出的发生认识论不仅是日内瓦学派的理论基础，而且也是欧洲机能主义的重大发展。皮亚杰开辟了心理学研究的一个新途径，对当代西方心理学的发展和教育改革具有重要影响。皮亚杰的代表作品有《发生认识论导论》《生物学与认知》。

图3-3　皮亚杰

（一）基本观点

1. 认知结构

认知结构是指个人在感知及理解客观事物的基础上形成的一种内在的心理结构。皮亚杰认为，它是主体认知活动的产物，是不同发展水平的儿童对外界事物做出反应的组织方式。认知结构在大脑中没有相应的生理结构，它是记忆、思维、动作和策略相互渗透的结果，是一种有组织的统一体，儿童借此认识和理解周围的世界。即使在婴儿身上，也可以明显地看到某些有组织的行为模式。然而，这又不同于较大的儿童或成人"了解"世界的过程，后者是通过内化了的心理表象或语言一类的符号来认识和适应周围世界的。

皮亚杰认为，认知结构组织的最基本单元称为"图式"。图式是指动作的结构或组织，这些动作在相同或类似的环境中由于不断重复而得到迁移或概括。如婴儿就有一种吸吮图式，这种动作图式经过多次重复，可以用来吸吮手指、玩具等。但是，儿童关于不同对象的图式之间存在着本质的差别。

新生儿时期的大部分图式是先天就有的反应模式或反射活动。新生儿具有一种吸吮图式，他们对碰到嘴边的任何物品都会做出吸吮的反应。在适应环境的过程中，他们开始只对可吸吮的物品做出反应。这一时期，他们还具有很多其他的有组织的感觉运动活动的图式，如抓、踢、看和打等，这些早期的图式随着婴儿与外部世界的不断接触而迅速发展起来。尽管年幼儿童的这些图式主要依赖于感觉输入和身体活动的相互作用，但婴儿在对各种物体进行适应性反应时，是以合理的方式进行的，表现出一定的智力。

随着年龄的增加和经验的累积，儿童的认知结构日益复杂，简单的图式逐渐转变为日益复杂的图式,从外化的动作图式逐渐演化为内化的符号表象图式,相应地,认知活动也经历了一个从外到内的转化过程,从外部的智力活动逐步变成通过符号表象图式进行的内部的智力活动。年龄较大的儿童的图式更趋于内化,他们形成了与成人日趋接近的内化的认知结构,而年幼儿童的智力操作多局限于感觉运动。

2. 认知过程

皮亚杰认为,对经验的组织和适应是促使图式不断完善的最重要的功能性原则。组织是通过整合和协调生理或心理结构,最终形成较复杂系统的心理倾向。前面的吸吮图式的例子中,婴儿起初虽然可以做出吸吮、看和抓等这类反应,但其功能是各自独立的,通过组织,这些彼此独立的简单行为可以形成一个由各种行为协调一致的高级系统,如婴儿后来能够在看到奶瓶之后,用手抓住它,然后吸吮奶嘴。

第二个功能性原则是适应原则,它包括两个过程:同化和顺应。同化是指儿童将外界元素整合到自己正在形成或已经形成的认知结构中。当儿童获得新的经验时,他总是试图使这一经验符合已有的图式,也就是同化这一经验。通过同化,儿童当前的认知结构和理解水平会改变他对周围环境的反应方式。皮亚杰把儿童脱离现实的想象性游戏看作完全的同化过程。一个儿童一边在屋子四周做着飞扑动作,一边说,"我是正在飞越山顶的老鹰"。此时,他的反应与现实情境几乎没有什么联系。不过,儿童大部分同化的事例都是与他们周围的事物密切相连的。例如,一个儿童可能叫一位陌生的男子"爸爸";生活在原始文化中的儿童在第一次看到飞机时,也许叫它"大白鸟",这是因为他们把飞机同化到自己所熟悉的概念系统中。

顺应与同化是互补的过程。顺应是机体根据环境的要求调整自己认知结构的过程。通过顺应,儿童原有的图式得以完善。儿童可能最终校正了"爸爸"的图式,形成了对"爸爸"这一角色的正确认识,它只包括一个人,而同时形成了"男人"的新图式,它包括了其他的成年男性。皮亚杰把儿童对他人的模仿行为看成最典型的顺应形式。

儿童对环境的大部分适应行为既包括同化,又包括顺应。婴儿将吸吮图式用于多种物品和对象。他们吸吮自己的拇指、橡皮奶嘴、玩具熊的耳朵或吊在床头的塑料小鸟。在这些被吸吮的对象中,有些更容易吸吮,如自己的拇指和橡皮奶嘴,对这些对象的适应包括了更多的同化过程,而塑料小鸟这类对象,常常不能很好地吸吮,不能得到满意的"回报",因为塑料小鸟的翅膀尖利,且带有塑料气味,也很难放入嘴里。这时,儿童必须校正或形成一个适合于塑料小鸟的新的动作模式。他们在遇到塑料小鸟这一类的对象时,可能会干脆放弃吸吮的图式,而采用打或踢这类动作,让塑料小鸟移动或飞翔。

认知的发展是以智力结构的变化为基础的,这种变化经历了从先天的心理倾向到以一定方式组织和适应新经验的过程。儿童的图式和认知结构是不断变化的。

3. 认知发展阶段

1) 感知运动阶段(出生至2岁,相当于婴儿期)

此阶段,儿童还没有语言的思维,主要通过感官和运动经验来认识世界,主要表现为运动和感觉的协调,并逐渐发展出目标导向的行为和对象的持久性概念。儿童开始内化一些能够产生表象和思维活动的行为图式,这是皮亚杰提出的认识发展的第一阶段,也是智慧的萌芽时期。

2)前运算阶段(2—7岁,相当于幼儿期)

此阶段,儿童开始使用符号和语言来表示事物,凭借表象在头脑中进行思维。但他们的思维仍然受限于具体的经验和直观的观察,逐渐发展出符号代表和符号操作的能力。由于语言的出现和发展,促使儿童能够用表象和语言作为中介来描述外部世界,同时大大扩展了儿童生活和心理的范围。此阶段的主要特点如下。

首先,相对具体性,即儿童凭借表象进行思维,开始使用符号来表现和理解环境中的事物,并根据物体和事物的不同性质来对其做出不同的反应,但还不能进行运算思维。

其次,知觉的集中性,即一次只能注意一个维度,不能从另外一个维度考虑事物。例如,当两种颜色的玻璃球(白色3个、红色7个)放在一起时,当问哪一种颜色的玻璃球多一些,儿童能够回答出"红色的玻璃球多";当问两种玻璃球有什么不一样时,却答不出来。说明此年龄段的儿童知觉只集中于玻璃球的颜色,不能很好地顾及整个玻璃球的数量。

再次,不可逆性,即只能从一个方向进行思维,不能反向思维。例如,能理解A=B,B=C,但不能得出A=C,同时缺乏守恒概念。

最后,自我中心性,即儿童只能站在他自己经验的中心,只能从自我考虑问题,不能从多方面考虑问题。例如,只能从自己身体的标准辨别左右,而不能正确辨别对面的人的左右,也认识不到自己的思维过程。这就限制了他掌握逻辑概念的能力。故此阶段又称自我中心思维阶段。有一个著名的三山实验,就是让一个小朋友围绕模型转一圈,再坐下来,然后从不同角度提问:另一个小朋友坐在那个位置,所看到的情景跟你是一样的吗?让他选择照片,这个阶段的孩子只能从自己的角度选择,而不能从对方的角度选择。

3)具体运算阶段(7—11岁,相当于小学阶段)

此阶段,儿童开始具备逻辑思维和操作符号的能力,能够进行简单的数学运算和逻辑推理。他们能够理解数量、空间、时间等概念,并能够进行分类和序列化。逐渐了解日常生活中的一些物体和事件的特性以及它们之间的相互联系。开始具有逻辑思维和运算的能力,如能够进行比较、分类、间接推理等逻辑运算,但还离不开具体事物或形象的帮助。能够解决守恒问题,可以完成一些以前不可能完成的任务,克服自我中心。但此时儿童的思想存在较大的易变性,虽然可以凭借具体事物或形象进行逻辑分类来认识逻辑关系,但是这一水平的运算还是零散的、孤立的,不能组成完整的系统,仍有其局限性。

4)形式运算阶段(约11岁以后,接近于成人的思维)

此阶段,儿童思维不再局限于具体可观察的范围内,进一步发展出抽象思维和逻辑推理的能力,能够进行假设、推理和解决复杂问题。他们能够思考抽象的概念和可能性,并能够进行系统性的思考和推理。可以进行命题运算,能够不依靠具体事物而对抽象和表征的材料进行抽象、系统的逻辑运算。还可以根据假设来对各种命题进行逻辑推理。

皮亚杰的认知发展阶段论对于儿童的人格发展同样有着积极的理论指导意义。青少年时期,个体在认知上处于形式运算阶段,他们的思维达到了成人的逻辑思维水平。与此同时,他们的道德、情感都通过认知的发展而表现出新的特点。例如,比之过去,青少年对自己、对别人、对社会的看法,对生活、对生命的价值信念等,都会有更多独立的见解。

皮亚杰认为,青少年期是人格形成的重要时期,青少年通过以独特的形式参与成人的社会而实现人格的形成。这一时期,青少年会出现"青春期的自我中心"现象,表现为:过分相信自己的力量,相信反省、思考是全能的,认为世界应该服从于一个观念的格式,而不应该服从于现实的系统。这是一个典型的形而上学的年龄阶段,感觉自我十分强大,足以改造宇宙,足以吸收宇宙。只有积极参与社会活动,使这种不平衡在与现实世界的协调中得以缓和,他们才能够脱离青春期自我中心,形成良好的人格。

知识活页

行走天地 成长之乐——研学旅行对孩子成长的十大好处

1. 提升综合素质

研学旅行让孩子在实践中学习,培养发现问题、解决问题的能力,提升综合素质。

2. 增强生活自理能力

研学旅行让孩子独立安排行程、照顾自己的生活,锻炼他们的生活自理能力。

3. 培养团队协作精神

研学旅行中的集体活动让孩子学会与他人合作,培养团队精神。

4. 丰富知识储备

研学旅行可以让孩子深入接触自然和文化遗产,拓宽知识面,丰富知识储备。

5. 提升学习能力

研学旅行实践活动寓教于乐,让孩子在轻松的氛围中学习,提高学习效果。

6. 培养审美能力

在研学旅行中,孩子亲身体验美,培养审美能力和艺术素养。

7. 增强社会责任感

通过研学旅行,让孩子了解社会、关注社会问题,培养他们的社会责任感。

8. 提升实践能力

研学旅行中的实践活动让孩子将理论知识应用于实际,锻炼实践能力。

9. 培养冒险精神

研学旅行中,孩子会面对陌生环境和挑战,培养其冒险精神和探索精神。

10. 塑造健全人格

参加研学旅行,孩子在实践中感受生活、体验挫折,有助于塑造健全的人格。在孩子成长过程中,组织研学旅行是一种非常有益的教育方式。

(二)理论评价

皮亚杰的认知发展理论详细地描述和解释了儿童思维的发展过程,成为认知发展领域极有影响的理论之一。皮亚杰理论对当代发展心理学产生了巨大影响。当前发展心理学中与认知因素有关的研究以及很多认知心理研究机构的建立应主要归因于皮亚杰认知理论的影响。皮亚杰有关智力发展的理论是绝无仅有的。虽然在方法论上有很多缺陷,不够客观,但他以独特、新颖的方式提出并回答了一些重要问题。而且,他富有挑战性的理论激起了同行们进行研究和提出新理论的兴趣。正是由于皮亚杰的杰出贡献,儿童智力发展的研究才达到了空前的水平。然而,随着研究的进展,皮亚杰的理论和有关的研究结果也遭到了多方面的批评。

首先,皮亚杰的研究可能低估了儿童的认知能力。很多儿童的认知发展超出了皮亚杰所谓的特定年龄阶段的水平,他们在适当的教育和环境条件下能够解决皮亚杰认为不可能解决的问题。

其次,皮亚杰提出的认知发展阶段顺序不变的观点也遭到了质疑。鲍尔(1976)证据确凿地指出,皮亚杰列举的很多用来说明智力渐进发展的行为并不是以累积渐进的方式出现的,而是出现后又消失了。例如,婴儿出生几周后,便有想要行走和取物的动作,但这些动作接着就消失了,而在以后的发展中又重新表现出来。即使像模仿和重量守恒这类较复杂的行为也会在早期出现,并随后消失。新生儿第一周就能模仿成人的伸舌动作,但很快就消失了,到第一年结束时重新出现。皮亚杰理论是不能解释这种重现循环现象的。而且,儿童解决不同范畴的类似问题的速度也有很大的差别。认知发展的这种不规整性与认知发展阶段理论是不一致的。

再次,皮亚杰的理论更强调儿童的生物学潜能,而相对忽视经验和教育、教学的作用。跨文化研究结果表明,智力成长的序列不像皮亚杰所描述的那样一成不变,它是一个因文化、经验、问题解决策略训练不同而有所不同的发展序列。维果茨基提出的社会文化理论(Sociocultural Theory)认为,社会文化和教育、教学对于儿童认知的发展具有极为重要的影响,儿童在成年人的指导下,或者通过与知识丰富、能力水平较高的同伴合作,可以发展起较高的认知能力。而且,并非所有的儿童都要经过相同的认知发展阶段,他们常常受到文化的影响,而形成与文化背景相应的认知技能,而不是共同的认知结构。

此外,在皮亚杰的理论中,对同化、顺应或平衡这类基本的概念缺乏严格的操作定义,这也遭到了一些人的批评。面对一个问题,具有了形式思维的成年人会说,这样做现实吗？是否合情合理？而不是像青少年那样，严格地按照形式逻辑进行推理，较少考虑现实。尽管如此，皮亚杰在发展心理学史上的地位仍是不可替代的。

（三）对研学旅行的指导与启示

皮亚杰的理论强调儿童认知能力的阶段性发展，包括感知运动、前运算、具体运算、形式运算等方面。在研学旅行中，我们可以根据儿童所处的认知发展阶段，设计相应的活动和教学策略，促进他们的认知发展和学习能力提高。

1. 知识的阶段性发展

皮亚杰的理论认为，儿童的认知能力会随着年龄的增长而逐渐发展。在研学旅行中，可以根据学生的年龄和认知水平，设计相应的活动内容和难度，使他们能够逐步理解和掌握相关知识。例如，在感知运动阶段的儿童，可以通过提供丰富的感官和运动经验，让他们亲身体验和观察，以促进他们对世界的认知和理解。在前运算阶段，可以使用具体的物体和符号来帮助他们理解和表达概念。在具体运算阶段，可以设计一些涉及分类、序列化和数学运算的活动来帮助他们发展逻辑思维与操作符号的能力。在形式运算阶段，可以提供一些复杂的问题和挑战来鼓励他们进行抽象思维与系统性的推理。

2. 感知和观察能力的培养

皮亚杰的理论强调感知在认知发展中的重要性。在研学旅行中，学生可以通过实地观察自然和人文景观，培养他们的感知能力，如观察岩石的形状、颜色、纹理等，从而提升他们对地质现象的敏感度和观察能力。

3. 运动和操作能力的发展

皮亚杰的理论认为，儿童通过运动和操作来探索和理解世界。在研学旅行中，学生可以通过实地参与实验、模拟操作等活动，如模拟地壳运动或侵蚀过程，从而通过自己的动手操作来加深对地质现象的理解。

4. 符号运算和思维能力的培养

皮亚杰的理论认为，儿童在认知发展的过程中逐渐发展出符号运算和思维能力。在研学旅行中，学生可以通过思考、讨论和解释地质现象，运用已有的知识和信息进行分析与推理，提高思维能力和解决问题的能力。

综上所述，皮亚杰的理论为我们理解儿童认知发展提供了重要的框架和指导。通过研学旅行的实践活动，根据儿童的认知发展阶段，设计相应的活动和教学策略，以促进他们的认知发展和学习能力的提高。学生可以在实地观察和实验体验中，通过感知运动、前运算、具体运算、形式运算等认知活动加深对科学的理解，并促进自身的认知发展。

二、信息加工理论

信息加工理论的创始人是美国心理学家乔治·米勒（George A. Miller）。他在20世纪50年代提出了信息加工理论,该理论主要关注个体如何处理和加工信息,以及认知过程中的感知、注意、记忆、思维等。米勒是认知心理学的先驱之一,他的研究对认知科学和心理学领域产生了深远的影响。

(一) 基本观点

信息加工理论提出,人类的思维和认知过程可以类比为计算机对信息的加工和处理。它强调人类接收到的外部刺激通过感知、注意、记忆、思维等过程进行加工和转化,最终形成对外界的理解和认知。这一理论认为,人类的认知过程是有限的,受到认知资源的限制,因此在信息加工过程中会进行选择、筛选和整合。

1. 信息处理模型

信息加工理论提出了一些重要的概念和模型,如"短期记忆"的容量限制和"工作记忆"的概念。米勒提出了"魔数7 ± 2"的观点,即人类短期记忆的容量大约为7个加减2个信息单元。他还提出了"串行位置效应""干扰效应"等现象,揭示了记忆和注意力的特点和机制。

2. 注意力的作用

信息加工理论强调注意力在认知过程中的重要性。个体在面对大量的信息时,需要选择性地关注和处理特定的信息,而忽略其他无关的信息。注意力的分配和控制对于有效的信息加工和认知活动至关重要。

3. 记忆的过程

信息加工理论将记忆分为感觉记忆、短期记忆和长期记忆三个阶段。感觉记忆是对外界刺激的短暂保持,短期记忆是对信息的短暂存储和处理,而长期记忆是对信息的永久存储和检索。

4. 思维的加工过程

信息加工理论认为思维是对信息进行加工和处理的过程。个体通过对已有知识和信息的组织、分析、推理和解决问题,来产生新的认知和理解。

(二) 理论评价

1. 综合性理论

信息加工理论综合了感知、注意、记忆、思维等多个认知过程,提供了一个全面的认知框架。它对认知过程的描述和解释具有广泛的适用性,对认知心理学的发展产生了重要影响。

2. 理论的实证支持

信息加工理论得到了大量实验研究的支持。通过实验和观察,研究者们验证了理论中提出的关于感知、注意、记忆、思维等认知过程的假设和预测。

3. 对认知过程的解释

信息加工理论提供了对人类认知过程的解释和理解。它揭示了人类思维和认知的基本原理和机制,为我们理解人类的学习、记忆、决策和问题解决等认知活动提供了重要的框架。

4. 对教育和认知科学的影响

信息加工理论对教育和认知科学领域产生了深远的影响。它为教育者提供了指导,帮助设计更有效的教学策略和学习环境。同时,它也为认知科学研究提供了重要的理论基础和方法论。

5. 理论的局限性

信息加工理论也存在一些局限性。例如,它过于强调人类思维和认知的计算机类比,忽视了人类认知的复杂性和情感因素的作用。此外,研究者也发现了一些与信息加工理论不完全一致的现象,需要进一步研究和解释。信息加工理论忽视个体差异,在描述认知过程时,往往忽视了个体之间的差异。不同个体在感知、注意、记忆、思维等方面存在着差异,这些差异可能对认知过程产生重要影响,但在该理论中得到的关注较少。

总的来说,信息加工理论是认知心理学的重要理论之一。该理论提供了一个全面的认知框架,并得到了实证研究的支持,但在描述认知过程时,可能存在简化和过度抽象,以及忽视个体差异的限制等问题。

(三)对研学旅行的指导与启示

1. 注意力的引导

信息加工理论强调注意力在认知过程中的重要性。在研学旅行中,可以通过设计吸引人的实地观察、实验或活动,引导学生的注意力集中在研学目标相关的信息上。例如,在地质研学过程中,引导学生观察地质景观的细节、参与地质实验等,从而提高他们对地质现象的注意力和观察力。

2. 记忆的加强

信息加工理论认为记忆是认知过程中的重要环节。在研学旅行中,可以通过实地体验和亲身参与,帮助学生将所学的地质知识与实际经验相结合,从而加强记忆的存储和检索。例如,学生可以通过观察和操作地质样本、参与地质探索活动等,将所学的地质知识与实际场景联系起来,提高记忆的效果。

3. 思维的激发

信息加工理论强调思维在认知过程中的重要性。在研学旅行中,可以通过提出问题、引导讨论和解决问题的活动,激发学生的思维能力。例如,学生可以通过观察地质现象、分析地质数据等,进行思维活动,如推理、比较、分类等,从而加深对地质知识的理解和应用。

4.个体差异的关注

信息加工理论在认知过程中关注个体差异。在研学旅行中,可以根据学生的个体差异设计不同难度和形式的活动,以满足不同学生的认知需求。例如,对于年龄较小或认知能力较弱的学生,可以设计更加直观、具体的活动,以帮助他们理解地质现象;对于年龄较大或认知能力较强的学生,可以设计更加复杂、抽象的活动,以促进他们的思维发展。

综上所述,信息加工理论对研学旅行的作用体现在引导注意力、加强记忆、激发思维以及关注个体差异等方面。在研学旅行中,运用信息加工理论的原则和方法,可以提高学生对知识的理解和应用能力,促进他们的认知发展。

第三节 研学旅行中行为主义学习观

一、华生的理论

约翰·华生(John Broadus Watson),美国心理学家,行为主义心理学的创始人(见图3-4)。1913年发表《行为主义者眼中的心理学》一文,标志着行为主义心理学的诞生。华生基于巴甫洛夫提出的经典条件反射,创建了行为主义心理学派。主要研究领域包括行为主义心理学理论和实践、情绪条件作用和动物心理学。他认为,心理学研究的对象不是意识而是行为,主张研究行为与环境之间的关系,心理学的研究方法必须抛弃内省法,而代之以自然科学常用的实验法和观察法。他还把行为主义研究方法应用到了动物研究、儿童教养和广告方面。他在使心理学客观化方面发挥了巨大的作用,对美国心理学产生了重大影响。

图3-4 华生

(一)基本观点

华生认为,遗传与个体的行为产生与否没有任何作用,遗传只提供集体发展的物质条件。心理学应当是一门自然科学,应该关注可观察的行为,而非内在的心理过程,它应当抛弃意识、心理状态、心灵、内省、想象等名词,研究可以观察、预测和控制的行为。心理、意识、思维、情绪、人格等都可以被归结为行为。例如,思维是人类对自己的一种言语,是全身肌肉特别是喉头肌肉的内隐活动;人格则是一个人的行为系统或一切动作的总和。他主张通过刺激-反应的条件反射来解释行为,强调环境对行为的塑造作用,提出了著名的刺激-反应公式(S-R),即环境的刺激,包括体内的和体外的各种刺激,可以直接引起有机体的各种反应,其中包括明显的和不明显的反应。一个人的行为或反应是由周围的环境刺激所决定的。

基于这种理论,华生成为典型的环境决定论者,是机械主义的儿童心理发展观。首先,他否认遗传的作用,认为遗传与个体的行为产生与否是没有任何作用的;遗传只提供机体发展的物质条件。其次,片面夸大环境和教育的作用,认为环境与教育中所建立的刺激和反应是个体发展的唯一原因;条件反射是习得形成的单位,行为控制的方式就是条件反射的建立或消退。认为环境和教育决定了儿童一切行为的发展。他提出了教育万能论,其中有一段著名的话,特别能说明这种观点:"给我一打健康的婴儿,一个由我支配的特殊的环境,让我在这个环境里养育他们,我可担保,任意选择一个,不论他父母的才干、倾向、爱好如何,他父母的职业及种族如何,我都可以按照我的意愿把他们训练成为任何一种人物——医生、律师、艺术家、商界领袖乃至乞丐和盗贼。"华生认为,无论多么复杂的行为,都可以通过控制外部刺激而形成和改变。学习的本质是建立条件反射。华生认为,在教育过程中,教育者应重视对儿童进行早期的行为训练,培养儿童各种良好的行为习惯,而不应采用体罚。这些思想具有一定的科学性。

首先,华生认为行为发生的公式是刺激-反应。从刺激可以预测反应,从反应可以推测刺激。在华生看来,刺激是指客观环境和体内组织本身的变化,反应是指整个身体,包括手臂、腿和躯干的活动,或所有这些运动器官的联合运动。他将思维、情绪、人格等心理活动都等同于一系列动作。由于刺激是客观存在的,不取决于遗传,而行为反应又是由刺激引起的,因此,行为不可能取决于遗传。他认为青少年人格发展中,人格是一个个的动作,人格是习惯的派生物,培养好习惯是人格教育的关键。

其次,华生虽然承认机体在构造上的差异来自遗传,但他认为,构造上的遗传并不能导致机能上的遗传。个体遗传的构造,其未来的形式如何,要取决于其所处的环境。

最后,华生的心理学以控制行为作为研究的目的,而遗传是不能控制的,所以遗传的作用越小,控制行为的可能性就越大。因此,华生否认了遗传对个体心理与行为发展的作用。

（二）理论评价

华生的行为主义观点在当时引起了广泛的关注,但也受到了批评。他的理论忽视了内在的心理过程,被认为是过于简化了人类行为的复杂性。他片面夸大了环境在教育心理发展中的作用,忽视了个体的主动性、能动性和创造性,忽视了促进心理发展的内部动因。不可否认,华生的环境决定论观点确实具有很大的启发作用,他使人们开始关注个体心理发展的社会因素。同时,我们在现实生活中也深刻体会到环境,包括家庭环境、社会环境和学校教育环境对个体发展的巨大作用。

（三）对研学旅行的指导与启示

1. 刺激与反应的关系

华生的理论阐明,可以通过提供多样化的刺激来引发学生的兴趣和好奇心。例如,在湿地公园中,可以设计各种观察活动,如观察湿地中的植物、动物等生物,让学生亲身感受湿地的生态环境。同时,可以组织生物调查活动,让学生参与到实际的科学研究中,观察和记录湿地生物的种类和数量变化。这些刺激可以激发学生的好奇心,促使他们主动探索和学习湿地的生态知识。

2. 刺激与反应的强化

根据华生的理论,及时给予正向的反馈和奖励可以增强学生对学习的积极性和动力。在湿地公园主题研学中,可以设立奖励机制,如给予学生勋章、证书或小礼品等,以表彰他们在湿地保护活动中的积极参与和贡献。这种正向的强化可以增强学生对湿地保护的兴趣和关注,促使他们更加积极地参与到湿地保护行动中。

3. 刺激与反应的联结

华生的理论,通过将刺激与反应联结起来,可以帮助学生建立条件反射。在湿地公园主题研学中,可以将湿地保护与特定的刺激相联系,如将湿地保护与观察到的湿地生物联系起来,让学生在实地观察时能够自动地产生与湿地保护相关的反应。这种条件反射的建立有助于加深学生对湿地保护知识的理解和记忆,并促使他们在实践中更加自觉地保护湿地。

综上所述,华生的理论在主题研学中,可以通过提供丰富多样的刺激、给予正向的反馈和奖励、将刺激与反应联结起来等方式发挥作用。这些方法可以激发学生的兴趣和好奇心,增强他们对研学活动的投入度和参与度,促使他们更好地理解和保护自然生态环境。

二、巴甫洛夫的理论

伊万·彼得罗维奇·巴甫洛夫(Ivan Petrovich Pavlov)(见图3-5),俄国生理学家、心理学家、医师、高级神经活动学说的创始人,高级神经活动生理学的奠基人。条件反射理论的建构者,也是传统心理学领域之外对心理学发展影响较大的人物。

(一)基本观点

图3-5 巴甫洛夫

巴甫洛夫提出了条件反射的概念,认为行为是通过刺激和反应之间的关联形成的。他的实验主要集中在狗的消化系统上,通过给狗提供食物和声音刺激,观察到了条件反射的现象。通过一系列诱导狗分泌唾液的实验,巴甫洛夫描述了有机体建立条件反射的过程:中性刺激与无条件刺激在时间上结合,使中性刺激成为无条件刺激的信号,从而中性刺激替代无条件刺激,形成原来只有无条件刺激才能引起的反应。同时,巴甫洛夫发现了以下学习定律或现象。

(1)条件刺激的呈现应在无条件刺激之前。

(2)如果在条件刺激之后不伴随无条件刺激,几次以后动物将不再做出这种条件反应。

(3)条件反应存在泛化和分化现象。

(4)当条件作用形成后,可单独用条件刺激与另一中性刺激建立起联结。

（二）理论评价

巴甫洛夫的理论对于行为主义心理学的发展产生了深远影响。他的实验方法和条件反射的概念为后来的行为主义学派奠定了基础。

首先，实验方法的创新。巴甫洛夫通过在狗的消化系统上进行实验，观察到了条件反射的现象。巴甫洛夫的实验方法非常精确和系统化，通过控制刺激和测量反应，准确地观察和记录行为的变化。这种实验方法的创新为后来的行为主义研究提供了范例和指导。

其次，条件反射的概念。巴甫洛夫提出了条件反射的概念，认为行为是通过刺激和反应之间的关联形成的。巴甫洛夫的实验结果表明，通过在特定的刺激和反应之间建立联系，可以改变和控制行为。这一概念为后来的行为主义学派提供了重要的理论基础。

再次，对行为的解释。巴甫洛夫的理论强调了环境对于行为的塑造作用。他认为行为是通过刺激和反应之间的关联来解释的，而不是通过内在的心理过程。这种对行为的解释方式使行为主义心理学从心理过程转向可观察的行为，为后来的行为主义研究提供了新的方向和方法。

最后，实证研究的重要性。巴甫洛夫的实验方法和条件反射的概念强调了实证研究的重要性。他的实验结果是通过严格的实验设计和观察得出的，这种实证研究的方法对于心理学的科学性和可靠性具有重要意义。巴甫洛夫的实验方法为后来的行为主义研究提供了实证研究的基础和范例。

总的来说，巴甫洛夫的理论对行为主义心理学的发展产生了深远影响。他的实验方法和条件反射的概念为后来的行为主义学派奠定了基础，并强调了实证研究的重要性。巴甫洛夫的理论为行为主义心理学提供了新的研究方向和方法，对心理学的发展做出了重要贡献。

（三）对研学旅行的指导与启示

1. 条件反射的建立

根据巴甫洛夫的理论，可以通过创造条件反射的环境来帮助学生建立与湿地保护相关的条件反射。例如，在湿地公园中，可以将湿地保护与特定的刺激相联系——将湿地保护与观察到的湿地生物联系起来。通过反复地实地观察和体验，学生可以逐渐建立起湿地保护与特定刺激之间的联系，从而在未来的学习和行为中自动地产生与湿地保护相关的反应。

2. 条件反射的应用

学生一旦建立了与湿地保护相关的条件反射，可以将这种条件反射应用到实际的湿地保护行动中。例如，当学生在湿地公园中观察到湿地生物时，他们会自动地产生与湿地保护相关的反应，如保持安静、不干扰生物等。这种条件反射的应用有助于培养学生的湿地保护意识和行为习惯，使他们在实践中更加自觉地保护湿地生态环境。

3.条件反射的强化

根据巴甫洛夫的理论,及时给予正向的反馈和奖励可以增强条件反射的效果。在湿地公园主题研学中,可以设立奖励机制,如表彰学生在湿地保护行动中的积极参与和贡献。这种正向的强化可以加强学生对湿地保护相关条件反射的建立和应用,促使他们更加积极地参与湿地保护行动。

通过运用巴甫洛夫的理论,可以帮助学生在湿地公园主题研学中建立与湿地保护相关的条件反射。这种条件反射的建立和应用有助于加深学生对湿地保护知识的理解和记忆,培养他们的湿地保护意识和行为习惯。同时,通过给予正向的反馈和奖励,可以增强条件反射的效果,促使学生更加积极地参与到湿地保护行动中。

三、斯金纳的理论

伯尔赫斯·弗雷德里克·斯金纳(Burrhus Frederic Skinner),美国心理学家,新行为主义学习理论的创始人,也是新行为主义的主要代表(见图3-6)。斯金纳引入了操作性条件反射理论。著有《沃尔登第二》(意译为《桃源二村》)和《超越自由与尊严》《言语行为》等。

图3-6 斯金纳

(一)基本观点

斯金纳的心理发展观认为,儿童心理发展是一个连续的、渐进的过程,不同发展时期并不存在明显的、质的不同,只有一些微小的变化。斯金纳根据动物实验的结果,提出操作性条件反射理论,认为某一种行为的后果可以增加或减少这种行为的发生,如果一种行为得到了满意的结果,这种结果就可以提高这种行为在以后发生的概率,也就是在以后它就更可能发生。通过施加一种个体想要的刺激,或者撤除一种个体不想要的刺激,以增加行为发生概率的过程,叫作强化。个体想要的刺激或者不想要的刺激的撤除都是强化物。强化物既可以是物质的刺激,如好吃的食物、好看的奖品,又可以是口头的或精神的刺激,如夸奖、微笑。如果一个孩子因努力学习而受到老师的表扬,这种表扬就会成为一种强化物,强化他努力学习的行为,他以后会更加努力地学习;如果一个不爱学习的孩子偶尔专心学习,老师因此不再责备他,责备行为的撤除也可以强化这种专心学习的行为。显然,操作性条件反射理论强调行为结果对后来行为的影响,强调强化对学习的作用,这也是操作性条件反射与华生的条件反射的不同之处。斯金纳的理论已被广泛应用于教育教学中,成为儿童行为塑造和行为矫正的理论基础。

与其他行为主义者一样,斯金纳也注重对可见行为的研究。不过,在斯金纳的理论体系中,他将行为区分为应答性行为和操作性行为。斯金纳着重研究操作性行为的形成机制——操作性条件反射,其中强化是一个非常重要的概念。

1.行为的强化控制原理

斯金纳认为,人类从事的绝大多数有意义的行为是操作性的,这种操作性行为的结果同时又作为一种强化,从而使个体的这种行为得以继续保持,斯金纳将这种结果的作用分为积极强化和消极强化。所谓积极强化,是一种由于刺激的加入而增强了某一操作性行为发生的概率的作用,如青少年在学校里经常表现得非常积极,各方面非常优秀,可能是因为他的这种行为在过去曾受到老师的积极强化。所谓消极强化,是一种由于刺激的排除而加强了某一操作性行为发生的概率的作用。无论是积极强化还是消极强化,其最终目的都是强化、鼓励某种行为。斯金纳非常强调及时强化的作用,他认为强化不及时不利于个体行为的发展。

斯金纳在研究的过程中还将强化区分为连续强化与间歇强化、固定强化与偶然强化。这些不同的强化方式可以使个体的行为产生不同的效果。

强化理论在研学旅行中的应用:强化分为正强化和负强化。正强化是指给予一种愉快的刺激,负强化就是摆脱厌恶的刺激,这两种强化,都能够提升行为发生的频率。如果说正强化就是给予积极评价和奖励,那么负强化就是考试第一名不用再完成家庭作业。在强化过程中的惩罚和消退:惩罚是一种厌恶刺激,消退就是没有得到任何强化的这种行为,一段时间之后,就不会再表现出来。在研学旅行中,运用好强化理论,会产生良性的效应。

2. 对遗传与环境关系的看法

行为主义学家历来因低估遗传在发展中的作用而受到批评,面对种种批评,斯金纳将自己的观点与早期行为主义学家的观点进行了区分。华生称任意给他一个健康的婴儿,他可以将其培养成他所选定的任何一种人,对此,斯金纳并不同意,他认为华生的观点是不全面的。斯金纳认为,应该尽可能同时考虑遗传和环境的影响。

斯金纳认为,人类和其他物种都有一种生存的本能。为了适应不断变化并难以预料的环境,为了生存,人类开始具备了一种学习的能力,即根据行为的结果进行学习的能力。斯金纳把这种能力看作人类从遗传能力中获得的最为重要的一部分。但当人们问及哪些行为和人格特点是遗传的,哪些是学习得到的,斯金纳却未做出明确回答,他认为还没有足够的研究来得出明确的答案。虽然斯金纳并不是一个完全的环境决定论者,但与其他流派的理论家相比,他似乎仍然更重视环境的影响,重视外界的强化对个体行为的塑造作用。

3. 斯金纳的心理发展观

在个体心理的发展上,斯金纳持一种无阶段的观点,他把个体发展看成一个连续的、渐进的过程,在不同的发展时期并不存在明显的、质的不同,只是有些微小的变化。从婴儿期到青少年期逐渐成熟的过程中,儿童的言语行为和问题解决的策略等都是连续发展与变化的。不过,斯金纳也并不否认可以根据年龄或时间的不同来研究行为。他只是认为将发展的过程分成更细小的部分更精确些,同时可以避免研究者仅仅将目光集中在某一特定阶段,而忽视了其行为发生的原因。斯金纳认为,建构主义者仅限于描述发展过程中各阶段的特点是不正确的,但作为心理学家,应在发展的过程中来研究各个阶段的心理规律。另外,斯金纳的研究兴趣在于对行为的控制,他也反对生物学派将发展的原因归为内在成熟。虽然斯金纳持一种无阶段的观点,但他仍是按年龄的不同提出了不同时期个体所应接受的最佳教育方式。

此外,斯金纳非常重视将自己的理论应用于实际。斯金纳的理论在行为矫治、程序教学等方面都取得了举世瞩目的成就,尤其是他在强化理论基础上提出的程序教学,从根本上推动了教学内容和教学方法的改革。但由于斯金纳是从有限的动物行为研究中推导出普遍的动物行为规律,并将其用于描述和控制人类的行为,不免有些简单化、片面化。

> **知识活页**
>
> 斯金纳的育婴箱
>
> 斯金纳从白鼠的按压杠杆到儿童的抚养,做了不少的工作。当他的"第一个孩子"出生时,他决定做一个新的并经过改进的摇篮,这就是著名的斯金纳"育婴箱"。在他的实验箱里,"长大"的女儿过得非常快活,很快就成为一名颇有名气的画家。于是,斯金纳将其详细介绍给美国《妇女家庭杂志》,这是他的研究工作第一次普遍受到大众的注意和赞扬。他曾这样描述:光线可以直接透过宽大的玻璃窗照射到箱内,箱内干燥、自动调温、无菌无毒且隔音;里面活动范围大,除尿布外无多余的衣布,幼儿可以在里面睡觉、玩耍;箱壁安全,挂有玩具等刺激物,不必担心着凉和湿疹一类疾病。
>
> 这种照料婴儿的机械装置是斯金纳研究操作性条件反射作用的又一杰作。这种设计的思想是要尽可能避免外界一切不良刺激,创造适宜儿童发展的行为环境。
>
> **资料来源** 林崇德《发展心理学》。

(二)理论评价

斯金纳的理论对行为主义心理学的发展做出了重要贡献。他的操作性条件反射理论强调了环境对行为的影响,对于研究和改变行为具有实践意义。

首先,操作性条件反射的概念。斯金纳提出了操作性条件反射的概念,认为行为是通过操作和反馈之间的关联形成的。斯金纳的实验研究表明,通过给予积极或消极的反馈,可以增强或减弱特定的行为。这一概念为后来的行为主义学派提供了重要的理论基础,并强调了行为与环境之间的相互作用。

其次,环境对行为的塑造作用。斯金纳的理论强调了环境对行为的塑造作用。他认为,行为是通过操作和反馈之间的关联来解释的,而环境中的刺激和反馈可以改变和控制行为。这种观点使行为主义心理学更加关注外部环境对于行为的影响,为后来的行为主义研究提供了新的方向和方法。

再次,实验研究的重要性。斯金纳的理论强调了实验研究的重要性。他通过严格的实验设计和控制,观察和记录行为的变化,从而得出关于行为的规律和原则。这种实证研究的方法对于心理学的科学性和可靠性具有重要意义。斯金纳的实验研究为后来的行为主义研究提供了实证研究的基础和范例。

最后，应用于实践的意义。斯金纳的理论对于研究和改变行为具有实践意义。他的操作性条件反射理论为行为改变和干预提供了指导：通过给予积极的反馈和奖励，可以增强期望的行为；通过给予消极的反馈和惩罚，可以减弱不良的行为。这种应用于实践的意义使斯金纳的理论在教育、临床心理学和行为管理等领域得到了广泛应用。

总的来说，斯金纳的理论对行为主义心理学的发展做出了重要贡献。他的操作性条件反射理论强调了环境对行为的影响，并强调了实验研究和应用于实践的重要性。斯金纳的理论为行为主义心理学提供了新的研究方向和方法，对心理学的发展做出了重要贡献。

（三）对研学旅行的指导与启示

环境塑造行为。斯金纳的理论强调了环境对行为的塑造作用。在研学旅行中，学生置身于新的环境中，接触到不同的刺激和反馈，这些环境刺激可以对学生的行为产生影响。通过设计合适的环境和提供适当的反馈，可以引导学生产生期望的行为，促进他们的学习和成长。

1. 操作和反馈的关联

斯金纳的理论强调了操作和反馈之间的关联。在研学旅行中，学生通过参与各种活动和任务来获取知识与经验，这些活动和任务可以被视为操作，而学生的学习成果和反馈则构成了操作和反馈之间的关联。及时的反馈和奖励，可以增强学生的积极学习行为，激发他们的学习动力。

2. 实践与应用

斯金纳的理论强调了实践与应用的意义。研学旅行提供了学生将所学知识应用于实际情境的机会。学生可以通过实地考察、实践操作等方式，将课堂上学到的知识与实际经验相结合，加深对知识的理解和记忆。同时，学生还可以通过实践应用，发展解决问题和应对挑战的能力。

3. 个体差异的重视

斯金纳的理论强调了个体差异。每个学生都有不同的学习风格、兴趣和需求，研学旅行可以提供多样化的学习机会和活动，以满足不同学生的需求。通过个性化的学习设计和反馈机制，可以更好地适应学生的差异，促进他们的学习效果和发展。

总体上，斯金纳的理论对研学旅行具有重要的作用和启示。它强调了环境对行为的塑造作用，提醒我们在研学旅行中创造积极的学习环境；它强调了操作和反馈的关联，提示我们在研学旅行中提供及时的反馈和奖励；它强调了实践与应用的意义，鼓励我们将研学旅行与实际应用相结合；它强调了对个体差异的重视，要求我们在研学旅行中关注学生的个性化需求。这些启示可以帮助教育者更好地设计和组织研学旅行，促进学生的学习和发展。

四、班杜拉的理论

阿尔伯特·班杜拉（Albert Bandura），新行为主义的主要代表人物之一，社会学习理论的创始人，美国当代著名心理学家，曾任斯坦福大学心理学系讲座教授（见图3-7）。出版有《行为矫正原理》《认知过程的社会学习理论》《行为变化的社会学习理论》《自我效能：一种行为变化的综合理论》《自我效能：控制的实施》等。

班杜拉提出了社会学习理论，认为人类学习是通过观察和模仿他人的行为来实现的。他强调了观察学习、模型行为和自我效能的概念。他所提出的社会学习理论是在与传统行为主义的继承和批判的历史关系中逐步形成的，并在认知心理学和人本主义心理学几乎平分心理学天下的当代独树一帜，影响涉及实验心理学、社会心理学、临床心理治疗以及教育、管理、大众传播等社会生活领域。他认为来源于直接经验的一切学习现象实际上都可以依赖观察学习而发生，其中替代性强化是影响学习的一个重要因素。有人称班杜拉为社会学习理论的奠基者、社会学习理论的集大成者、社会学习理论的巨匠。

图3-7 班杜拉

班杜拉对观察学习的释义是：当我们处于十字路口，有人闯红灯过马路，被交通警察作为违反交规教育批评时，其他人看到这种情况就不再闯红灯，而非一定是自己闯一次红灯，被交通警察批评教育后，自己下次才能知道不要闯红灯，即人有观察学习的能力。

（一）基本观点

班杜拉既反对人是由内在力量所驱使的理论，也反对人是由环境决定的理论。社会学习理论与其他人格学习理论的区别是，强调人的观察学习和自我调节。

观察学习（Observational Learning）又称替代性学习（Vicarious Learning），是指通过观察他人（榜样）所表现的行为及其结果而习得复杂行为的过程。班杜拉认为，习得的行为不仅受到行为结果的影响，无强化的行为被遗弃，有强化的行为被保持，而且习得行为的保持受到个体内部预感或预期结果的影响。这种预期的强化可以是外部的现实强化，也可以是内部的自我强化。个人对成就的满足和未完成的不满足便成了努力的动因。

观察学习的学习者可以不必直接地做出反应，也不需要亲自体验强化，而只要通过观察他人在一定环境中的行为及其所受到的强化，就能完成学习。在他人受强化的同时，观察者也受到"替代强化"。替代强化既是一种认知过程，又是观察学习的动机过程。

在班杜拉看来，从动作的模拟到语言的掌握，从态度的习得到人格的形成，都可以通过观察学习来完成。也就是说，凡依据直接经验进行的学习都可以通过对他人的行为及其结果的观察而完成。通过观察学习，不仅可以使习得过程缩短，迅速地掌握大量的整合的行为模式,而且可以避免由于直接尝试的错误和失败而可能带来的危害。

班杜拉认为,观察学习的过程包括注意过程、保持过程、运动复现过程和动机过程四个组成部分。

(1)注意过程:学习者置身于大量示范的影响之下,从中深入观察什么、知觉什么、汲取什么,都是由注意过程决定的。制约注意过程的因素很多,如观察者的特征、榜样的活动特征、人际关系的结构特征等。

(2)保持过程:学习者通过注意过程,汲取了榜样的示范行为模式后,就必须采用符号的形式记住动作的某些方面。这种符号可以是头脑中的视觉表象,也可以是言语编码。

(3)运动复现过程:要把榜样示范转换为相应的行为,就必须具有一定的运动技能。在观察学习中,人们首先是通过榜样示范掌握新的行为概貌,然后进行实际的尝试,但最初的尝试由于技能还未形成或不熟练,很少不发生错误。只有不断地练习,并进行自我调整,才能形成熟练的运动技能,从而达到同示范一致的正确的反应。

(4)动机过程:班杜拉把新反应的观察和对新反应的操作区别开来,认为人们能够观察新的反应模式而获得新知识,他们可能实际地表现出这种反应或行为,也可能不表现出这种反应或行为,这取决于人们是否具有表现这种行为的动机,而这种动机主要是由强化引起的。强化可以是直接强化,即通过外界因素对学习者的行为直接进行干预,也可以是"替代强化",即学习者看到他人成功或受到赞扬而产生同样行为的倾向。例如,如果一个儿童看见邻居因骂人而受到赞扬,这个儿童就可能去模仿他。强化还可以是自我强化,即行为达到自己设定的标准时,以自己能够支配的报酬来增强、维持自己的行为的过程。自我强化依赖自我评价的个人标准,这种自我评价的个人标准是儿童依照自己的行为是否比得上为他人设立的标准,用自我肯定和自我批判的方法对自己的行为做出反应。在这个过程中,成人对儿童达到或超过为其提供的标准的行为表示喜悦,而对未达到标准的行为表示失望。这样,儿童就逐渐形成了自我评价的标准,获得了自我评价的能力,调节着自己对榜样示范行为的学习。正是在这种自我调节的作用下,儿童形成了观念、能力和人格,不断改变着自己的行为。

模型行为的示范作用指的是通过观察他人的行为来学习和模仿。在这个过程中,被观察者称为"模型",而观察者则通过模仿模型的行为来学习和获取新的知识、技能或行为方式。模型行为的示范作用并不仅仅是简单的模仿,而是通过观察和模仿他人的行为来学习与掌握新的行为方式。观察者可以通过模仿模型的行为,逐渐理解并内化这些行为,并将其应用到自己的实际生活中。因此,模型行为的示范作用既包括了观察模型的行为,也包括了通过模仿来学习和应用这些行为。通过模型行为的示范作用,观察者可以从模型身上获取经验和技能,进而改变自己的行为方式。

(二)理论评价

班杜拉的理论对行为主义心理学的发展起到了重要作用。斯金纳提出的操作性条件反射学说进一步拓展了华生的理论,建立了关于行为塑造和改变的完整理论体系。班杜拉的社会学习理论强调了社会环境和他人行为对个体学习、行为塑造的影响,它直接有效地说明了儿童社会行为的学习问题,试图从认知过程解释儿童行为的获得。在儿童的品德和态度教育中,它所总结的榜样和观察学习规律具有广泛的应用。这在很大程度上反映了人类学习和社会化的特点,具有一定的理论和实际价值。但是,行为主义,特别是华生、斯金纳的行为主义理论过分强调行为,而忽略了内部心理活动的作用,班杜拉的社会学习理论虽然考虑了认知因素的影响,但对认知作用的分析仍然不够深入,因而仍然属于行为主义的观点。而且,这些理论十分强调环境的影响,低估了儿童对自身发展的贡献,没有看到儿童在自身发展中的主动性,这使得它们不能全面地解释儿童心理的发展。

(三)对研学旅行的指导与启示

1. 观察学习的重要性

班杜拉的理论强调了观察学习的重要性。在研学旅行中,学生可以通过观察他人的行为和经验来获取知识与技能。他们可以观察研学指导师、老师、同伴、非遗传承人和行业专家等在实践中展示的行为,并从中学习和模仿。这种观察学习的机会可以帮助学生更好地理解和应用所学内容。

2. 模型行为的示范作用

班杜拉的理论强调了模型行为的示范作用。在研学旅行中,研学指导师、老师等可以作为学生的模型,展示出期望的行为和技能。他们可以通过示范、演示和指导,引导学生模仿和学习。这种模型行为的示范作用可以激发学生的学习兴趣和动力,促进学习效果的提升。

3. 自我效能的培养

班杜拉的理论强调了自我效能的概念。自我效能指个体对自己能力的评价和信心。在研学旅行中,学生通过实践和观察学习,可以逐渐培养和提高自己的自我效能。他们可以通过成功的经验和积极的反馈,增强对自己能力培养的信心,进而更加积极主动地参与学习和探索。研学旅行可以从以下方面着手,发展青少年的自我效能感。

(1)学会承担自己对生活的责任。比如研学准备中,让学生自己完成研学旅行箱的收纳。

(2)学会适应生活所需的各种知识和技能。比如让学生分组完成研学旅行房间分发、点餐等工作。

(3)学会合理地处理各种关系。比如在研学过程中,做好与研学指导师、旅行服务人员和旅途中遇到的陌生人的有效沟通。

(4)接受榜样的示范。比如在研学旅行过程中,学习非遗传承人的技艺,以红色研学中的英雄人物作为榜样。

(5)获得大量替代性经验。通过有效地观察他人或榜样在相应的环境或过程中是如何表现的,学习到正向榜样的示范,从而提高青少年的自我效能感。

4. 社会环境的影响

班杜拉的理论强调了社会环境对个体学习和行为的影响。在研学旅行中,学生置身于新的社会环境中,与研学指导师、同伴等进行互动和合作,这种社会环境的影响可以促进学生的学习和发展,激发他们的合作精神和提升其社交能力。

第四节　研学旅行中系统发展观

一、霍尔的复演说

斯坦利·霍尔(Granville Stanley Hall),美国心理学家、教育家,美国第一位心理学哲学博士、美国心理学会的创立者,是冯特的第一个美国弟子(见图3-8)。

(一) 基本观点

霍尔的复演说提出了多元智能的概念,认为人类具有多种不同的智能类型,如语言智能、逻辑数学智能、空间智能、音乐智能等。这个理论强调了个体差异和多样性,认为每个人在不同的智能领域都有独特的潜力和发展需求。

图3-8　霍尔

霍尔深受达尔文进化论的影响,并在其基础上提出了个体心理发展的"复演说"(Recapitulation Theory)。霍尔认为,人类个体的发展完全重复着人类种族进化的过程,是种系发展的各主要阶段的再现。一切发展都是由生物遗传的因素决定的,发展是按照一个不变的、普遍适用的进化模式进行的,环境的作用微不足道,环境和教育只有延缓或加速的作用。霍尔说过,"一两的遗传胜过一吨的教育"。

在霍尔看来,青少年期最主要的特点是心理激荡起伏,体验激烈的情绪波动,出现一些非常显著的互相对立的冲动。霍尔在其著作《青少年:它的心理学及其与生理学、人类学、社会学、性、犯罪、宗教和教育的关系》中列举了青少年所具有的种种矛盾冲突。

(1) 一段时间热衷于精神过分旺盛的活动,然后走向反面,表现为软弱无力、无精打采、呆缓迟钝、漠不关心、疲倦、嗜睡等。

(2) 生活在快乐与痛苦的两极之间,从得意洋洋、尽情欢乐到哭泣叹息、忧郁厌世。

(3) 自我感增加,出现了所有形式的自我肯定(虚荣心、自信、自高自大),同时又怀疑自己的力量,担心自己的前途,害怕受到伤害。

(4) 出现了自私与利他之间的交替,此时自私与负心、慷慨与宽仁同时爆发出来,这种情况除发生在诗歌和浪漫故事中以外,在成人生活中是罕见的。

(5) 行为在好与坏之间交替,良心开始扮演主要的角色,它唤起迫切追求正义的渴望,但有时又会将社会的公共约束弃之不顾,突然脏话连篇等。

(6) 许多社会性本能也出现了同样的交替,羞怯、扭捏、孤独的特点与不甘孤单、热情、乐群的特点交替出现。

(7) 从强烈的敏感到冷静,以致冷漠无情或残忍。

(8) 在渴求知识、执着于真理与表现淡漠,对任何事情都不能也不肯加以鉴赏之间摆动。

(9) 在知与行之间摆动,有学问、手不释卷、热心读书与走到户外、积极工作、希望有所成就而不拘于学习相并存。

(10) 保守本能与激进本能之间的更替。

(11) 有时全神贯注于观看或倾听新的事物,用整个感官参与活动;有时又陷入内心的沉思、默想,此时现实在眼前褪色了,甚至现实本身的存在也受到怀疑。

(12) 聪明与愚笨同在。

霍尔认为,正是经历着上述各种内部冲突,青年才最终复演成为人类文明的一员。

(二)理论评价

霍尔的复演说在一段时间内影响着心理学家对青年的研究,因为它使我们了解到个体发展史和种系发展史有一定的联系,个体心理发展在一定程度上重复着动物和人类心理发展的历史。

但是,复演说的主要错误在于把个体发展史和种系发展史完全等同起来,从而引向生物决定论。因为人就其本质来说,不仅是一个生物实体,而且是一个社会实体。相似的表现行为并不能够说明内在心理发展的一致性。所以,我们在认识到生物因素对个体心理发展的影响的同时,不应忽视社会文化因素和个体主观能动性的作用。

(三)对研学旅行的指导与启示

霍尔的复演说对研学旅行有一定的作用和启示。

1. 个体差异和多样性

霍尔的复演说认为,每个人在不同的智能领域都有独特的潜力和发展需求。这意味着在研学旅行中,教育者应该意识到学生在不同领域可能有不同的兴趣和才能。他们可以通过提供多样化的学习体验和活动,满足学生在不同智能领域的发展需求。

2. 多元智能的应用

研学旅行可以提供多种学习机会,涵盖不同的智能类型。例如,语言智能可以通过参观历史遗迹或与当地人交流来发展;空间智能可以通过参观艺术展览或进行地理导航来培养;音乐智能可以通过参与当地音乐表演或学习传统音乐来发展。通过充分利用多元智能的概念,可以为学生提供更加全面和个性化的学习体验。

3. 强调实践和体验

霍尔的复演说强调了实践和体验对学习的重要性。研学旅行提供了学生亲身参与、实践和体验的机会,使他们能够在真实的环境中应用所学知识和技能。这种实践性的学习方式可以增强学生的理解力和记忆力,并促进他们的综合能力发展。

4. 个体发展的关注

霍尔的复演说关注个体的发展和潜力。在研学旅行中,教育者可以关注每个学生的个体需求和兴趣,鼓励他们发展自己的优势和特长。通过提供个性化的学习支持和指导,可以帮助学生在研学旅行中实现个体发展的目标。

总的来说,霍尔的复演说为研学旅行提供了一种多元智能的视角,强调了个体差异和多样性。这为教育者在设计和实施研学旅行活动时提供了指导,更好地帮助学生满足发展需求,促进个体的全面发展。

二、维果茨基的理论

列夫·维果茨基(Lev Vygotsky),苏联心理学家(见图3-9)。主要研究儿童发展与教育心理,着重探讨思维和语言、儿童学习与发展的关系问题。维果茨基因在心理学领域做出了重要贡献而被誉为"心理学中的莫扎特",所创立的文化历史理论不仅对苏联,而且对西方心理学产生了广泛的影响。

图3-9　维果茨基

(一)基本观点

维果茨基的理论强调了社会文化环境对个体发展的重要性。他认为,人类的认知和学习是通过社会互动与文化工具的使用来实现的。这个理论强调了社会情境和他人的作用,即对个体的发展和学习起到了重要作用。

1. 最近发展区理论

维果茨基提出了最近发展区或称可能发展区(Zone of Proximal Development,ZPD)的概念,认为最近发展区是介于个体现实发展水平与潜在发展水平之间的一段区域。现实发展水平是指一定的已经完成的儿童发展周期的结果和由它而形成的心理机能的发展水平。潜在发展水平是指儿童在别人的帮助下可能达到的水平。两种水平之间的一段差距,即该儿童的最近发展区。换句话说,最近发展区是指儿童独立完成任务的能力与在成人指导和与同伴合作下能完成的能力之间的距离。

青少年在认知能力上的最近发展区是根据目前他在认知作业上的实际表现去预估的,而预估其可能表现所依据的标准是成人所能给予的协助。处于可能发展区水平的作业是个体无法单独完成的,个体必须借助他人的帮助才能完成。为了更好地促进青少年发展,父母和教师应该经常提供适时的支持,帮助他们有效地完成任务,特别是在青少年过渡时期。维果茨基之所以特别强调可能发展的重要性,来自他对既有的智力测验和传统学业成就测量方法的不满。他认为,传统智力测验和学业成就测量不能帮助父母和教师确定应何时向青少年提供帮助,并可能低估儿童的实际认知潜能。

此外,维果茨基还提出,认知发展发生于最近发展区,教学的最佳效果也产生在最近发展区,教学应该走在发展的前面,这在教育领域具有重要的实践意义。

2. 学习的最佳年龄期

在谈到关键年龄时,维果茨基指出,儿童发展的每一年龄阶段都具有各自特殊的、不同的可能性,同时学习某些东西总有一个最佳年龄或敏感年龄。维果茨基不但提出了学习的最低期限,即必须达到某种成熟程度才使学习某种科目成为可能,还强调了"对教学来说存在着最晚的最佳期"。

3. 社会环境是教育过程真正的杠杆

维果茨基从他的社会文化历史发展观出发,十分强调社会环境的作用。他说,教育过程乃是三方面的积极过程,即学生积极、教师积极以及将其联结起来的环境积极。社会环境,包括宏观的社会环境,即人们所处的社会生活条件、文化历史背景,它形成了整个大时代的政治气候和社会规范;微观的社会环境,就是儿童所在的群体,即他所属的家庭、亲友、邻居、学校、班级、玩伴等所有与他进行直接交往的人及小群体,也就是他的人际关系系统。维果茨基论环境的作用与那些环境机械决定论不同,他强调儿童的活动与内化。维果茨基指出,一切高级心理机能最初都是在人与人的交往中以外部动作的形式表现出来的,然后经过多次的重复、多次的变化,才内化为内部的智力动作,而内化的桥梁则是活动。

4. 维果茨基论教学的交往本质

维果茨基指出,交往最系统化的形式便是教学。这句话一针见血地揭露了教学的交往本质特点。而交往是主体与主体之间的共同活动,教学必须在知识经验存在着差异的人们之间进行,亦即有某种知识经验的人(如教师)与准备学习这种知识经验的人(如学生)之间的交往。由此出发,维果茨基十分重视学生在教学过程中的主体地位。他批评传统教育只把学生看成被动地接受知识的对象,当然他认为也不能颠倒过来,学生就是一切,教师啥也不是,这也是错误的。

5. 维果茨基论个性及其形成

个性是心理学中的一个极其重要的研究领域。研究个性对于进一步克服传统心理学的机能主义及脱离实际的倾向有着十分深远的现实意义。为此,维果茨基很重视个性问题的研究。在他的代表作《高级心理机能的发展》一书的各章中,都有关于人的个性的大量论述,并且还开辟了专章探讨儿童个性的发展。他指出,个性及其发展问题是整个心理学的中心而又高级的问题。个性形成是教育的根本任务,维果茨基在涉及个性问题时,总是和高级心理机能联系在一起加以研究,在他看来,个性是与高级心理机能同步发展起来的。维果茨基在谈到个性的产生时认为,个性是与人对"自我"的意识联系在一起的,他说,在儿童的个性发展中的决定性因素是儿童对"自我"的意识。维果茨基还强调言语与交往在人的个性形成中的作用。

(二)理论评价

维果茨基的理论是心理学中的一种发展理论,也被称为社会文化理论或社会发展理论,强调了社会和文化环境对个体认知和发展的重要影响。维果茨基的理论主要包括以下几个关键概念。

1. 区域发展

维果茨基认为,个体的发展是在一个特定的文化和社会环境中进行的。他提出了"区域发展"的概念。区域发展指的是个体在当前能力范围内无法独立完成任务,但在有帮助和引导的情境下可以完成任务。通过与更有经验的人合作和互动,个体可以逐渐发展出新的能力。

2. 最近发展区

维果茨基提出了"最近发展区"的概念,指的是个体在有帮助的情境下能够完成的任务的范围。这个概念强调了个体的发展潜力和可塑性,即个体在适当的支持下可以超越当前的能力水平。

3. 社会互动

维果茨基认为,社会互动是个体认知和发展的关键因素。他强调了合作、对话和交流对于个体学习和发展的重要性。通过与他人的互动,个体可以获得新的知识、技能和思维方式。

维果茨基的理论在心理学和教育领域有着广泛的影响与应用。维果茨基强调了社会和文化环境对个体认知与发展的塑造作用,突出了社会互动和合作学习的重要性。维果茨基的理论对于教育实践有着重要的启示,例如在教室中创造合作学习的环境,提供适当的支持和引导,以促进学生的发展和学习。

然而,维果茨基的理论也受到了一些批评。例如,他重视克服个性心理研究中的生物学化的错误倾向,强调社会文化的决定作用,却忽视了对个性形成中生物因素与社会因素的关系的研究等,同时,对活动、实践在个性形成中的作用也阐述得很少。有人认为,维果茨基的理论过于强调社会和文化因素,忽视了个体内部的认知和发展过程。此外,一些人认为该理论在实践中难以具体操作,缺乏具体的指导原则。

总的来说,维果茨基的理论提供了一种重要的视角,强调了社会和文化环境对个体认知与发展的影响。它对于理解个体发展和教育实践有着重要的启示,但也需要与其他理论和研究相结合,以更全面地理解和促进个体的发展。

(三)对研学旅行的指导与启示

研学旅行的目标应该走在发展的前面,研学旅行可以"创造"最近发展区、学习的关键期等。

1. 社会互动和合作学习

维果茨基的理论认为个体的认知和学习是通过社会互动与合作来实现的。在研学旅行中,学生可以通过与同伴、研学指导师或当地人的互动来共同探索和学习。这种社会互动和合作学习的方式可以促进学生的思维发展、知识建构和问题解决。

2. 文化工具的应用

维果茨基的理论强调了文化工具在认知和学习中的重要性。研学旅行提供了学生接触和应用各种文化工具的机会,如参观博物馆、实地考察、参与当地传统活动等。通过这些文化工具,学生可以更好地理解和应用所学知识,同时也能够体验和感受当地文化的独特之处。

3. 情境化学习

维果茨基的理论认为,学习应该在具体的情境中进行,与现实生活紧密联系。研学旅行提供了学生在真实环境中学习的机会,使他们能够将课堂上学到的知识与实际情境相结合。这种情境化学习可以增强学生的学习动机和兴趣,提高他们的学习效果。

4. 借助他人的支持

维果茨基的理论强调了他人在个体发展中的作用。在研学旅行中,研学指导师、教育者和当地人可以提供学生所需要的支持与指导,帮助他们理解和应用所学知识。他们可以充当学生的引导者和激励者,促进学生的学习和发展。

总之,维果茨基的理论强调了社会文化环境对个体发展的重要性,为研学旅行提供了一种社会互动、文化工具应用、情境化学习和借助他人支持的视角。这为教育者在设计和实施研学旅行活动时提供了支持,帮助创造有利于学生发展的社会文化环境,促进学生的认知和学习。

三、朱智贤的发展观

朱智贤,字伯愚,心理学家、教育家,中国现代心理学的奠基人之一(见图 3-10)。1930 年毕业于中央大学教育系,赴日本任东京帝国大学研究员,抗战开始后回国任江苏教育学院、四川教育学院、中山大学教授,香港达德学院教务长兼中山学院院长,中华人民共和国成立后历任中央出版总署教育组组长、人民教育出版社副总编辑。1951 年调入北京师范大学,曾任教育系主任、儿童心理研究所所长,是《中国儿童青少年心理发展与教育》主编。朱智贤是国务院公布的首批博士研究生导师,培养了中华人民共和国第一位心理学博士林崇德。

图 3-10 朱智贤

(一)基本观点

朱智贤的儿童心理发展思想最有代表性。朱智贤的发展观是中国传统哲学中的一个重要观点,强调了人的全面发展和修身齐家治国平天下的理念。他认为个体的发展应该包括道德、智慧、身体、美感等多个方面,追求内外兼修的完善人格。

朱智贤系统地论述了先天与后天的关系、内因与外因的关系、教育与发展的关系、年龄特征与个别特征的关系等基本理论问题,还指出了中国儿童心理学的基本发展方向。

朱智贤认为,遗传是生物前提,环境和教育起决定作用。遗传素质、生理成熟都是心理发展的生物前提,提供了心理发展的可能性,而环境和教育将这种可能性变成现实,决定了儿童发展的方向和内容;作为儿童心理发展的外因,环境和教育是通过儿童心理发展的内部矛盾或内因起作用的,环境和教育会不断地对儿童现有的心理发展水平提出挑战,向儿童提出的新要求与儿童已有的发展水平之间的这种矛盾,不断推动着儿童的心理发展。

朱智贤指出,儿童的心理发展不是由外因或内因单独决定的,只有适合儿童已有发展水平的教育才能促进他们心理的发展。也就是说,只有那种高于儿童原有的水平,经过他们的努力能够达到的要求,才最适合他们。在教育过程中,儿童不断领会和掌握各种知识,经过一系列的从量变到质变的过程,他们的心理不断地向前发展。儿童心理的发展既有年龄特征,又有个别差异或个体特点,年龄特征反映了儿童心理发展中的质变,它既是稳定的,又是可变的。在同一年龄阶段,不同的儿童既具有一般的、典型的特征,又可能具有自身的、个别的特点。

辩证发展观:以王安石的伤仲永例子来说明。先天条件好,没有后天好的教育仍然发展不好。仲永小的时候非常聪明,能够出口成章,写出非常好的诗句来,但是他的父亲没有让他继续接受教育。当仲永到了近二十岁的时候,已经和一个普通人没什么区别。王安石提到这个孩子的时候就非常可惜,这么好的天赋,由于后天教育不好,他没有发展好。

朱智贤还主张用系统的观点指导心理学研究,主张将心理看作一个开放的组织系统,系统地分析各种研究类型,如纵向研究与横断研究等,并且系统地处理研究结果,将定量分析与定性分析结合起来。另外,他还强调心理发展研究的中国化,主张在教育实践中研究心理的发展,而且主张整合多学科的力量,促进心理发展的研究。从总体上看,1949年之后中国的发展心理学理论更为辩证或"折中"。

(二)理论评价

1. 全面发展的重要性

朱智贤的发展观认为,个体的发展应该包括道德、智慧、身体、美感等多个方面,追求内外兼修的完善人格。这一观点强调了个体全面发展的重要性,不仅关注知识和智力的培养,还注重道德品质、身体健康和审美能力的培养。

2. 修身齐家治国平天下的价值观

朱智贤的发展观强调了个体的发展与社会责任的结合。他认为,个体的修养和发展应该为家庭、社会和国家的和谐与进步做出贡献。

3. 内外兼修的教育方法

朱智贤的发展观强调了内外兼修的教育方法,即注重内在修养和外在实践的结合。倡导学生可以通过实地考察、参观文化遗址、与当地人交流等方式,将课堂上学到的知识与实际情境相结合,实现理论与实践的统一。

（三）对研学旅行的指导与启示

朱智贤的发展观强调了人的全面发展和修身齐家治国平天下的理念，对研学旅行有着一定的启示。

1. 青少年全面发展

在研学旅行中，教育者可以通过提供多样化的学习体验和活动，促进学生在不同方面的全面发展。

2. 核心价值观形成

在研学旅行中，教育者可以通过引导学生关注社会问题、参与公益活动等方式，培养学生的社会责任感和公民意识。

3. 个体发展与社会环境的关系

朱智贤的发展观强调了个体发展与社会环境的相互作用。他认为，个体的发展需要适应和融入社会环境，并通过与他人的互动来实现。在研学旅行中，学生可以通过与同伴、研学指导师、当地人的互动来共同探索和学习，促进个体的发展和成长。

4. 个体全面发展与修身齐家治国平天下的理念

朱智贤的发展观强调了个体全面发展、修身齐家治国平天下的理念，为研学旅行提供了一种全面发展、内外兼修、个体与社会环境相互作用的视角。这为教育者在设计和实施研学旅行活动时提供了指导和启示，帮助他们创造有利于学生全面发展的教育环境，培养学生的社会责任感和实践能力。

四、生态系统理论

（一）基本观点

美国心理学家布朗芬布伦纳（U. Bronfenbrenner）提出了一种揭示个体与周围环境相互作用的宏观发展理论，即人类发展生态学模型。该理论强调发展个体嵌套于相互影响的一系列环境系统之中，在这些系统中，系统与个体相互作用并影响着个体发展。

在布朗芬布伦纳的理论之前，大多数研究者眼中的环境过于狭窄，仅把它理解为个体周围随时发生的事件和情况。而布朗芬布伦纳扩展了对环境的认识，把环境看成互相关联的从内向外的一层包裹一层的结构系统，每一层（或每一个水平）环境都对心理发展有重要影响。布朗芬布伦纳的人类发展生态学模型包括四个系统——微观系统、中间系统、外层系统和宏观系统。后来，随着研究的逐渐深入，以及受到其他理论观点，尤其是艾尔德的人类发展生活历程理论的影响，布朗芬布伦纳又在其模型中增加了一个时间系统和一个生物因素。

1. 微观系统（Microsystem）

微观系统处于环境最内层的系统，它是指个体直接接触的环境以及环境相互作用的模式,包括家庭、同伴、学校以及邻居等。布朗芬布伦纳强调,每一水平的环境与人的关系都是双向的和交互的。换句话说,成人影响着儿童的反应,而儿童本身的生物和社会特征(如生理属性、思维方式和性格等)也影响着成人的行为。

2. 中间系统(Mesosystem)

中间系统是指个体直接参与的微观系统之间的联系和相互影响。例如,一个孩子学习成绩的好坏,不仅取决于他自身的努力和在班级中的表现,也是其父母参与学校生活以及学业学习渗透家庭的结果。由此,若能在多种情况下观察个体的行为,就能获得有关青少年发展的更全面的信息。微观系统和中间系统可以相互强化,或者发挥相反的作用。如果中间系统和微观系统的基本价值观有分歧,那么就可能造成困扰。

3. 外层系统(Exosystem)

外层系统是指青少年生活的社会环境,如邻里社区、儿童的医疗保险、父母的职业和工作单位、亲戚朋友等。这些社会组织或人物并没有跟儿童发生直接的关系,但影响儿童最接近的环境,如父母所在单位的效益会影响父母的收入,从而影响父母对孩子的教育投资,而儿童在家庭的情感关系可能会受到父母是否喜欢其工作的影响。

4. 宏观系统(Macrosystem)

宏观系统是生态系统的最外层,它不是指特定的社会组织或机构,而是指社会文化价值观、风俗、法律及其他文化资源,实际上是一个广阔的意识形态。宏观系统并不直接满足青少年的需要,但对较内层的各个环境系统提供支持。它规定如何对待青少年、教给青少年什么,以及使青少年明确应该努力的目标。当然,在不同的文化(亚文化和社会阶层)中,这些观念是不同的,但它们都很大程度上影响着青少年在家庭、学校、社区和其他直接或间接影响青少年的机构中获得的经验,如在反对体罚青少年、提倡以非暴力方式解决人际冲突的文化(宏观系统)中的家庭(微观系统),虐待儿童的概率也很小。

根据布朗芬布伦纳的观点,环境并非按固定方式始终如一地影响着儿童的静态的力量。相反,它是动态的、不断变化的,布朗芬布伦纳称其为"动态变化系统"。儿童在成长过程中,其生活的生态小环境在不断地拓宽,这种转变为个人的历史翻开了新的一页,成为发展的新起点。例如,儿童升学、弟妹诞生、毕业就业、父母离异等重大事件都可以改变儿童所生活的环境。

5. 时间系统(Chronosystem)

布朗芬布伦纳把生态系统的时间维度称为时间系统,是指个体的生活环境及其相应的种种心理特征随时间推移所具有的变化性及其相应的恒定性。影响人成长的环境生活事件的变化可能是由外部引起的,也可能是儿童本人引起的,因为儿童可以选择、更改和创造许多他们自己的环境和经历。他们做出什么样的选择既取决于他们个人的条件,如年龄、体力、智力、人格特征等,也取决于在环境中可能获得的机遇。因此,在布朗芬布伦纳的理论中,发展既不由情境环境控制,也不由内部倾向所驱动。相反,人既是环境的产物,又是环境的创造者,这两者构成了一个交互影响的网络系统。

6. 生物因素（Biological Factors）

布朗芬布伦纳后来在其理论模型中又增加了一个生物因素，因此，其理论又称为生物生态学理论（Bio-ecological Theory）。他指出，如果我们能够将不同的领域（如生物、认知、情绪、社会和文化等领域）联系起来研究，将更有利于推进对人类发展规律的认识和探讨。

（二）理论评价

生态系统理论强调了个体与环境之间的相互作用和影响。

1. 多层次的环境系统

生态系统理论将个体的发展置于多个层次的环境系统中，包括微观系统、中间系统、外层系统和宏观系统等。这种多层次的环境系统观察了个体与各种环境因素的相互作用，从而提供了一个更全面、更细致的视角来理解个体的发展。这种观点对于研究个体发展的复杂性和多样性具有重要意义。

2. 环境对个体发展的影响

生态系统理论认为，个体的发展受到各个环境系统的影响，包括家庭、学校、社区和文化等。这种观点强调了环境对个体发展的重要性，提醒我们不能仅仅关注个体内部的因素，而应该考虑到外部环境对个体的塑造作用。这对于教育和干预实践具有指导意义。

3. 强调个体与环境的相互作用

生态系统理论强调了个体与环境之间的相互作用和互动。个体不仅受到环境的影响，同时也对环境产生反馈和影响。这种相互作用的观点提醒我们不能将个体与环境割裂开来看待，而应该将二者作为一个整体来考虑。这对于理解个体发展的动态性和复杂性具有重要意义。

4. 强调发展的文化和历史背景

生态系统理论强调了文化和历史背景对个体发展的影响。不同的文化和历史背景会为个体提供不同的发展机会和限制条件。这种观点提醒我们不能将个体发展的研究局限于特定的文化和历史背景，而应该考虑到多样性和差异性。这对于跨文化研究和教育实践具有重要意义。

总之，生态系统理论强调了个体与环境之间的相互作用和影响，提供了一个多层次、动态和文化背景下的视角来理解个体的发展。这一理论贡献和评价为心理学与教育学领域提供了一个重要的理论框架，帮助我们更好地理解个体发展的复杂性和多样性，指导教育实践和干预措施的设计与实施。但是生态系统理论也有其局限性，表现为尚未揭示个体心理发展的不同阶段，环境的作用到底是什么，机制是什么。

（三）对研学旅行的指导与启示

生态系统理论对研学旅行的作用和启示主要体现在以下几个方面。

1. 环境的重要性

生态系统理论强调了环境对个体发展的重要性。研学旅行提供了一个丰富多样的环境，让学生能够亲身体验与感知不同的自然和社会环境。通过参与实地考察、观察和互动，学生可以更深入地了解与认识自然和社会环境对个体发展的影响。这有助于培养学生对环境的关注和保护意识。

2. 多层次的影响

生态系统理论将个体的发展置于多个层次的环境系统中，包括微观系统、中间系统、外层系统和宏观系统。不同层次环境对青少年的发展有不同影响，研学旅行为学生提供了机会，学生可以通过与当地人交流、参观企业和社区等方式，亲身感受和体验不同层次环境的影响。这有助于学生理解个体与环境之间的相互作用和互动。

3. 跨文化的体验

生态系统理论强调了文化和历史背景对个体发展的影响。研学旅行提供了跨文化的体验机会，让学生能够接触与了解不同文化和历史背景下的环境和社会系统。通过与不同文化背景的人交流和互动，学生可以拓宽视野，增强跨文化交流和理解能力。

4. 实践与理论的结合

生态系统理论强调了个体发展需要内在修养和外在实践的结合。研学旅行提供了将理论知识与实践经验相结合的环境。学生可以通过实地考察和实践活动，将课堂上学到的知识应用到实际情境中，加强对知识的理解和应用能力。

综上所述，生态系统理论对研学旅行的作用和启示主要体现在强调环境的重要性、多层次的影响、跨文化的体验以及实践与理论的结合等方面。这些启示有助于指导研学旅行的设计与实施，提升学生的综合素质和能力发展。同时，在研学旅行中要注重环境保护、跨文化交流和实践与理论的结合，以促进学生的全面发展。

本章小结

本章学习的主要内容是研学旅行中的心理学原理，结合了精神分析观、认知发展观、行为主义学习观和系统发展观的理论。

精神分析观：介绍了弗洛伊德的理论和埃里克森的理论。弗洛伊德的理论关注个体的潜意识和心理冲突，埃里克森的理论关注个体的心理发展和身份认同。对研学旅行的启示是关注学生的心理需求和个体发展，提供支持和引导。

认知发展观：介绍了皮亚杰的理论和信息加工理论。皮亚杰的理论关注儿童的认知发展阶段和思维过程，信息加工理论关注个体对信息的处理和学习。对研学旅行的启示是根据学生的认知水平和发展阶段设计活动，提供适当的学习材料和引导。

行为主义学习观：介绍了华生的理论、巴甫洛夫的理论、斯金纳的理论和班杜拉的理论。这些理论关注学习的条件反射、刺激与反应、奖惩和观察学习。对研学旅行的启示是通过奖励和激励，引导学生积极参与和学习。

系统发展观：介绍了霍尔的复演说、维果茨基的理论、朱智贤的发展观和生态系统理论。这些理论关注个体与环境的互动和发展，强调系统的整体性和动态性。对研学旅行的启示是关注学生的社会互动和环境适应，培养系统思维和综合能力。

通过学习心理学原理，可以更好地理解学生的心理需求和发展特点，设计和引导研学旅行活动，促进学生的全面发展和学习成长。

本章思考题

1. 请简述精神分析观在研学旅行中的应用。
2. 请解释行为主义学习观在研学旅行中的重要作用。

在线答题

第四章
青少年认知发展与研学旅行

  青少年的认知发展处于儿童认知发展与成人认知发展的过渡阶段。相较于儿童，青少年的形式运算能力和信息加工能力日渐成熟和完善，能够灵活、抽象地验证假设，能够进行复杂推理等。但与成年人相比，还存在一定的差距，需要教育者的科学引导。在学习方面，需要调动青少年的学习动机，促进青少年的学习迁移，运用科学有效的学习策略，进而提升学习成效。概括来说，青少年学习成效的影响因素有个人因素、家庭因素、学校因素和社会因素等。

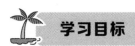

知识目标

  1.了解皮亚杰关于青少年认知发展的观点和信息加工理论，掌握青少年的形式运算能力及青少年信息加工能力。
  2.熟悉青少年阶段的学习、学习动机、学习迁移、学习策略和影响学习成效的因素。

能力目标

1.能够理解和分析青少年在研学旅行中的认知发展程度及情况。
2.掌握青少年的学习特点，在研学旅行中能够做到因人而异，科学指导研学旅行。

思政目标

1.研学旅行中初步纠正青少年认知误区，引导积极向上的认知发展。
2.掌握青少年自我认同状态的发展，正确引导青少年自我中心的正能量行为。

知识导图

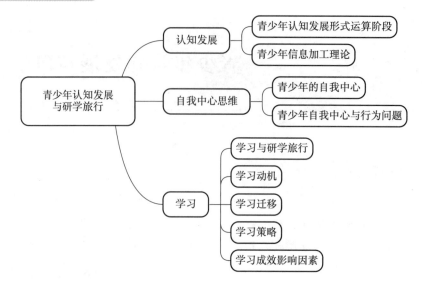

章节要点

形式运算阶段：此阶段的青少年思维更加灵活、抽象，能够使用命题思维，推论脱离现实的假想问题，进行假设演绎推理。

信息加工理论：将人脑与计算机进行类比，把人脑看作类似于计算机的信息加工系统。认为人的认知过程就是对信息的加工过程，利用计算机原理来解释不同时期人们的思维发展。

假想观众：指的是青少年认为他人的关注点聚焦在自己身上，产生他人对自己言行举止过分关注和评判的错误认知，这一信念导致了青少年过高的自我意识、对他人想法的过分关注，以及在真实和假想的情境中去预期他人的反应的倾向。

个人神话：表现在青少年认为自己是全能的、独一无二的和无所不能的，过度强调自己的情感与独特性，或是过度区分自己的思想与情感和相信自己的与众不同。

学习动机：是指激发个体进行学习活动、维持已引起的学习活动，并致使行为朝向一定的学习目标的一种内在过程或内部心理状态。

学习迁移：是一种学习对另一种学习的影响，具体指在教学中已获得的知识经验、动作技能、学习态度、学习方法和策略对新知识、新技能的学习及新问题的解决所产生的影响。

学习策略：是指学习者为了提高学习的效率和效果，用以调节个人学习行为和认知活动的一种抽象的、一般方法。

教养方式：是指父母在养育孩子的过程中，通过教养行为，传递给孩子的态度及创造的情感氛围。

第一节 认知发展

一、青少年认知发展形式运算阶段

(一)皮亚杰关于认知发展阶段的基本观点

关于皮亚杰的认知发展理论在第三章第二节有详细介绍和讲解,这里不再赘述。皮亚杰的理论在认知发展领域的地位是十分重要的,他的理论受到了普遍的重视和广泛的研究,其影响力甚至已经能够左右整个认知发展领域的研究。当代认知心理学家中尽管很少有人自称是"皮亚杰主义",但他们中的很多人却继承或扩展了皮亚杰理论,或在皮亚杰理论和信息加工理论相结合的基础上形成了自己的发展观。

皮亚杰认为,"认知发展"指的是个体一般认知能力和认知技能的形成,以及认知方式随着年龄、经验增长而发生的变化。皮亚杰把认知发展过程划分为四个主要阶段:感觉运动、前运算、具体运算和形式运算(见表4-1)。也就是说,人们的认知发展会依次经历这四个阶段,阶段的顺序是固定的,前一阶段总是达到后一阶段的前提,只有先经过前一个阶段,才能进入下一个阶段,而不能跨越某个阶段而进入更高的发展阶段,阶段的发展不是间断性的跳跃,而是逐渐的、持续的变化。皮亚杰也承认,儿童进入特定阶段的年龄存在很大的个体差异,诸多因素的影响可以促进或延缓认知发展速度,达到各阶段的标准年龄只是一种粗略的估计。所以,每个阶段都有自身独特的认知特点,进入或达到某个阶段的年龄具有个别差异,有的人要早一些,有的人则晚一些,并不是所有人都在同一年龄完成相同的阶段。

表4-1 皮亚杰的认知发展阶段

阶段	年龄	基本特点
感觉运动	0—2岁	婴儿关于外部世界的认知源于感觉和运动技能,如婴儿通过眼睛、耳朵、嘴巴与外界互动,并以此进行"思维"
前运算	2—7岁	儿童学会使用符号(如词汇和数字)来反映外部世界,反映他们之前感觉运动时期的认识,但是缺乏后两个阶段的逻辑性
具体运算	7—11岁	儿童的推理有一定的逻辑性,但不够抽象
形式运算	11岁以后	青少年能够运用抽象、系统的思维,在面对问题时可以提出假设、演绎推理和证实推理

概括地说,在感觉运动阶段(0—2岁),婴儿逐渐能够把自己从周围的客体中区分出来,外部世界的认知源于感觉和运动技能;会寻找刺激物,开始模仿不在眼前的复杂行为(延迟模仿)。到了前运算阶段(2—7岁),儿童能够使用符号表征事物,特别是逐

渐掌握语言符号,思维具有不可逆性和自我中心性,但依旧缺乏逻辑性。进入具体运算阶段(7—11岁),儿童能够理解和运用守恒关系,思维具有可逆性,自我中心性减弱或消失,能够进行分类和排序,对具体形象性的材料进行逻辑思维。在形式运算阶段(11岁以后),儿童进入青少年时期,他们的思维更加灵活、抽象,会验证假设,能够进行复杂推理,在问题解决过程中能够考虑多种可能性。

(二)青少年的形式运算能力

形式运算思维阶段大约从青少年时期的11岁开始。进入这个阶段的个体,可以抽象地思考问题,并能够验证自己提出的理论假设。皮亚杰认为,形式运算的标志是假设演绎推理。演绎推理(从一般到特殊的推理)本身不是一种形式运算能力,它非常类似于夏洛克·福尔摩斯在检查犯罪线索以抓住罪犯时所做的推理。形式运算思维比具体运算思维更加抽象,青少年在研学行程中不仅只局限于将实际的、具体的经验作为思维的参照,他们可以虚构想象情景,并能够对其进行逻辑推理。例如,青少年在研学旅行时虽然第一次来到研学基地,但是通过查看地图上的虚拟标识或路牌的指示,可以精准地找到基地内部的各个场所。

青少年能够推论脱离现实的假想问题,即个体可以进行假设演绎推理。他们知道,逻辑规则同样适合于超越现实的思维。青少年期儿童的思维在灵活性和抽象性方面日益发展起来,为了顺利解决问题,儿童能够运用逻辑的方法对解决问题的各种可能性一一进行考虑。不同于具体运算期儿童,青少年期儿童在问题解决情境中可以同时提出多种解决问题的可能方案或假设,并且能够预料这些方案或假设可能导致的结果。

知识活页

皮亚杰的钟摆实验

钟摆实验是由发展心理学家皮亚杰发明,用来测试儿童演绎推理能力程度的实验。实验的结果是:形式运算阶段的儿童已经具有抽象逻辑推理能力,能够运用假设演绎推理,推论出问题的结论。

皮亚杰的钟摆实验室要求儿童得出影响钟摆速率的因素。被试者包括幼儿、小学生和中学生。演示钟摆运动后,向被试者提供几种条件,如下图所示。

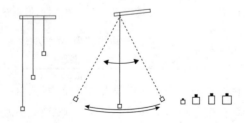

形式运算阶段的青少年,面对问题,经过思考,先提出几种可能影响钟摆运动速率的因素:一是摆锤的重量,二是吊绳的长度,三是钟摆下落点的高度,四是最初起动力的大小。然后通过实验一一验证了这四个因素各自的影响作用(每次只改变一个因素,其他因素不变),结果得出了只有绳长改变才能影响钟摆运动的正确结论。

相比之下,幼儿或随机摆弄,或用力推动钟摆;小学生虽然能够提出少许可能的因素,但尚缺乏运用假设演绎推理解决问题的能力。

资料来源 https://baike.so.com/doc/26875444-28214119.html.

青少年使用形式运算进行抽象推理会影响他们的日常行为表现。比如,青少年阶段的孩子会变得更喜欢争辩,他们已经学会利用抽象的推理来找出他人的漏洞,对家长和老师的缺点更为敏感,会质疑父母和老师的批评。

青少年在形式运算阶段能够使用命题思维。"命题思维"是一种在缺失具体例子的情况下使用抽象逻辑的推理形式。青少年能够理解如果某个前提是正确的,那么得出的结论也一定正确。比如:

所有的小学生都是学生。　　　　　　　　[前提]
小明是小学生。　　　　　　　　　　　　[前提]
因此,小明是学生。　　　　　　　　　　[结论]

青少年不但能够理解两个正确的前提能够得出正确的结论,他们还能够对更加抽象的前提和结论进行相似的推理。比如:

所有的A都是B。　　　　　　　　　　　[前提]
C是A。　　　　　　　　　　　　　　　[前提]
因此,C是B。　　　　　　　　　　　　[结论]

青少年在推理时,有时会得出错误的结论。例如,人们发现,当一个或多个前提包含表示限定的词"一些",或者一个或多个的前提为否定时,青少年的推理往往较慢,错误也更多。总之,青少年容易犯的错误主要归纳为以下三点。

1. 气氛效应

推理常常受到"气氛效应"的影响,这里的气氛效应主要指推理中有前提的形式引导的一种错误倾向。例如,"所有的鱼都生活在水里,鲸鱼也生活在水里",由于前提气氛的影响,有些人很容易得出"鲸鱼是鱼"的错误结论。

2. 曲解前提意义

在面临推理问题时,人们经常自动做出假设或者改变某些词的意思,而并没有真

青少年心理学

正地理解其包含的意义。例如,人们看到前提中"所有的A都是B"后,往往认为"所有的B也都是A"。对前提解释上的错误,导致了推理错误的发生。

3.没有考虑所有的可能性

有时,由于人们在理解前提的时候,没有考虑所有的可能性而导致推理错误。例如,"有些A是B,有些B是C,所以A是C",就是犯了没有考虑所有的可能性的错误。

有一则关于男孩穿裙子的案例,小学生从中得出穿裙子的男孩是变态这一结论,其实也是应用了命题思维的一种表现,但是从一开始的前提中就犯了以偏概全的逻辑错误,因此研学指导师应当及时制止这种不礼貌的行为,并告诉学生并不是所有穿裙子的男孩就一定是变态。根据历史记载,在我国,从商朝开始男性就开始穿着裙子,而女性直到汉朝开始才形成穿裙子的风俗习惯。在国外,苏格兰、缅甸等地至今还保存着男性穿裙子的习俗。所以,穿着并不能说明一个人是不是"变态",我们应当尊重他人的穿衣自由。

(三)形式运算带来的影响

形式运算思维是一个强大的工具,它在许多方面改变着青少年,其中有些改变是好的,有些却不那么好。

首先是好的一面。我们可以看到,形式运算可以帮助个体思考生活中的可能事件,形成稳定的同一性,获得对他人的心理观点和行为原因的更丰富的理解。形式运算思维也能很好地帮助个体做出决策,包括权衡可以选择的行为过程及其对自己和他人可能造成的后果。比如在研学旅行行程中,如果不听从研学指导师的活动安排,一意孤行的话,就需要权衡利弊,思考违反规则可能承担的后果。所以,青少年相对于低年级儿童会思考更多,也更全面。因此,认知发展取得的进步为个体其他方面发展的改变奠定了基础。

然后是不好的一面。形式运算或许也与青少年的许多痛苦经历有关。幼儿往往易于接纳世界的本来面目,并听从权威人物的教导,形式运算者则不同,他们能够通过假设来想象表征现实世界,他们可能开始质疑一切,比如他们喜欢利用抽象的推理来找出别人解释的漏洞,对家长和老师的缺点也变得更加敏感。比如在研学旅行行程中,研学指导师针对青少年的某种不良行为(如抽烟)进行批评、指正的时候,青少年会表现得不服气,并询问为什么成年人可以这样做,凭什么自己却不可以。实际上,青少年在现实世界中感受到的逻辑上的不一致或缺陷越多,他们就变得越迷茫,越容易受挫,甚至会对执行者(如父母、老师)表露出叛逆性的愤怒,认为他们应该对这些不一致或缺憾负有责任。所以,对于父母、老师及其他与青少年打交道的成年人来说,面对质疑能力日益增强的青少年是一种挑战。

形式运算为青少年带来痛苦经历的另一个方面是伴随着形式运算的自我中心意识的苏醒。青少年的自我中心以个体自我意识的形式出现。十几岁的孩子通常会认为周围的人关心他们的感受和行动,就像他们对待自己那样。我们回忆起中学时的自己,经常认为教室里的所有人都在关注着自己。比如在研学旅行行程中,研学指导师发现有的青少年很在乎大家对自己的看法,对研学游戏中的小失误会难过很久,他人的无意反应会被解读为对自己的嘲笑等,内心十分敏感。这种形式的自我中心可能是非常痛苦和艰辛的,但是幸运的是大多数青少年都能够随着形式运算技能的发展而走出这种错误思维。

二、青少年信息加工理论

(一)信息加工理论的基本观点

20世纪90年代,许多心理学家开始采用精确的实验和数据分析方法,探测人们具体的信息加工过程,由此兴起了一种新的思潮,即信息加工。"信息加工"一词由计算机工作原理的启发而来,信息加工理论主要是利用计算机原理来解释思维,以及儿童期和青少年期思维的发展。

信息加工理论认为,人的认知就像计算机包含硬件(如硬盘、随机存储内存、中央处理器)和软件(所用的程序)一样,也包含心理硬件和心理软件。心理硬件指的是认知结构,包括存储信息的各种记忆。心理软件包括组织起来的认知过程,它使人们能够完成特定的任务,比如读句子、投篮等。信息加工理论没有把认知发展分为几个阶段,其所研究的思维过程(包括知觉、注意、记忆、计划、信息分类、言语理解)在各个年龄段都被看成是相似的,只不过表现的程度有所不同而已。它使研究者能够从知觉和信息加工的有效性角度来预测婴儿长大以后的智力水平,使父母和教师能够让孩子意识到自己的心理过程和认知策略,进而改善其学业。并且,信息加工模型也可以用于测量、诊断和治疗学习问题。

拓展阅读 4-1

从总体上看,尽管信息加工研究者也开始关注人们在日常生活情境中的信息加工过程,但他们更喜欢在实验室内进行精确的实验,探查人们信息加工的微观过程。他们强调心理发展是连续的量变的过程,而不太看重心理发展的阶段性或质变过程。信息加工研究弥补了皮亚杰早期理论的不足,对儿童认知能力的发展提出了很多新的见解,对教育、教学具有重要的启示。但是,这类研究也存在一定的局限。目前,人们对信息加工观点的批评主要集中在以下几个方面:将人比作计算机,忽视了人的心理的丰富性和复杂性,如人会做梦和创造,而计算机则不能;在实验室取得的研究结果很难解释人们在真实生活中的行为;没有很好地揭示生理与心理之间的关系。

(二)青少年信息加工能力

根据信息加工理论的观点,首先,信息加工速度、信息处理容量和知识经验等因素与个体的认知能力水平有密切关系,这几个方面在青少年阶段都发生了明显变化。青少年在抽象、多维和假设性思维方面优于儿童,青少年的工作记忆和加工速度差不多达到了成人的水平,这意味着青少年能够较好地存储认知过程进行中所需的信息。青少年信息加工的速度与年轻的成人几乎一样快。

其次,青少年面对特定任务时,能够更加熟练地确定解决问题的适当策略。例如,青少年能够列出课文的提纲和重点,将自己理解不透彻的内容罗列出来,以便深入学习，这些能够帮助青少年进行更有效的学习，加深记忆和理解。年龄较大的青少年解决问题的速度比年幼的青少年更快，而年幼的青少年处理信息的速度比青春期前的儿童更快。

最后，青少年的元认知技能发展迅速使得青少年能够科学推理。科学推理的核心是协调理论和证据。青少年会采取各种策略，进行反省并修改策略，最终明白逻辑的本质。

青少年社会经验和知识储备的增加也会促进其信息加工能力。通常，12岁个体识别字词或多位数所需时间是8岁儿童的一半，青少年比学龄儿童知道更多的字词和数字，儿童字词识别速度明显随着阅读能力的增强而提高，丰富的知识基础和经验会促进个体信息加工的能力。

第二节 自我中心思维

一、青少年的自我中心

青少年的自我中心是指在青少年时期思维功能被歪曲的一种心理发展形式。即青少年在达到了形式运算阶段后，在有些方面仍受先前具体运算阶段认知水平的限制，不能区分事物的独特性和一般性，无法正确区分他人实际对自己的关注的一种现象。关于青少年的自我中心，美国儿童心理学家、教育家戴维·艾尔金德曾将自我中心划分为"假想观众"和"个人神话"两个维度。

（一）假想观众

"假想观众"指的是青少年认为他人的关注点聚焦在自己身上，产生他人对自己言行举止的过分关注和评判的错误认知，这一信念导致了青少年过高的自我意识、对他人想法的过分关注，以及在真实和假想的情境中去预期他人的反应的倾向。青少年一直想象自己是演员，而有一群"观众"在注意着自己的仪表与行为，自己是观众注意的焦点，成为大家欣赏的对象。"假想观众"观点认为想象的观众部分是由于青少年初期过高的"自我意识"所造成的，认为青少年的恶行也是由自我中心主义所引发的。青少年以为，如果表现出了蛮横的行为，可以在"假想观众"中留下印象。青少年的自我中心主义到了十五六岁会日渐消退，"假想观众"会被"真实观众"所取代。

（二）个人神话

"个人神话"表现在青少年认为自己是全能的、独一无二的和无所不能的，过度强调自己的情感与独特性，或是过度区分自己的思想与情感和相信自己的与众不同。青少年"个人神话"产生的原因主要是由于他们认为自己就站在"假想观众"前面、舞台的中央,并且他们在思考上仍无法辨别个人的思想与情感是他人共有的体验。艾尔金德认为,青少年一旦与朋友发展了亲密的关系,并且获知他人也具有共同的人类特质之后,他们知道自己并不独特,也不突出,恐惧感也随之降低,进而会减弱"个人神话"。

二、青少年自我中心与行为问题

(一)自我中心与冒险行为

青少年时期是个体从家庭和社会依赖逐渐向个人独立发展的重要时期,分离——个性化则是青少年社会化的形成阶段。这一时期,青少年开始确立自我同一性,关注自己的独特性和独立性,对新事物不断进行尝试和探索,这种内在的本能力量使得青少年更容易做出冒险行为。

青少年期乃个体发展的"多事之秋",青少年容易做出冲动、冒险行为,诸如吸烟、酗酒、危险驾驶等行为对青少年未来身心发展具有极为不利的影响。家庭与社会因素也是影响青少年冲动冒险的一大诱因。一方面,家庭对青少年成长发展具有重要影响。不良的家庭环境、父母缺乏对青少年监管等消极家庭因素,都有可能导致青少年通过冒险来寻求新异刺激。另一方面,社会因素对于青少年期的行为塑造起到重要作用。青少年可能在这一时期通过打架、吸烟、喝酒等在同伴群体中"显摆",以获得同伴赞许。青少年通过观察和模仿同伴的不良行为,做出模仿冒险行为。

拓展阅读 4-2

一项研究主要考察了我国某中学586名青少年自我中心与攻击行为的关系。结果显示,该地区的青少年在言语攻击方面表现出较高的水平,这表明青少年主要通过言语方式进行攻击,如侮辱、诽谤、散布流言蜚语等。此外,研究发现,"假想观众"的平均分高于"个人神话",说明青少年更倾向于认为他人将注意力聚焦在自己身上,关注自己的言行举止,从而产生错误意识。这可能是由于现代社会中,孩子往往被视为家庭和社会的中心,过度保护使得青少年错误地认为自己是他人关注的焦点。而这种过度保护往往导致青少年自我中心思维的加剧。该研究还考察了青少年自我中心和攻击行为在性别、年级以及家庭结构等方面的差异。研究发现,性别对于自我中心没有显著的差异,这与皮亚杰的观点相一致。皮亚杰认为自我中心与个体的认知发展有关,而认知发展与性别无关。

(二)自我中心与内化问题

内化问题也称内隐问题或内向性行为,是指发生在个体内部的,由于过度控制而产生的情绪或情感的失调,具体包括焦虑、抑郁、退缩和躯体主诉等症状。自我中心体现了个体对自我的评价状况,当自我中心主义中自我自负程度高,一个人的独特感膨胀,与冒险行为和内化问题有关。青少年的自我意识增强,但又难以有效应对学业、人际交往和家庭等方面的问题,容易引发一系列的内化问题。有研究结果显示,青少年阶段的内化问题与成年后的药物滥用、行为问题和自杀风险有着紧密的关联。还有研究表明,青少年自我中心可以解释抑郁等内化情绪问题。另外,自我中心倾向可能会暂时增加个体非理性思维,而这些非理性思维如果逐渐结构化、系统化,最终会形成一系列认知偏差,给个体带来情绪上的问题。

在自我中心主义和抑郁症状的关系上,有研究证实,重度抑郁症状个体表现出高水平的自我中心主义和较低的认知灵活性,因此不愿意或无法站在他人的立场上进行共情,与移情呈显著负相关。即自我中心主义与抑郁症状存在较强的联系。在自我中心主义导致抑郁症状的机制上,有研究证实,自我中心主义中"假想观众"水平高的个体在人际交往中对人际关系的敏感性更高,更容易感受到挫折而引起抑郁症状情绪。全能性与不可伤害性能够提升个体的自我价值感、胜任感,使个体更加自信,有利于自我与社会关系的发展,缓解抑郁症状情绪,使个体体验到的生活满意度更高,有更高的主观幸福感。"假想观众"和"个人神话"是抑郁症状情绪的显著预测因子,但"个人神话"的不同成分对抑郁症状的预测作用不同。

知识活页

抑 郁 症

抑郁症是一种常见的精神障碍,以显著而持续的心境低落为主要特征,伴随着兴趣减退和愉快感的丧失,常常影响个体的工作、学习和社交功能。抑郁症可能是由多种因素引起的,包括遗传、生物学、心理社会和环境因素。临床上的病症标准为持续发作两周以上。典型的症状包括情绪低落、失眠或睡眠过度、食欲改变、疲劳、自卑感或无价值感、过度自责、注意力难以集中等。严重者可能出现幻觉、妄想等症状,甚至存在自杀观念或行为。

抑郁症影响因素中的心理因素主要有以下几类。

1. 丧失

丧失指的是失去了对自己重要或有意义的东西,如亲人、朋友、工作、健康、爱情等。丧失会引起悲伤和失落,如果这些情绪不能得到有效的表达和处理,就可能转化为抑郁。

2. 自我

自我指的是一个人对自己的认识和评价。如果一个人有过高或过低的自我期望,或者有脆弱或否定的自我评价,就可能导致自我挫败或自我攻击,从而产生抑郁。

3. 内在化

内在化指的是一个人将外部环境中的要求或压力内化为自己内心世界中的规范或批评。如果一个人有着严厉、挑剔的父母,他可能会内化一个严厉、挑剔的父母到自己的内心世界,成为自己的超我。当他无法满足超我的要求时,他就会感到罪恶和自责,从而产生抑郁。

4. 个性特征

个性特征指的是一个人在思想、情感、行为等方面所表现出的一些稳定的特点,如敏感、多疑、情绪不稳定、坚强、悲观、自信心低等。这些特征可能影响一个人对压力和挫折的敏感度与应对方式,也可能影响一个人与他人和环境的互动方式。如果一个人有一些不利于心理健康的个性特征,就可能增加患上抑郁症的风险。

资料来源 https://baike.baidu.com/item/%E6%8A%91%E9%83%81%E7%97%87/90924?fr=ge_ala.

第三节　学　习

一、学习与研学旅行

学习是人之为人的基本需要,是人的生命的本性。古人言,"活到老,学到老""玉不琢,不成器,人不学,不知义""黑发不知勤学早,白首方悔读书迟"。我们正处于学习化社会时代,学习将贯穿人们的一生。学习普遍认可的概念是指学习者因经验而引起的行为、能力和心理倾向的比较持久的变化。青少年期是人们成长过程中尤为重要的环节,也是学习的重要阶段。

"为中华之崛起而读书"是周恩来总理在少年时代立下的宏伟志向,体现了为国家和民族而奋斗终生的责任感与使命感。青少年要肩负起未来建设国家、服务社会和发展自己的重任,然而,过重的学习负担会给青少年带来一定的负面影响,枯燥的学习内容降低了青少年的学习兴趣,密闭的学习空间压抑着青少年的发散思维,老套的教学方法阻碍了青少年的学习效率。此外,一些家长"重学习轻实践"的观念特别严重,他们认为学习要放在首位,却没有意识到素质教育需要"五育并进",只注重孩子的学习成绩,忽略了身心健康的培养,长此以往,在家长的重压之下,孩子就会产生厌学、抑郁、焦躁等不良倾向,最终失去学习的兴趣。

研学旅行会对青少年的学习产生重要影响。中国的研学旅行鼻祖是孔子,他经常带学生周游列国进行学习。正所谓"读万卷书,行万里路",要想开阔自身眼界,增长知识见闻,最好的方法就是旅行。青少年旅游活动,不仅能够丰富课余生活,还能补充和巩固课本知识,提高学习兴趣,增强学习效果。枯燥的学习容易使青少年丧失对学习的兴趣,研学旅行采用的是非传统的教学方式,将教学内容与旅行体验相结合,真正做到"以游兼学,学游相济",使青少年体会到学习的真谛,以愉快的心境投入学习,以此提高学习效率,达到良好的学习效果。通过研学旅行,学生离开熟悉而相对密闭的校园,延伸了课堂空间,学生不仅是简单地补充课本上的知识,还可以在实践中获得具有生活性、经验性、科学性等综合性较强的知识。

青少年心理学

知识活页

研学旅行的意义

1. 道德养成教育

研学旅行是有组织的集体性、探究性、实践性、综合性活动,是集体主义教育、生活教育、行为习惯养成教育的有效载体,可以帮助我们学会生存生活,学会做人做事,促进正确的世界观、人生观、价值观的形成。

2. 社会教育

研学旅行让课本上的知识与现实连接,让历史上的人物充满了"烟火气",变得可以触摸,可以感觉。在旅行的过程中,我们可以追寻古人的足迹,寻访历史文化的遗踪。当原本一些在课本上通过文字感知的景象展现在学生面前时,学生对课文的理解也会更加深入。经过一个漫长学期的封闭学习,让孩子适当地放松与调节,张弛有道,可以让孩子的学习更加高效。

3. 国情教育

组织学生走出校门,走进乡村,走进社区,走进工厂,走进科研院所,可以帮助学生了解国情,了解改革开放以来祖国取得的伟大进步,引导学生增长知识、开阔眼界,培育国情意识。

4. 爱国主义教育

走进祖国名山大川,走进革命圣地,走进改革开放现场,引导学生感受祖国大好河山,领略革命先烈的英雄事迹,体验改革开放的伟大成就,能够激发学生对党、对国家、对人民的热爱之情,激发学生的民族自豪感,培育学生强烈的爱国主义。

5. 个人素质教育

研学旅行是让学生增长见识的好机会,让学生拿出勇气去尝试问路,吃从来没见过的食物。在保证安全的前提下,让学生勇敢冒险,在最短的时间内追寻最大程度的自由。

资料来源 https://baike.so.com/doc/7006141-32320180.html。

二、学习动机

(一)学习动机的含义

学习动机是指激发个体进行学习活动、维持已引起的学习活动,并致使行为朝向一定的学习目标的一种内在过程或内部心理状态。它是一种学习需要,是通过社会和教育对学生学习的客观要求转化为学生头脑中的主体需求来实现的,这种主体需求为学习提供了强大的动力。

（二）学习动机的分类

1. 内部动机和外部动机

根据学习动机的内外维度，可以将学习动机分为内部动机和外部动机。

内部学习动机是由学习者对学习的需要、兴趣、愿望、好奇心、求知欲以及自身的理想、信念、人生观、价值观、自尊心、自信心、责任感、义务感、成就感和荣誉感等内在因素转化而来的，具有更大的积极性、自觉性和主动性。内部动机的满足在活动之内，不在活动之外，它不需要外界的诱因、惩罚来使行动指向目标，因为行动本身就是一种动力。

外部学习动机是由外在诱因，诸如考试的压力、父母的奖励、老师的赞许、同伴的认可、荣誉称号的获得等激发起来的，表现为心理上的压力和吸引力。外部动机的满足不在活动之内，而在活动之外，这时人们不是对学习本身感兴趣，而是对学习所带来的结果感兴趣。由于学习结果是变化不定的，因而与内部学习动机相比，外部学习动机有较大的可变性，如果得不到及时有效的调节，则有可能表现为患得患失，影响学习效果。

2. 远景性动机和近景性动机

根据动机行为与目标的远近关系，学习动机可以分为远景性动机和近景性动机。

远景性动机是指与长远目标相联系的动机。近景性动机是指与近期目标相联系的动机。例如，学生在选高考大学志愿时，有的是专业导向，今后走上社会，什么工作岗位更有前景，有的只是考虑眼下能考上哪所大学，前者的选择专业动机属于远景性动机，后者的选择学校动机属于近景性动机。

远景性动机和近景性动机具有相对性，在一定条件下，两者可以相互转化。远景性目标可以分解为许多近景性目标，近景性目标要服从远景性目标，体现远景性目标。"千里之行，始于足下"，就是对远景性动机和近景性动机辩证关系的生动描述。

3. 普遍型学习动机和特殊型学习动机

根据动机行为对象的广泛性，学习动机可以分为普遍型学习动机和特殊型学习动机。

普遍型学习动机是指对所有学习活动都有的学习动机，不但认真对待所有知识性的学科，而且对技能性学科甚至课外活动也从不怠慢。

特殊型学习动机是指学生只对某种或某几种学科感兴趣，有学习动机，而对其他学科则不予注意。

4. 合理动机和不合理动机

根据学习动机的社会意义，学习动机可分为合理动机和不合理动机。

合理动机是指与社会利益相一致的、有利于个体健康发展的动机，它包括高尚的、正确的和在一定时期里有较多积极因素的动机。

不合理动机则是指不符合社会利益和个体健康发展的动机，它包括低劣的、错误

拓展阅读
4-3

的和有较多消极因素的动机。

例如,把学习看成完善自身、回报社会的机会就是一种合理动机,而把学习看成功成名就的机会,则是一种不合理的动机。

5. 主导学习动机和辅助学习动机

根据动机在活动中的地位和所起作用的大小,学习动机可以分为主导动机和辅助动机。

学生的学习动机往往不是单一的,是由主导学习动机和若干辅助学习动机构成的动机体系。主导学习动机动力强,起着主导作用;而辅助学习动机动力弱,起着次要的、从属作用。一般来说,在某个学段,主导学习动机只有一个,而辅助学习动机则可能有若干。主导学习动机和辅助学习动机,只要其动力方向一致,符合社会要求,有利于学生身心健康成长,就是有意义的,应当给予充分的肯定和鼓励。

6. 认知内驱力、自我提高内驱力和附属内驱力

根据动机的内驱力类型,学习动机可以分为认知内驱力、自我提高内驱力和附属内驱力。

认知内驱力是一种要求了解和理解的需要,要求掌握知识的需要,以及系统阐述问题并解决问题的需要。一般说来,这种内驱力大多是从好奇的倾向中派生出来的,但最初只是潜在的而非真实的动机,没有特定的内容和方向。它要通过个体在实践中不断取得成功,才能真正表现出来,才具有特定的方向。在有意义的学习中,认知内驱力可能是一种最重要和最稳定的动机。这种动机指向学习任务本身(为了获得知识),满足这种动机的奖励(知识的实际获得)是由学习本身提供的,因而也被称为内部动机。

自我提高内驱力是个体因自己的胜任能力或工作能力而赢得相应地位的一种需要。这种需要从儿童入学开始,日益显得重要,成为成就动机的主要组成部分。自我提高的内驱力与认知内驱力不一样,它并非直接指向学习任务本身。它把成就看作赢得地位与自尊心的根源,是一种外部动机。从另一个角度来说,失败对自尊是一种威胁,因而也能促使学生在学业上做出长期而艰巨的努力。

附属内驱力是为了获得长者(如家长、老师等)的赞许或认可而表现出的把学习或工作做好的一种需要。它具有以下三个条件:第一,学生与长者在感情上具有依附性;第二,学生从长者方面所博得的赞许或认可(如被长者视为可爱的、聪明的、有发展前途的人,而且受到种种优待)中将获得一种派生的地位;第三,享受到这种派生地位和乐趣的人,会有意识地使自己的行为符合长者的标准和期望,借以获得并保持长者的赞许,这种赞许往往使一个人的地位更巩固。

(三)学习动机的激发

1. 合理设置学习目标

学习目标是学习的航标,为学习者指明前进的方向。无目标的学习往往会使学生

陷入盲目与被动,这是学习问题的重要根源。设定目标的可接受性至关重要,只有当目标是现实的、有一定挑战性且意义深远,同时学生对目标的价值有深刻理解时,学生才会乐于接受并为之努力。若能与家人和同伴共同设定目标,学生的可接受性将进一步提高。为此,教师应引导学生自主设定目标,若学生难以独立完成,教师可以提供相关建议并解释各阶段的任务。同时,要使学生坚信他们的目标是可实现的,通过分享成功案例和不断鼓励,激发学生的信心和动力。此外,及时、有效的反馈与评价对目标的达成至关重要,它可以帮助学生了解自己的学习情况,进而调整学习策略,提升学习效果。

2. 有效利用反馈与评价

反馈与评价不仅是检验学习效果的重要手段,更是激发学习动机的有效工具。当学生得知自己已达成或超越目标时,他们会体验到成就感和快乐,进而设定更高的目标。无论反馈是正面的还是负面的,都会成为学生反思和归因的依据。教师在评价学生时,应谨慎选择评价方式,使学生明白分数或等级并非衡量一个人能力的唯一标准,而是反映进步速度的指标。对于缺乏信心、依赖性强的学生,教师的肯定反馈尤为重要,能极大地促进学生的学习进步。

3. 增加学习任务的趣味性

学习任务的趣味性是激发学生内部动机的关键因素。教师应不断创新教学内容和教学方法,使学习任务本身充满吸引力,引发学生的好奇心和注意力。新颖、有趣的学习内容能够激发学生的学习兴趣,使学生保持积极的学习态度。

4. 合理运用奖励与惩罚

合理运用奖励与惩罚也是激发学习动机的重要手段。适当的奖励能够激发强学生的学习动力,而适度的惩罚则可以纠正学生的不良学习习惯。但需要注意,奖励与惩罚的运用应科学、公正,避免过度依赖或滥用。

5. 科学利用竞争与合作

科学利用竞争与合作也是提升学习效果的有效途径。竞争能够激发学生的进取心和斗志,而合作则能够培养学生的团队协作精神和沟通能力。教师应根据学生的学习特点和需求,灵活运用竞争与合作机制,以最大限度地激发学生的学习潜能,促进他们的全面发展。

6. 增强自我效能感

增强学生的自我效能感,可以通过要求学生形成适当的预期来实现。增强自我效能感,还可以通过提供挑战性任务来实现。虽然尝试容易的任务可能会较快取得进步,但学生较难从中了解自己解决挑战性任务的能力,反过来,如果尝试太难的任务,负面结果又会降低学生的自我效能感和长期动机。因此,只有当任务具有挑战性而又不是很难,并且学生能够从任务中获得有关自己能力的信息时,才有可能增强自我效能感。在研学旅行中,设定研学课程目标,可以结合学龄段课内向课外延伸。

7. 进行归因训练

归因理论告诉我们，不同的归因方式会影响主体今后的行为。如果学生认为成功是由于运气或其他外部因素，那么他就不会努力学习；相反，如果学生认为成功是由自己的努力程度决定的，那么他就会付出努力。实际上，在班级中能否获得成功，既取决于努力和能力（内部因素），又取决于运气、任务难度以及教师的行为（外部因素）。不过，取得成功的学生往往倾向于将成功更多地归因于自身因素。因此，教育可以通过改变主体的归因方式来改变主体今后的行为。这对于学校教育工作是有实际意义的，在学生完成某学习任务后，教师应指导学生进行成败归因。一方面，引导学生找出成功或失败的真正原因，进行正确的归因；另一方面，更重要的是，教师也应根据每个学生过去一贯的成绩的优劣差异，从有利于今后学习的角度进行积极归因，哪怕这时的归因并不真实。积极归因训练对于后进生的转变具有重要意义。由于后进生往往把失败归因为能力不足，导致产生习得性无助感，造成学习积极性降低，因此，有必要通过一定的归因训练，使他们学会将失败的原因归结为努力程度不够，从失望的状态中解脱出来，并且发愤图强。

 知识活页

研学课程开发遵循原则

研学课程开发要遵循六大原则，包括教育性原则、实践性原则、融合性原则、规范性原则、普惠性原则、安全性原则。其中，要突出体现教育性原则。在整个研学旅行过程中，真正做到"无处不教育，万物可研学"。教育性原则强调的是研学旅行要结合学生的身心特点、接受能力和实际需要，注重系统性、知识性、科学性和趣味性，为学生全面发展提供良好的发展空间。研学旅行中，旅行是载体，核心是教育。

如何在研学活动中体现教育性原则呢？一是充分发挥显性教育资源作用。比如开发博物馆、红色教育基地、科研院所、国防教育基地、研学基地等教育属性突出的资源点，让其充分发挥研学旅行的教育性原则。二是充分发掘隐性教育资源的教育内涵。比如，研学线路中许多事物大多蕴含人文素养、社会风尚等，应充分发掘背后的教育属性，加强学科关联，提高思想内涵在实际生活中的应用。三是要连点成线，增强教育效果。

三、学习迁移

（一）学习迁移的含义

学习迁移也称训练迁移。现代心理学家一般认为，学习迁移是一种学习对另一种学习的影响，具体指在教学中已获得的知识经验、动作技能、学习态度、学习方法和策略对新知识、新技能的学习及新问题的解决所产生的影响。学习迁移的核心内容仍然是一种学习对另一种学习的影响。

（二）学习迁移的分类

1. 正迁移和负迁移

从迁移的性质来分，学习迁移可以分为正迁移和负迁移。

正迁移是指一种学习对另一种学习的促进作用，如学习数学有利于学习物理，学习珠算有利于学习心算，掌握平面几何有助于掌握立体几何，懂得英语的人很容易掌握法语等。

负迁移是指一种学习对另一种学习产生阻碍作用，如掌握了汉语语法，在初学英语语法时，总是用汉语语法去套英语语法，从而影响了英语语法的掌握；在立体几何中，搬用平面几何的"垂直于同一条直线的两条直线相互平行"的定理，则会对立体几何有关内容的学习产生干扰等。

2. 顺向迁移和逆向迁移

从迁移的方向来分，学习迁移可以分为顺向迁移和逆向迁移。

顺向迁移是指先前学习对后继学习发生的影响。在物理中学习了"平衡"的概念，就会对以后学习化学平衡、生态平衡、经济平衡等产生影响。

逆向迁移是指后继学习对先前学习发生的影响，如学习了微生物后，对先前学习的动物、植物的概念会产生影响等。

3. 一般迁移和特殊迁移

根据迁移发生的方式，学习迁移可以分为一般迁移（非特殊迁移）和特殊迁移。

一般迁移是指一种学习中所习得的一般原理、原则和态度对另一种具体内容学习的影响，即将原理、原则和态度具体化，运用到具体的事例中去，如学生在学习中获得的一些基本的运算技能、阅读技能可以运用到各种具体的数学或语文学习中。

特殊迁移是指学习迁移发生时，学习者原有的经验组成要素及其结构没有变化，只是将一种学习中习得的经验要素重新组合并移用到另一种学习之中。

4. 横向迁移和纵向迁移

根据迁移的层次，学习迁移可以分为横向迁移和纵向迁移。

横向迁移也叫水平迁移，指先行学习内容与后继学习内容在难度、复杂程度和概括层次上属于同一水平的学习活动之间产生的影响。

纵向迁移也叫垂直迁移，指先行学习内容与后续学习内容在不同水平的学习活动之间产生的影响。

（三）教学策略的优化

1. 优化教学内容的呈现，助力迁移能力的提升

1）由一般到个别，深化分化理解

在构建学生的认知体系时，我们应遵循从一般原理到个别实例、从整体框架到细

致内容的逻辑顺序。认知心理学的研究为我们提供了有力的支撑：当面对一个全新的知识领域时，人们往往更容易从宽泛的整体概念中提炼出具体的细节，而非从琐碎的细节中归纳出整体框架。因此，在教材编排和课堂教学内容的组织上，我们应确保知识结构的层次性和连贯性，使最具有普遍意义的观念处于知识体系的顶端，而更为具体和细化的命题、概念及知识则依次展开。

以小学生的认知发展为例，他们的感知觉能力随着年龄的增长而逐渐增强，尤其在观察方面表现出显著的特点。这要求我们在研学旅行的设计中，特别关注观察时长的设置，以避免学生在长时间的观察中失去焦点，错过重要的学习机会。同时，小学生的记忆发展虽未完全成熟，但有意识记忆正逐渐占据主导地位，他们的抽象记忆能力也在稳步提升。因此，研学旅行的课程设计应突出趣味性，减少大段的文字记忆，让学生在亲身体验中感受大自然的魅力。

2）强化综合贯通，构建知识的横向网络

在呈现教学内容时，教师不仅要纵向地遵循由一般到具体的分化原则，还要横向地加强概念、原理、课题乃至章节之间的联系。知识的系统性和科学性要求教师在教学中注重知识点之间的内在联系，揭示它们之间的逻辑关系和相互依存性。例如，语文学科作为其他学科的基础，为其他科目的学习提供了语言和文字的支持；而数学则是物理、化学等学科的基础，为其提供了数量关系和空间结构的分析工具。

因此，教师在教学中应积极引导学生探索不同知识点之间的联系，通过比较和归纳，找出它们的异同点，帮助学生消除认识上的误区和模糊地带。这样不仅能够深化学生对知识的理解，还能够促进他们形成完整、系统的知识体系，为未来的学习迁移打下坚实的基础。

3）教材组织系列化，确保从已知到未知

依据学生学习的特点，教材组织应由浅入深，由易到难，从已知到未知。实现迁移的重要条件是已有知识与新课题之间的相同点，因此教学次序要合理，尽量在回忆旧知识的基础上引出新知识。前面的学习是基础和准备，后面的学习是发展和提高。

2. 改进教学方法促进迁移

1）加强基础知识和基本技能的教学

这种方法侧重于为学生打下坚实的学科基础。通过系统的教学，使学生掌握学科的基本概念、原理和规则，进而培养他们在该领域的基本技能。这样做的好处在于，当学生面对更复杂的问题时，能够凭借这些基础知识和基本技能进行有效的分析和获得解决问题的思路。

2）加强基础知识和基本技能的实际运用

这种方法强调将理论知识与实践相结合。学生不仅需要掌握基础知识，还需要学会在实际情境中运用这些知识和技能。通过实际操作和练习，学生能够更好地理解和掌握学科知识，同时也能提升他们的实践能力和解决问题的能力。

3）应用比较的方法，有利于防止干扰

比较法是一种有效的学习方法，它有助于学生在掌握新知识时，避免受到已有知识的干扰。通过对比不同概念、原理或技能之间的异同,学生能够更加清晰地理解新知识的内涵和外延,从而避免混淆和误解。这种方法在培养学生的逻辑思维能力和分析能力方面尤为有效。

4)在巩固和熟练先前学习的基础上转入下一步的学习

这种方法强调学习的连续性和递进性。学生在进入新的学习阶段之前,需要先巩固和熟练已学的知识和技能。这样做的好处在于,学生能够建立起扎实的知识体系,为后续学习打下坚实的基础。同时,也能够确保学生在学习过程中保持连贯的思维和逻辑,从而提高学习效果。

3. 重视培养良好的学习方法

学习,其真谛不仅在于让学生掌握特定学科的知识与技能,更在于教会他们如何有效地学习,即掌握科学的学习策略。实际上,只有当学生掌握了恰当的学习方法,才能将所学知识和技能自如地应用于实际情境中,进而促进更广泛、更深入的迁移。换言之,掌握了学习之道,便实现了最普遍的迁移。

学习方法,作为一种宝贵的学习经验,它能够对后续学习产生广泛而深远的影响。这些方法涵盖了多个层面,如概括的核心思想、深入思考的路径、应用原理的技巧、归纳总结的策略、知识整理的方法以及研究探讨的范式等。它们不仅包含了丰富的知识内容,更涉及了相关的技能操作。因此,掌握学习方法并非简单地记忆知识点,而是需要通过实践练习,逐渐掌握必要的心智技能,如高效的阅读技巧、敏锐的观察能力、精准的分析能力、富有创意的构思能力等。

学习方法的培养涉及多个方面:首先是制定学习方案,为课题或解决问题提供清晰的思路;其次是培养基本能力,如观察能力、分类能力、记述能力、推理能力以及数学和时空应用能力等;再次是掌握学习工具的使用,如看懂图表、抓住重点、利用工具书等;此外,热情与兴趣也是不可或缺的因素,对某一学科的热爱能够激发学生的学习动力;最后是教会学生要善于积累学习经验,因为学生的知识、概念、技能、能力都是在长期的、分散的学习过程中逐渐积累起来的,积累的经验越丰富,学习迁移的发生就越频繁、越自然。

四、学习策略

(一)学习策略的含义

学习策略是指学习者为了提高学习的效率和效果,用以调节个人学习行为和认知活动的一种抽象的、一般方法。首先学习者要有需求和动机,然后才能自觉地分析学习任务和自身特点,并随之制定合适的学习方案;学习策略是有关学习过程的,它指导学习者在某时应该做什么,不应该做什么,先做什么,用什么方式做,做到何种程度,如何有效快速做好等诸问题;学习策略是学习者自行制定的学习方案,因此具体采取的策略会因人而异。

（二）学习策略的分类

1. 单瑟洛（Dansereau,1985）的二分法

单瑟洛把学习策略分为基本策略和支持策略。

基本策略是指用来直接操作学习材料的各种学习策略，主要包括信息获得、贮存、信息检索和应用的策略，如记忆、组织、回忆等策略。

支持策略指作用于个体，主要用来帮助学习者维持良好的学习心态，以保证主策略有效地起作用，主要包括计划和时间安排、注意力分配、自我监控和诊断等策略。

二分法学习策略的分类如图4-1所示。

$$学习策略\begin{cases}基本策略\quad 如记忆、组织、回忆等\\支持策略\quad 如计划和时间安排、注意力分配、自我监控和诊断等\end{cases}$$

图4-1　二分法学习策略的分类

2. 迈克卡（Mckeachie等,1990）的三分法

迈克卡将学习策略概括为认知策略、元认知策略、资源管理策略。学习资源管理策略是辅助学生管理可用的环境和资源的策略，它对学生的动机具有重要的作用。学业成就较高的学生使用这些策略帮助他们适应环境以及调节环境，以适应自己的需要。三分法学习策略的分类如图4-2所示。

$$学习策略\begin{cases}认知策略\begin{cases}复述策略\quad 如重复、抄写、记录、画线等\\精加工策略\quad 如想象、口述、总结、做笔记、类比、答疑等\\组织策略\quad 如组块、选择要点、列提纲、画地图等\end{cases}\\元认知策略\begin{cases}计划策略\quad 如设置目标、浏览、设疑等\\监视策略\quad 如自我测查、集中注意、监视领会等\\调节策略\quad 如调查阅读速度、重新阅读、复查、使用应试策略等\end{cases}\\资源管理策略\begin{cases}时间管理\quad 如建立时间表、设置目标等\\努力管理\quad 如归因于努力、调整心境、自我强化等\\学习环境管理\quad 如寻找固定地方、有组织的地方等\\其他人的支持\quad 如寻求教师、伙伴帮助、获得个别指导等\end{cases}\end{cases}$$

图4-2　三分法学习策略的分类

3. 温斯坦（Weinstein,1985）的四分法

温斯坦认为，学习策略包括认知信息加工策略、积极学习策略、辅助性策略、元认知策略，如图4-3所示。温斯坦等人编制的温斯坦标准化学习策略量表，又称WLSS（Winston Learning Strategy Scale），它包括10个分量表：信息加工、选择要点、应试策略、态度、动机、时间管理、专心、焦虑、学习辅助手段和自我测查。它是一种常用的评估学生学习策略的工具，旨在帮助学生发展有效的学习技巧，提高学习成绩。

```
         ┌ 认知信息加工策略  如精细加工策略
学习策略 │ 积极学习策略     如应试策略
         │ 辅助性策略       如处理焦虑
         └ 元认知策略       如监控新信息的获得
```

图 4-3　四分法学习策略的分类

五、学习成效影响因素

（一）个人因素

1. 智力

一个人的智力水平和学业成绩有着密切的关系。可以说，智力是学生学习的前提。一个人的智力水平主要取决于父母的遗传基因和两人配型。这种智力水平几乎是天生的，后天若要改变，除非发生疾病或机械损伤大脑，否则人的智力水平基本稳定且伴随终身。

智力检测是在一定的智力理论和测量理论指导下，通过检测的方法来衡量人的智力水平高低的一种科学方法，它偏重于个体的语言能力、数理逻辑能力和空间关系等方面，其结果一般反映的是人的分析能力，或者说只是一种和学业成就有关的智力。世界上第一个智力测验量表是法国的比纳（A.Binet）和西蒙（T.Simon）于1905年编制的，后来经过不断修订和完善。

智商（IQ）是个体智力水平的数量化，用以衡量智力水平的高低。简单地说，智商是通过将心理年龄（MA）和实际年龄（CA）之比乘以100而得到的。计算智商的公式为：

$$IQ(智商) = \frac{MA(心理年龄)}{CA(实际年龄)} \times 100$$

通过公式计算，智商100为中等智力水平，得分越高于100表明智力越高，得分越低于100表明智力越低。例如，某10岁儿童，测得的心理年龄为10岁，则其智商为100；另一名10岁儿童，通过了12岁组的全部项目，心理年龄为12岁，则其智商为120，高于一般水平。总之，在智力发展的水平上，个体之间有高有低。智力发展水平的差异可以直接反映在智商上。研究表明，人类的智力分布基本上呈正态分布，即智力非常优秀的和智力发育迟缓的人在人口中都只占很小的比例，有一半的人属于智力中等。具体如表4-2所示。

表 4-2　智商的差异及分布情况

智商	级别	占总人数的百分比/（%）
130及以上	非常优秀	2.2
120—129	优秀	6.7
110—119	中上等	16.1
90—109	中等	50

续表

智商	级别	占总人数的百分比/(%)
80—89	中下等	16.1
70—79	临界	6.7
70以下	智力发育迟缓	2.2

那么,智力是由哪些成分组成的呢?一般来说,它包括思维、言语、感知、记忆、想象、操作技能等因素。其中,思维是智力的核心。

1)思维

思维是人脑对事物本质和事物之间规律性关系的认知,它以感知、记忆为基础,以已有的知识为中介,借助言语而实现。思维属于理性认识,是智力的核心部分。我们在评判一个人的智力高低时,主要是指这个人各种思维能力的高低,诸如分析能力、综合能力、命题判断能力、逻辑推理能力等,都是逻辑思维能力的表现。人类认识客观事物、学习基本知识、掌握基本规律、进行创造发明,都离不开思维能力。

青少年能够理解一般抽象概念,掌握一定的定理,并运用假设的逻辑推导,能够对许多现象进行概括和抽象。此外,青少年生活经验丰富,科学知识增多,对事物之间的内在联系了解得更深刻,他们能够对事物的规律提出假设,并设计方案去检验假设,能够着眼于未来去看待和适应环境。青少年能够对自己的思维进行自我反省,自我调控,提高思维的正确性和效率。青少年喜欢提出新的假设和理论,在思维的敏捷性、灵活性、深刻性、独创性和批判性等方面都有了明显增强。青少年形式思维的发展有力地促进了辩证思维的发展,使其更具有相对性,即青少年不只从一个角度看问题,他们会想出不止一种正确答案,更具有不确定性,逐步能够理解特殊与一般、归纳与演绎等辩证关系,能够初步运用全面的、发展的、联系的观点去分析和解决问题。

总的来看,青少年思维的水平有了很大的提高,思维活动的内部关系更加协调,分析与综合、抽象与概括、归纳与演绎、形式逻辑与辩证逻辑等因素有了全面的发展,思维的功能更完善,思维的效率更高。

 知识活页

鸟笼逻辑

鸟笼逻辑来源于一个故事。甲对乙说:"如果我送你一个鸟笼,并且挂在你家中最显眼的地方,我保证你过不了多久就会去买一只鸟回来。"乙不以为然地说:"养只鸟多麻烦啊,我是不会去做这种傻事的。"于是,甲就去买了一个漂亮的鸟笼挂在乙的家中。接下来,只要有客人来看见那个鸟笼,就会问乙:"你的鸟什么时候死的,为什么死了啊?"不管乙怎么解释,客人还是很奇怪,如果不养鸟,挂个鸟笼干什么。最后人们开始怀疑乙的脑子出了问题,乙只好去买了一只鸟放进鸟笼里,这样比无休止地向大家解释要简单得多。

这个故事告诉我们,挂一个漂亮的鸟笼在房间里最显眼的地方,过不了几天,主人一定会做出下面两个选择之一:把鸟笼扔掉,或者买一只鸟回来放在鸟笼里,这就是鸟笼逻辑。这种被别人用习惯思维的逻辑推理误解,并且最终屈服于强大的惯性思维的事情,生活中并不少见。一些创新、改革碰到的阻力大多数就是来自传统和习惯。

资料来源 https://baike.baidu.com/item/%E9%B8%9F%E7%AC%BC%E9%80%BB%E8%BE%91/7380371?fr=ge_ala.

2)言语

言语是指个体对语言的掌握和运用的过程。言语发展是个体心理发展的重要内容,而且它还影响到个体发展的其他方面。

说到"言语",人们就会联想到"语言",那么两者有什么关系呢? 一方面,语言是一种社会现象,言语是一种心理现象,二者有着本质的区别;另一方面,语言和言语也有着密切的联系。语言是交际工具,由群众创造,随着社会的发展而发展。语言是一种有结构的符号系统,它具有交流性、任意性、结构性、生成性和动态性等特征。语言由声音(语音)、词汇和语法三个部分构成,并综合应用后实现交际功能。言语是指个体对语言的掌握和运用的过程。言语既指一个人说与写的行为,又指这种行为的结果,即个人所说所写的话。言语是语言在交际过程中的运用,利用一种语言,可以说出大量的、不同的言语。口头言语、书面言语和内部言语这三类言语的水平因人而异,不同的言语能力水平是个体是否"聪明"的具体表现。

总体来看,青少年的言语发展迅速,不仅表现在口头言语方面,而且表现在书面言语的发展上。自入学后,青少年的词汇量迅速增加,对词义的理解、运用词进行的表达也更加准确,他们已经能够熟练地掌握语言的各种使用方法和句式。小学高年级阶段,已经可以写800字以上的作文,并且能够运用形式运算的推理方法,接受并理解各类抽象词语,这极大地扩展了他们的词汇量。青少年能够根据词汇的联想进行构词,例如,看到"白",能想到"白色""皑皑白雪""白驹过隙"等;看到"红",能够想到"姹紫嫣红""飘扬的五星红旗""鲜红欲滴的樱桃"等。还能够理解一词多义的现象,能够结合不同的语境理解词的具体意义,知道在不同的情境中,同样的词可能表达不同的意义。

3)感知

人们眼睛看到的颜色、耳朵听到的声音、舌头尝到的味道、鼻子嗅到的气味,以及身体触碰到的感觉等,都是人脑对事物的某些个别属性的认知,叫作感觉。青少年相比幼儿和小学低年级学生,区别各种颜色和色度的精确性明显提高。研究发现,青少年时期的视觉灵敏度水平是一生中的最高水平,已经达到甚至超过成人的水平。青少年听觉感受性的提高主要表现在区别音高的能力明显增长。与小学低年级学生相比,

案例分析
4-1

青少年对音高的辨别准确性有了很大的提高。因此,在青少年阶段,有许多人在音乐方面表现出特殊的才能。青少年身体发育迅速,随着身体机能的提升、日常活动的增加,其运动的灵活性、协调性都有很大的发展,青少年能够完成一些更为复杂的动作和活动。

青少年感觉发展的水平决定了他们各种感觉能力发展的水平。因此,青少年要注意保护各种感觉器官,使其功能正常发展,为能够好好学习提供良好的支撑基础。目前,一些青少年不爱护自己的感觉器官,影响了自身感知觉能力的发展。这一点突出地表现为青少年不注重视力的保护,在中学里,戴眼镜的学生不断增多,就说明了这一点。

知觉是直接作用于感觉器官的客观事物的整体属性在人脑中的反映,是人对感觉信息的组织和解释的过程。例如,看到一个苹果、听到一首歌曲、闻到花香、尝到美食等,这些都是由大脑所传达的知觉现象。小学生知觉的有意性和目的性以及观察水平是有限的,青少年知觉的有意性和目的性会达到一个新的高度。他们能够较为自觉地、有目的地、系统地知觉和观察事物,选择性知觉水平和观察的持久性都大大提高。例如,青少年能够自觉地根据教学的要求知觉有关对象,并且能够比较稳定地、长时间地维持在该对象上。同时,青少年也能够根据自己的兴趣有选择地学习知识。随着青少年抽象思维的发展,青少年的观察水平、观察的精确性都提高了,较之以前观察事物时全面而深刻,能观察出事物的本质属性,并且注意到事物的主要细节。但青少年观察事物的精确性还不够,常常喜欢过早地下结论,所以教师的指导仍然十分必要。青少年知觉的另一个特点是开始出现逻辑知觉,这种知觉是和逻辑思维的发展相联系的。具体表现在青少年在知觉过程中,能够将学习的一般原理、原则与观察的个别事物联系起来,把所看到的几何图形和有关的定理联系起来。

青少年处在从半幼稚、半成熟向成熟过渡的时期,在不良条件影响下,他们的知觉也会表现出一些弱点,如知觉(观察)过程的随意性、片面性、不稳定性、粗枝大叶等仍可能突出;青少年的观察程序可能出现不当,如具有粗糙、不精确、急躁、偏激、过早下结论等。

感觉、知觉是个体能力问题,特别是观察力,它是一种有意识的、有计划的、持久的知觉活动能力,是智力的组成部分。观察力是指迅速、准确、全面地反映事物典型特征和重要细节的能力。观察力在儿童时期已有一定的发展,但是并未成熟,就观察力的各种品质而言,其成熟时期发生在青少年期。对于青少年来说,观察是他们认识世界的开始,同时也是改造世界的基础,通过观察,青少年可以从客观世界摄取丰富而准确的信息资料,经过大脑的加工、改造,创造出新的事物。

知识活页

感觉剥夺实验

加拿大心理学家赫布(D.O.Hebb)、贝克斯顿(W.H.Bexton)等,于1954年进行了一个感觉剥夺(Sensory Deprivation)实验,如下图所示。

实验过程中，让被试进入专设的与外界完全隔离的房间内，躺在一张舒适的小床上，眼睛被蒙上眼罩，耳朵被堵住，手也被套上。除了进食与排泄外，就是无聊地昏睡或者胡思乱想。被试在实验期注意力不能集中，不能进行连续而清晰的思考，所有被试都感到无法忍受这样的痛苦。即使给再高的报酬，也很少有人能够在这样的环境中生活一周。

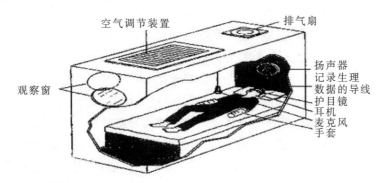

实验后第四天，对被试进行的各种测验表明，被试的精细活动的能力、识别图形的知觉能力、连续集中注意的能力以及思维的能力均受到严重的影响。被试在实验后，要经过一段时间，才能恢复到正常水平。实验证明，没有刺激，没有感觉，人不能产生新的认识，也不能维持正常的心理生活。

资料来源　丁锦红等《认知心理学》。

4）记忆

记忆是我们对过去感知过或经验中发生过的事物的重新认知或再现。识记的方法、再认的能力与回忆的能力、记忆的好坏、记忆的快慢、记忆的持久与牢固、记忆的正确程度等都是因人而异的。

（1）无意识记和有意识记：按照记忆活动是否带有意志性和目的性，可以把记忆分为无意识记和有意识记。

无意识记是事先没有自觉的目的，也没有经过特殊的意志努力，不用专门方法，自然而然发生的识记。无意识记使人们在生活中积累了大量的经验或体验。但是由于这种记忆相当被动，所记内容带有很大的片面性和偶然性，所以人们在掌握系统经验、完成特定记忆任务时运用的都是有意识记。有意识记是指事先有一定识记意图和任务，经过一定的意志努力，运用一定的方法和策略所进行的识记。有意识记的目的明确、任务具体、方法灵活，又伴随着积极的思维和意志努力，是一种主动而又自觉的识记活动。通过有意识记，人们可以有效地获得系统而又完整的科学知识，在学习和工作中占主导地位。

进入中学阶段以后，随着学习活动的逐步深入，青少年学习的动机不断增强，学习的兴趣不断发展，学习的目的日益明确，他们可以根据不同的教材内容给自己提出识记任务，积极调动更多的有意识记来完成识记任务，因此，青少年的有意识记得到了长足的发展。虽然青少年的无意识记已经退居于学习活动的次要地位，但是它也在不断发展。所以，青少年在学习活动中要注意无意识记和有意识记这两种识记的有机配合。

(2)机械识记和意义识记：按照记忆的不同方式，可以把记忆分为机械识记和意义识记。

机械识记是指人们根据材料的外部联系，在对材料的意义没有进行理解的情况下，采取机械重复的方法所进行的识记。机械识记的基本条件是多次重复、强化。它的优点是保证记忆的准确性。缺点是花费时间较多，消耗精力大，对材料很少进行加工。意义识记是指根据对识记材料内部联系的理解，在反复领会、理解、弄清事物本身意义的基础上结合自己的知识经验所进行的识记。幼儿和小学低年级学生的记忆是以机械识记为主，意义识记的能力很差。随着年龄的增长，知识经验的逐渐增加以及抽象逻辑思维能力的发展，青少年的意义识记逐渐成为主要的记忆手段。

在中学阶段，青少年的意义识记已经占主导地位了。中学阶段的学生，不仅在学科内容上不单独依靠机械识记，而且在主观上也并不愿意用机械的方法去进行记忆，更不愿意用高声朗诵的方法去记忆各种材料。他们倾向于开动脑筋，去寻求事物或材料之间的规律与关系，以便运用意义识记去掌握材料。虽然机械识记在中学阶段有所下降，但它并非毫无用处，机械识记在人们的生活、学习和工作中仍是不可缺少的。因为总有一些材料是无意义的，或一时难以理解而又必须记住的，可以用机械识记的方法，先储存在记忆中，以后逐步加以理解，可备实践之用。例如，现实生活中的人名、地名、电话号码、外文生词、元素符号、历史年代、商品或仪器型号等材料由于内在联系不强或没有内在联系，只能根据外在的时空顺序去强记。所以，家长和教师应该充分利用青少年初中阶段良好的机械识记的效果，让学生多记忆一些知识，多掌握一些技能。

知识活页

艾宾浩斯遗忘曲线

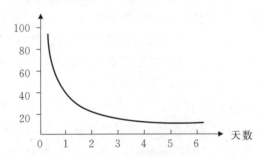

艾宾浩斯遗忘曲线由德国心理学家艾宾浩斯于1885年研究发现的，描述了人类大脑对新事物遗忘的规律。人体大脑对新事物遗忘的循序渐进的直观描述，人们可以从遗忘曲线中掌握遗忘规律并加以利用，从而提升自我记忆能力。该曲线对人类记忆认知研究产生了重大影响。

这条曲线告诉人们,在学习中的遗忘是有规律的,遗忘的进程很快,并且先快后慢。观察曲线,你会发现,学得的知识在一天后,如不抓紧复习,记得的内容就只剩下原来的25％。随着时间的推移,遗忘的速度减慢,遗忘的数量也就减少。有人做过一个实验,两组学生学习一段课文,甲组在学习后不久进行一次复习,乙组不予复习,一天后甲组保持98％,乙组保持56％;一周后甲组保持83％,乙组保持33％。乙组的遗忘平均值比甲组高。

因此,艾宾浩斯的实验充分地向我们证实了一个道理,学习要勤于复习,而且记忆的理解效果越好,遗忘得也越慢。

资料来源 https://baike.so.com/doc/6683446-6897346.html.

5)想象(加入太空体验研学活动)

想象是人在头脑里对已储存的表象进行加工改造形成新形象的心理过程。它是一种特殊的思维形式。想象与思维有着密切的联系,都属于高级的认知过程,它们都产生于问题的情景,由个体的需要所推动,并且能够预见未来。青少年年龄尚小,在想象力方面仍有待发展。但想象内容已逐渐趋于现实性,在此期间,研学课程应充分发挥学生的想象空间,放飞他们的想象翅膀,不限制、不压抑学生的天性。比如在月球旅行想象作文中,青少年充分发挥自己的想象力,有的写道:"飞船穿越了大气层,进入了太空,在月球上降落了。我打开飞船的舱门,踏上了月球。啊!月球世界美如仙境!远处有数不清的环形山在闪闪发光。"有的写道:"哇!好神奇呀!漫步月球,走起路来毫不费劲,小星星就在你身旁,伸手又够不着。"还有的写道:"我肩负使命,驾驶'神舟二十二号'飞向月球,决定去月球把嫦娥和后羿接回来。我来到飞船面前,整个飞船又白又亮,有两只大大的翅膀,犹如一座会飞的城堡,蔚为壮观。"

可见,青少年的想象是十分丰富、生动,又十分复杂的。青少年的想象,特别是高中生的想象,大多是有意识、有目的的。例如,青少年的作文能够围绕中心不断地进行连贯的构思。青少年想象中的创造性成分逐步增加,创造想象在想象能力里越来越占优势。在全国青少年科技作品展览中,数以千计的科技作品出自青少年之手,高中生开始写小说的大有人在。青少年的想象能力在不断发展,八年级到九年级是一个关键时期,这与青少年思维能力的发展趋势是一致的。并且,青少年想象能力的发展与教育密切相关。

人与人之间的想象力也存在差异,创造性的程度不一样,空间想象能力不一样,现实性与预见性程度也不一样。不同的想象能力,显示出人们在革新中的"聪明"与"不聪明"。基于青少年想象能力的特点,在各科教学中,教师要注重引导学生在深入加工材料的基础上提出问题,有目的地进行创造性的想象。但是,创造性的想象并不等同于幻想。在鼓励学生想象的同时,教师更要鼓励他们验证想象,即创设一系列的条件去检验想象是否正确。只有将想象与抽象逻辑思维结合起来,才能取得良好的效果。

思政园地

深化科学教育 促进全面发展

习近平总书记指出,要在教育"双减"中做好科学教育加法,激发青少年好奇心、想象力、探求欲,培育具备科学家潜质、愿意献身科学研究事业的青少年群体。

好奇心是人的天性,驱动着人类去观察世界、认识世界、改变世界。生活中处处蕴藏着科学,对科学兴趣的引导和培养要从娃娃抓起。2023年5月,《关于加强新时代中小学科学教育工作的意见》印发,一体化推进教育、科技、人才高质量发展。科学教育作为立德树人工作的重要组成部分,日益成为提升全民科学素质、建设创新型国家的基础。

深化科学教育,应着眼于培养身心健康的孩子。科学教育重在实践、激发兴趣。通过参加科学实践,让孩子动起来,走更多的路、接触更多的事物,才能达到启迪智慧、愉悦身心、强身健体的目的。在兴趣的驱动下主动获取知识,激发孩子学习的内生动力,变"要我学"为"我要学",有助于孩子保持整体的身心健康、全面发展。

深化科学教育,应着手于培养能力素质强的孩子。科学教育注重理论学习与实践能力的结合,常常通过启发式、探究式、实操性方式,激发学生的兴趣,培养其创新思维。这对于改变以往重知识轻实践、重课堂轻实验的学习模式,提高学生学习效率和学习效果,具有重要意义。进一步加强科学教育,就要以学生为本、因材施教,注重拔尖创新人才的发现,培养并建立长效机制,练就孩子致力科学研究的过硬本领。

深化科学教育,应着力于培养有责任担当的孩子。担责任、始成长,尽责任、方进步。通过学习感受科学家精神、体验科技进步的震撼,孩子们的家国情怀和民族自尊心、自豪感会不断增强,从而更充分地了解国情社情民情,树立"科技创新、强国有我"的志向。有了责任担当的意识,孩子们才能当下勇当小科学家,未来争当大科学家,为实现我国高水平科技自立自强作贡献。

道阻且长,行则将至。加强中小学生科学教育是一场全员行动,需要全社会共同努力,提升思想认识、更新育人观念、净化社会环境。当一个个小"科学梦"开花结果,中华民族伟大复兴的中国梦也将早日实现。

资料来源 欧阳自远,丁雅诵.深化科学教育 促进全面发展[N].人民日报,2023-07-16.

6) 操作技能

智力不完全指的动脑,也包括动手、操作和实践,其中有一个重要的因素,叫作技能。技能是个体运用已有的知识经验,通过练习而形成的智力动作方式和肢体动作方式的复杂系统。技能包括在知识经验基础上,按照一定的方式进行反复练习或由于模仿而形成的初级技能,也包括按一定的方式经过多次练习,使活动方式的基本成分达到自动化水平的高级技能,即技巧或技巧性技能。技能按其性质和特点,可以分为心智(智力)技能(如数学运算技能)和动作技能(或操作技能)两种,但通常所说的技能是指动作技能。

技能与知识不同。知识是对经验的概括而在人脑中形成的经验系统;技能是对动作和动作方式的概括,是个体身上固定下来的复杂的动作系统。然而,技能与知识又是相互联系、相互转化的。操作技能的水平,也能显示出不同人的"聪明"与"不太聪明"的程度。

将研学旅行纳入中小学教育,对于青少年孩子了解国情、热爱祖国、开阔眼界、增长知识和实现全面发展十分有益。研学旅行遵循了教育规律,将学习与旅行实践相结合将学校教育和校外教育有效衔接,强调学思结合,突出知行统一,让学生在研学旅行中学会动手动脑,学会生存生活,学会做人做事,促进身心健康,有助于培养学生的社会责任感、创新精神和实践能力,是落实立德树人和提高教育质量的重要途径。

青少年如果没有较强的动手能力,在学习、生活,以至于在未来的工作上都会受到限制。研学旅行能够很好地提高青少年的动手能力,这在无形中会提高他们的协调性和思维的敏捷性。因此,研学旅行能够促进青少年各方面能力的进步,使他们的综合能力不断提高,有利于青少年顺应社会的不断变化和发展,使青少年真正成为未来社会发展所需要的人才。

2. 自我效能感

学生的学习成效与其智力有直接关系,但智力只是学生学习的必要条件,而非充分条件。自我效能感指个体对自己是否有能力完成某一行为所进行的推测与判断。自我效能感由心理学家班杜拉于1977年提出,班杜拉对自我效能感的定义是:人们对自身能否利用所拥有的技能去完成某项工作行为的自信程度。班杜拉认为,除了结果期望外,还有一种效能期望。结果期望指的是人对自己某种行为会导致某一结果的推测。如果人预测到某一特定行为将会导致特定的结果,那么这一行为就可能被激活和被选择。

自我效能感高的学生相信自己能够掌握知识,对自己的学习能够进行调节,他们更可能去努力尝试并获得成功。而不相信自己能够成功的学生则感到挫折、郁闷,这使得他们要想获得成功更加困难。

综上所述,自我效能感和学习成绩之间存在着密切的关系,自我效能感高的人往往能够获得更好的学习成绩。因此,青少年应该加强自我效能感的培养和提升,提高与注重学习积极性、学习策略、学习动机和学习态度,从而取得更好的学习成果。

(二)家庭因素

1. 家庭教养方式

家庭教育是教育系统的重要组成部分,并且家庭教育对青少年学习能力的发展发挥着重要作用。已有研究表明,以亲子关系为纽带的父母教养方式能够直接对学生的

青少年心理学

自主学习能力产生影响。父母在培养孩子品德、塑造人格、培养能力等方面发挥着不可取代的作用。在我国本土文化背景下，学生的学习成效是家长最为看重、会对孩子未来发展产生重要影响的因素之一。在对学习成效的影响因素中，来自家庭环境的父母教养方式是其中重要的影响因素。父母教养方式是指父母在养育孩子的过程中，通过教养行为，传递给孩子的态度及创造的情感氛围。有的学者将父母教养方式称为抚养方式，还有的学者将其称为养育方式、家庭教养方式等。

美国心理学家鲍德温采用家庭拜访和观察家庭互动的基本频率的方法得出结论：由于家长的人格不同，家长在帮助子女实现社会化过程中所采用的教养态度也有很大差异。为此，鲍德温将家长对子女教养方式概括为四类：专制型、溺爱型、放任型和民主型。

1）专制型

专制型家长要求孩子绝对遵循家长所制定的规则，经常使用命令和责难的方法，强迫孩子顺从自己的意志。专制型家长很少主动倾听孩子的意见，他们主观蛮横，在外人面前从不考虑孩子的自尊心。他们不鼓励孩子提问、探索、冒险及主动做事，较少对孩子表现出温情，对孩子过于苛刻，追求完美主义，不能容忍孩子的错误，一旦犯错，便对孩子执行严厉的处罚。

这种教养态度类型在某种情况下，对父母而言可能比较省事，但会抑制甚至破坏孩子的自尊心和自主性，孩子也没有从父母那里得到温情，他们不懂得如何恰当表达自己的情绪和想法，在人际关系或处事能力上，也可能会碰到许多困难。这些不可取的态度行为容易使孩子失去直面挫折的信心，感到无助和挫败，无法形成良好的学习习惯和培养独立学习的意识与能力。

在这种家庭里，家长在孩子心目中的威信往往不高，孩子只是表面屈服"高压政策"，平时孩子往往会显得很拘谨和敏感，常常处于紧张与恐惧的状态。同时，孩子为了避开父母的惩罚，可能形成习惯性说谎，或者搞"两面派"。而且，随着孩子年龄的增长，孩子极易形成逆反心理，甚至造成严重后果。这种类型的家长虽然本意是为了孩子好，但是这些消极态度容易使他们未能正确地引导和帮助孩子，反而容易加深父母与孩子之间的隔阂，减少父母与孩子之间的有效沟通，长此以往，不利于孩子很好地控制自己的行为、思维和情绪。处于叛逆期的青少年甚至会开始质疑自己的学习能力，以至于在不断自我暗示和自我验证的过程中失去了对自主学习行为的掌控能力。

2）溺爱型

民间有一句谚语："惯子如杀子，溺爱出逆子。"爱孩子本身是教育的一种，爱得合理、恰当，可以使孩子感到安全、温暖，激发其求知欲及探索动机，成为其健康成长的力量；但若是溺爱纵容，则会害了孩子。家长不从社会关系的角度来履行自己的教育责任，不是理智地去爱孩子，而是潜意识里把孩子视为私有财产，给予孩子的物质消费超过实际所需要的数量和质量，对孩子的行为没有或很少给予规范化要求。对孩子过分宠爱，无原则地满足和照顾，忽略孩子的人格发展，注重孩子的物质需求，容易使儿童缺乏必要的生活自理能力。"惯子不孝，肥田收瘪稻"就是这个道理。

这类家庭里的孩子往往承受挫折的能力较差，懒惰、意志薄弱、缺乏自理能力，动手和动脑能力一般;在上学后,文化成绩一般不好,行为随意,任性且不善于交往,应变能力差,长大后容易沾染不良嗜好,极易成为社会不良分子的"捕猎目标"。

3) 放任型

放任型的家长秉承"无为"的教育态度,对孩子的教育缺乏责任感或耐心,或认为"树大自然直",对子女放任自流。放任型教养态度的家庭里,家长各管各的事,不关心孩子的成长和发展,不为孩子立任何规矩,家庭很少发挥教育孩子的职责与功能,孩子由于缺乏必要的教育引导而出现各种思想和行为问题。

放任型教养方式的好处看似是可以给孩子留下很大的自由发展空间与自我管理能力,使孩子随心所欲、无拘无束、自由发展与伸展,个性能够得到充分的施展与释放。但是,孩子在成长的过程中需要有指令的约束,这并不是要束缚他们,而是给予他们明确的行动方向,满足儿童对安全感和确定性的需要。放任不管的孩子通常学习成绩也不是很好,没有家长的正确引导和必要的规则约束,孩子难以养成自觉学习的习惯。在放任型的教养方式下,孩子容易没有规则意识和责任心,甚至会出现行为放纵。

4) 民主型

民主型的家庭氛围一般是健康的、民主的、和谐的,家庭成员之间平等、关爱、尊重。平辈之间团结互助,夫妻之间亲密和谐,长幼之间平等尊重。民主型的家长能够理解孩子的个性特点及内心想法,经常以合理、温和的态度对待孩子,他们站在引导和帮助孩子的立场上,经常与孩子协商,制定合理的标准,并解释道理,讲究方法和策略,宽严适度,放管结合。即父母尊重孩子的自主和独立性,又坚持一定的原则,给予孩子充分的独立与自由,注重孩子个性的全面发展。在生活上,家长鼓励孩子自理、自立,引导孩子合理消费;在学习上,追求能力可及的高标准;指导孩子适当克制自己的情绪,养成良好的行为习惯,具备一定的自我调节能力。

在这种教养方式下成长起来的孩子,心情愉快,独立性强,有社会责任感,能够很好地与他人合作。父母的这种教育方式,使孩子能够形成一些积极的人格品质,如活泼、快乐、直爽、自立、彬彬有礼、善于交往、富于合作、思想活跃等。

2. 家庭其他因素

研究发现,家庭教育资金投入影响青少年的学业成绩。投入一定的校外教育资金,后期学业成绩相对较好,但过度的资金投入会给青少年带来一定的学业负担;当投入金额到达一定数额后,学业成绩会随着投入金额的增多而降低。同时,校外教育资金投入也通过影响青少年参加校外教育(辅导班、兴趣班)的学习时间投入对学业成绩发挥影响与作用。农村青少年获得的家庭教育投入以及在学习上的时间投入均比较少,具体表现在校外教育资金投入、家长教育参与以及青少年参加校外教育的学习时间投入上。但相较于城市青少年,农村青少年的学业成绩受这些因素的正向影响更大,负向影响更小。另外,城市青少年在校外教育资金投入和学习时间投入上处于过度状态的比例更高,应注意保持适度原则。

处于青少年时期的学生心理水平呈现半成熟性和半幼稚性,既追求独立,又渴望得到父母的肯定、尊重、理解和赞美。因此,父母要尽自己所能,对孩子的学业进行辅

案例分析 4-2

导,及时与孩子进行沟通和交流,了解孩子的困难和需求,这不仅有利于帮助孩子树立学习信心,还可以提高孩子学习的积极性和主动性,增强其自主学习能力。

(三)学校因素

1. 学校的质量对学习成效的影响

学校的质量对学习成效有一定程度的影响。在规模较大、教学制度刻板的中学里,有些学生会抱怨班级缺乏关心和帮助,学生学习动机不高。一项追踪研究显示,如果课堂上老师能够认真辅导,同学之间互相鼓励、互相尊重,学生的学习动机和认知自我调节都会有所增强。青少年在学校感知到的学校氛围越积极,学习投入水平可能就越高。好的中小学通常气氛井然有序又不压抑,师生充满活力、精力充沛。

喜欢自己学校的学生一般学习成绩较好,心理也很健康。得到老师和同伴支持的青少年一般都很满意自己的学校。在对学生因材施教的学校,学生收获更大,学生的实践性智力或创造性智力会得到很好的发展。

2. 师生关系对学习的影响

学生"亲其师,信其道",良好的师生关系能够让学生认识到学习活动的重要价值,从而落实到学习活动中去。青少年可以从教师那里学习知识,获得学习上的帮助。教师是青少年学习活动的领路人,教师和学生之间的良性互动能够促进学生对教师的认可以及对教师所讲授知识的认可,让学生更加认真地对待学习活动。对于师生关系不好的学生来说,学生与教师之间的互动就会减少,学习上存在的困难也会慢慢积累起来,导致学生学不懂、学不会,学习投入也会随之下降。

教师在教学中,要注重给予学生情感与学业两方面的支持,关心学生的情感需要,尤其是对于那些内向、缺乏安全感的学生,更要通过教师的支持和鼓励,给予学生温暖,让学生打开心扉。在学业上,教师要根据学生认知发展的特点布置教学任务。对于学生在学业上遇到的困难和问题,教师应予以充分的重视,尊重学生之间的差异和个性,以学生更容易接受的方式去解答,并做到因材施教,联系学生实际与兴趣,激发学生主动探索的热情,让学生积极探索,主动学习。

3. 同学关系对学习的影响

同伴关系在青少年的学习中发挥着举足轻重的作用。父母如果很重视孩子的学习成绩,孩子通常也会选择具有同样价值观的同伴做朋友。很多孩子在交朋友时一个很重要的标准就是对方是否学习成绩较好,他们在一起时做的事情也是做作业等学习活动。良好的同伴关系会对青少年各方面的发展产生积极影响。例如,那些在升学过渡期和朋友接触较多、友谊水平较高的学生对自己和学校都有更积极的感知。

同学是和青少年日常接触时间最长的伙伴,无论是课上还是课下,青少年和他的同学交往的时间更长,形式更加多样。青少年和同学一起接受课堂教学,课下讨论学习问题,从事课外活动。青少年的同伴交往不仅可以使同学之间通过社会比较,对自己有一个更加清晰的认识,还可以相互帮助,取长补短,在日常接触中以同伴作为榜样进行学习,更加积极地去面对学习中的挑战。同伴关系能否促进学习成绩,还要看同伴文化。跟那些不学无术的"坏孩子"交朋友的青少年可能会受到"学习无用"等观念的影响，形成消极的学习态度。

（四）社会因素

1. 社会风气对学生学习的影响

学生并非生活在社会的真空里，或多或少地要受到社会不良风气的影响。当今社会，还存在着一些如吃喝风、高消费、攀比风、走后门等不良风气，拜金主义、享乐主义、极端个人主义等人生观也时刻腐蚀着青少年，各种渲染暴力恐怖、淫秽色情的影视及电子游戏、黄色书刊也会严重毒害青少年的心灵，误导他们的行为，使部分学生在是非美丑面前失去判断，甚至深陷其中、不能自拔。受不良因素影响，部分学生奉行享乐主义的人生观、个人本位的价值观、是非模糊的道德观，特别是学生耳闻目睹的社会不正之风，使他们既痛恨又无奈，联想到自己的未来，不知道自己在未来的社会中占据什么位置，如何发挥自己的作用，实现自己的价值，这种情绪分散了他们的注意力，降低了他们的学习积极性。

2. 网络对学生学习的影响

网络是一把双刃剑，既有积极作用，也有消极作用，关键取决于人们如何使用它。对学生而言，他们的主业是学习。青少年对网络的成瘾问题不容小觑，不少青少年难以抵抗游戏和短视频的诱惑，这耗费了他们大量的学习时间和休息时间，极大地影响了他们的学习。长此下去，便会导致睡眠更加不足，学习成绩直线下降，最终失去学习的兴趣，导致厌学、流失到学困生的行列中去。过分沉溺于网络，会使得青少年的性格越来越孤僻、寡言少语，使得青少年的心灵越来越封闭，与他人在生活中的交流、沟通越来越困难。互联网中的不良信息和网络犯罪对青少年的身心健康和安全构成了危害和威胁，甚至使青少年落入犯罪的深渊。长时间连续上网会造成青少年情绪低落、眼花、双手颤抖、疲乏无力、食欲不振、焦躁不安、血压升高、植物神经功能紊乱、睡眠障碍等，这将极大地影响青少年的身体健康，对青少年学习的负面影响就不言而喻了。

⛵ 本章小结

1. 皮亚杰把认知发展过程划分为四个主要阶段：感觉运动、前运算、具体运算和形式运算。青少年时期处于形式运算阶段，此时青少年的思维更加灵活、抽象，能够验证假设，能够进行复杂推理，在问题解决过程中能够考虑多种可能性。

2. 青少年在形式运算阶段能够使用命题思维，能够推论脱离现实的假想问题，可以进行假设演绎推理。

3. 信息加工理论认为，人的认知就像计算机包含硬件和软件一样，也包含心理硬件和心理软件。心理硬件指的是认知结构，包括存储信息的各种记忆。心理软件包括组织起来的认知过程，它使人们能够完成特定的任务。

4. 学习是指学习者因经验而引起的行为、能力和心理倾向的比较持久的变化。学习可以引申到学习动机、学习迁移、学习策略方面。学习动机是指激发个体进行学习活动、维持已引起的学习活动,并致使行为朝向一定的学习目标的一种内在过程或内部心理状态。学习迁移指的是一种学习对另一种学习的影响。学习策略是指学习者为了提高学习的效果和效率,用以调节个人学习行为和认知活动的一种抽象的、一般方法。影响学习成效有多种因素,包含个人因素、家庭因素、学校因素、社会因素等。

本章思考题

1. 简述青少年的形式运算能力在研学旅行中的影响。
2. 简述研学旅行会对青少年的学习产生的影响。

在线答题

第五章
青少年情感发展与研学旅行

 本章概要

青少年阶段是一个从儿童向成人过渡的特殊发展阶段,面临心理发展的各类矛盾和挑战,急剧的身体发育、激素水平变化和社会文化变迁等容易使青少年的情感与情绪产生不小的变化。情感与情绪是人们对客观事物能否满足自身的需要而产生的一种态度体验及相应的行为方式。青少年丰富的情感体验有助于他们深入了解自己的情感以及提高自我情绪控制与管理的能力。要根据青少年的品德发展特征,发挥青少年研学旅行的德育功能,促进青少年社会主义核心价值观的培育。

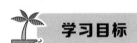

知识目标

1. 了解青少年情感与情绪发展的一般特点,掌握青少年研学旅行中的情感与情绪特点。
2. 了解青少年品德发展的一般特点,掌握青少年研学旅行中的品德特征。

能力目标

1. 能够理解和分析青少年在研学旅行中的情感与情绪发展情况。
2. 在研学旅行中掌握青少年的情感与情绪表现,形成科学合理的研学指导方式。
3. 能够理解和分析青少年研学行程中的品德发展,助推研学旅行的德育功能的发挥。

思政目标

1. 研学旅行中初步纠正青少年的负面情绪,引导理性、平和的情绪状态。
2. 掌握青少年的情感发展规律,促进青少年形成积极的、正面的情感状态,如爱国感、民族自豪感、社会责任感、道德感、使命感等。
3. 掌握青少年的品德发展特征,促进青少年社会主义核心价值观的培育。

青少年心理学

 知识导图

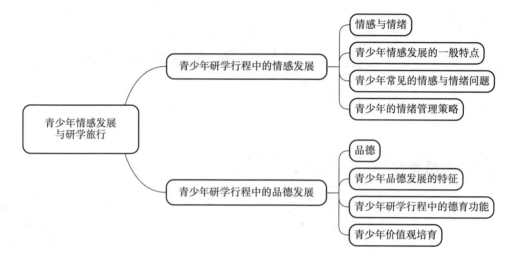

 章节要点

情感:是人对客观事物是否满足自己的需要而产生的态度体验。情感是人对客观现实的一种特殊的反映形式,它是人对待外界事物的态度,是人针对客观现实是否符合自己的需要而产生的体验。

情绪:是对一系列主观认知经验的统称,是人对客观事物的态度体验以及相应的行为反应。一般认为,情绪是以个体愿望和需要为中介的一种心理活动。

品德:即道德品质,也称德性或品性,是个体依据一定的道德行为准则行动时所表现出来的稳固的倾向与特征。

青少年价值观:是指青少年对生活中的各种现象和事物是否能够满足自身需求所进行评价和判断时所持有的基本看法及观点。

第一节 青少年研学行程中的情感发展

一、情感与情绪

(一)情感与情绪的含义

《心理学大辞典》中认为,情感是人对客观事物是否满足自己的需要而产生的态度体验。也就是说,情感是人对客观现实的一种特殊的反映形式,它是人对待外界事物的态度,是人针对客观现实是否符合自己的需要而产生的体验。

人的情感是由什么决定的呢?是否能够满足人们的需求是其中最关键的因素。若是能够满足人们的需求,则会引起积极性质的体验,如开心、快乐、满足等;若是不能够满足人们的需求,则会引起消极性质的体验,如难过、哀伤、愤怒等。情感是特殊的,其特殊性质是由这些需求、渴望或意向决定的。由于需求的复杂性,人们与重要事物之间的需求关系会导致情感的变化,具体表现在以下几点:其一,因不同需求而导致不同的情感;其二,某个事物对需求的满足程度或对需求的阻碍程度而导致不同的情感;其三,某个事物和需求之间的关系会导致不同的情感。

知识活页

马斯洛需要层次理论

一、生理需要

生理需要(Physiological Needs),属于低级需要,包括食物、水分、空气、睡眠、性的需要等。它们在人的需要中最重要、最有力量。

二、安全需要

安全需要(Safety Needs),属于低级需要,人们需要稳定、安全、受到保护、有秩序、能免除恐惧和焦虑等。

三、归属和爱的需要

归属和爱的需要(Belongingness and Love Needs),指一个人要求与其他人建立感情的联系或关系。

四、尊重需要

尊重需要(Esteem Needs),指自尊和希望受到别人的尊重。自尊的需要使人相信自己的力量和价值,使得自己更有能力,更有创造力。缺乏自尊,使人自卑,没有足够信心去处理问题。

五、自我实现需要

自我实现的需要(Self-actualization Needs),指人们追求实现自己的能力或者潜能,并使之完善化。在人生道路上,自我实现的形式是不一样的,每个人都有机会去完善自己的能力,满足自我实现的需要。

资料来源 https://baike.baidu.com/item/%E9%A9%AC%E6%96%AF%E6%B4%9B%E9%9C%80%E6%B1%82%E5%B1%82%E6%AC%A1%E7%90%86%E8%AE%BA/11036498.

什么是情绪?对情绪的解释,不同的心理学著作对此有不同的理解和认识。本书认为,情绪是对一系列主观认知经验的统称,是人对客观事物的态度体验以及相应的行为反应。一般认为,情绪是以个体愿望和需要为中介的一种心理活动。它是人们对于自己所处的环境和条件,对于自己的工作、学习和生活,对于他人的行为的一种情感体验。因此,情绪这个概念又与情感这一概念相对应。

情绪总是在一定的情境中产生的,在不同的情境中情绪会表现出不同的体验特质。情绪体验的复杂度依从于快乐、悲哀、恐惧、愤怒等几种原始情绪的组合情况。情绪可以分为出生就具备的"基本情绪"和后天习得的"复杂情绪"。"基本情绪"主要包括喜悦、愤怒、悲伤、恐惧、厌恶和惊奇;常见的"复杂情绪"则包括内疚、害羞、骄傲等。情绪是一种内部的主观体验,但在情绪发生时,又总是伴随着某种外部表现。这种外部表现也就是可以观察到的某些行为特征。这些与情绪有关的外部表现,叫表情。

表情是在情绪状态发生时身体各部分的动作量化形式,包括面部表情、姿态表情和语调表情。面部表情是所有面部肌肉变化所组成的模式,如高兴时眉头舒展、面颊上提、嘴角上翘。面部表情模式能精准地表达不同性质的情绪,因此,它是鉴别情绪的主要标志。姿态表情是指除面部外的身体其他部分的表情动作,包括手势、身体姿势等,如人在痛苦时捶胸顿足,在愤怒时摩拳擦掌等。语调也是表达情绪的一种重要形式,语调表情是通过言语的声调、节奏和速度等方面的变化来表达的,如高兴时语调高昂,语速快;痛苦时语调低沉,语速慢。

 知识活页

人类情绪一共27种

俗话说,"人有七情六欲"。有研究指出,人类有快乐、悲伤、愤怒、惊讶、恐惧和厌恶6种基本情绪。发表于《美国国家科学院院刊》的一项研究发现,人类的情绪其实共有27种。

美国加州大学伯克利分校研究人员共收集了时长5—10秒的2185段视频,内容包括出生、结婚、死亡、自然灾害等。研究人员要求800多名参与者各观看其中30个静音状态的视频,并对他们的情绪做了记录。

参与者被分为三组。第一组人员的任务是自由报告他们所感受到的情绪。研究人员称,这些回答反映了一系列丰富而微妙的情绪状态,也由此发现了27种情绪:钦佩、崇拜、欣赏、娱乐、焦虑、敬畏、尴尬、厌倦、冷静、困惑、渴望、厌恶、痛苦、着迷、嫉妒、兴奋、恐惧、痛恨、有趣、快乐、怀旧、浪漫、悲伤、满意、性欲、同情和满足。第二组人员被要求对比观看视频引发的各种情绪,按照情绪强烈度排序。第三组人员的任务是将他们的情绪反应用数字1—9的形式展示出来。研究人员发现,参与者感受到的情绪基本上是一致的,并且每种情绪并非孤立的,通常与其他情绪"互联互通",比如痛恨和悲伤、怀旧和浪漫等。

研究负责人艾伦·考恩表示,人们的情绪表现比想象中更丰富、更细微,"我们想要阐明人类内心世界的所有情绪。"他认为,研究结果将有助于更准确地捕捉人的心理状态、大脑活动和情绪表现,从而推动心理疾病的治疗。

资料来源 http://health.people.com.cn/n1/2018/0815/c14739-30229519.html.

（二）情感与情绪的关系

情感与情绪是既有区别又有联系的两个概念。情感是与社会需要相联系的内心体验，如荣誉感、责任感、集体感、道德感、爱国感等。情绪是与生理需要相联系的内心体验。例如，由于得到满足而产生的快乐，由于他人违反规则而引起的愤怒，由于与朋友分别而产生的悲伤，由于安全受到威胁而引起的恐惧等。

1. 情感与情绪的联系

情感与情绪有密切的联系。一方面，一个人的情感和情绪是相互统一、同频变化的，情感能够从根本上影响情绪的表现，情绪也会受到情感变化的制约。另一方面，情感是情绪的本质内容，情绪是情感的表现形式。

情感与情绪是人们对客观事物能否满足自身的需要而产生的一种态度体验及相应的行为方式。个体心理活动的重要组成部分就包含了情感与情绪，情感与情绪是我们人类生活丰富性和生动性的重要内容。情感与情绪与个人的需要紧密联系，当我们去梦寐以求的地方游玩旅行，客观事物能够满足我们的需要时，就会产生积极的情绪体验，比如我们会感到心情愉悦和幸福感；当考试成绩没有达到预期目标时，客观事物不能满足自己的需要，就会产生消极的情绪体验，比如我们会感到心情沮丧和痛苦难过。正因为人类有情感与情绪的体验，我们的内心世界会随着外界事物的变化而变化，内心世界的丰富多彩让这个世界如此绚丽多姿。

2. 情感与情绪的区别

从情感与情绪的引发源来看，情感是由对事物复杂意义的理解而引起的，如通过辛苦努力在某项比赛获得了优异成绩而产生的荣誉感；明确了自己工作的重大意义而产生的责任感；了解到他人的不良品行而产生的厌恶感等。情绪则是由对事物直观的感觉或知觉直接引起的，如看见鲜艳的红色会让人感到热情和活力；闻到芬芳的花香会使人感到愉悦和舒畅；听见缓慢而哀愁的曲调会让人心情低沉和悲伤等。

从情感与情绪的持续性来看，情感相较于情绪更具有稳定性和持久性，情感不会因为情境的变化而变化。如友谊感，不会因为朋友的成功与否而影响友谊的深浅；如爱国感，不会因为祖国发展的好坏而影响我们始终热爱祖国的那颗心；如道德感，不会因为他人是否妥当的行为而降低我们自己的道德标准。情绪相较于情感，具有极大的情境性和暂时性，情绪通常是由某些特定情境引起的，随着情境的改变和需要的满足而减弱或消失。如遇到有利于自己的事情，自身的需求得到满足时，人们会感到开心和满足；遇到不利于自己的事情，自身的需求无法得到满足时，人们会感到难过和失落。所以，情绪是不稳定的。

从情感与情绪的层次和特有性来看，相较于情绪，情感是高级的、复杂的内心体验，是只有人类所特有的心理现象。而相较于情感，情绪是比较低级、简单，不是只有人类具有情感，动物也常有情绪的发生。由于受到社会生活条件和文化教育的影响，人类产生的情绪和动物产生的情绪是有一定区别的。

总之，情感是指对行为目标目的的生理评价反应，而情绪是指对行为过程的生理

青少年心理学

评价反应。然而,面对同一事物,不同需要的人往往会产生不同的情感与情绪。例如,同样是下雨了,有的人高兴,有的人伤心。为什么?因为需要不同。下雨了小男孩不能出去踢球了便很伤心,下雨了农民不用给农作物浇水了便很高兴。一般来说,那些与人的需要没有直接关系的客观事物或事件,作为一种中性刺激物,是不会引起个体的情感和情绪的。中小学生丰富的情感体验有助于他们更深入地了解自己的情感,以及提高自我情绪控制与管理的能力。在研学旅行的内容设计中,研学指导师应当提供能使得学生产生多种情绪情感体验的情境,增强学生对情绪的自我控制与管理能力。

(三)情感与情绪的功能

1. 信号功能

情感与情绪是人与人之间相互联系,相互影响的一种重要手段,起到了信息交流的作用。人们通过情绪与情感,表达自己的内心愿望、需求或观点,并对他人造成一定的影响。情感与情绪的信号功能重要实现途径是人们的表情。人的表情主要有三种表现形式:面部表情、语言声调表情和身体姿态表情。通过以上三种表情的传递,人们的态度和观点更形象也更具有表现力,容易被他人感知和接受。人类的面部表情和身体姿态表情作为"非语言符号",可以表达出语言所不能表达或不便表达的心理活动,是人们人际交往中的重要途径。例如,当我们去判断一个人是否说谎时,我们很难通过语言来判断他是否说谎,但是可以通过他的表情来判断。说谎的人有一些大概率发生的表情可以被人们加以总结,如面部表情会不太自然,目光要么游移不定要么假装真诚得过头,也许还伴随触摸鼻子、触摸下巴、夸张的手势等小动作。这些表情所传递的信息,有助于人们做出正确的判断。

2. 适应功能

情感与情绪是人们适应环境、适应社会的一种重要方式。婴儿刚出生时,还不具备独立生存的能力,这时主要依靠情绪来传递信息,例如,伤心的哭泣会引起看护者的关照。婴儿早期出现的微笑或者好奇的表情,使看护者知道他们的小宝宝愿意并渴求与他们建立社会关系。后来出现的恐惧和伤心的表情暗示婴儿感到不安全或者情绪低落,需要被照顾。婴儿的愤怒可能表示看护者正在做的事情让他不高兴,应该停止,而愉快则是在告诉看护者他希望能继续现在的交往或愿意接受新的挑战。在青少年的生活中,人们也是通过各种情感与情绪来了解自身和他人的处境与状况,以适应社会的需要,求得更好的生存与发展。例如,青少年在与父母、老师或同学的交往中,能够通过察言观色了解他们的情感和情绪状态,在此基础上采取适当的措施来回应与父母、老师或同学的人际关系,从而更好地适应家庭和校园生活。

3. 动机功能

情感与情绪和动机有着一定程度的关系,情感与情绪可以影响行为的动机状态。首先,情感与情绪对于生理内驱力具有放大的作用。例如,内驱力的信号(如食物、水、氧气等生理需要的信号)需要经过一种媒介的放大,才能驱使有机体去行动。其次,情

案例分析

感与情绪不仅能放大内驱力的信号,而且有时候它本身就是一个动机系统,能以一种与生理性动机或社会性动机相同的方式激发和引导行为。例如,有的学生之所以愿意参加研学旅行活动,是因为学生了解到研学旅行能走出校园,去到更加广阔的环境中,走进大自然亲身经历实践,进入社会开展体验活动,知道研学旅行将带给他们开心、喜悦和满足等情绪,这种积极的情绪成为学生愿意参与研学旅行活动的动力。而有的学生不愿意参加研学旅行活动,可能是因为研学旅行让一些"恋家"的、平时比较依赖父母而没有养成生活独立能力的学生感到不适应、难过和悲伤等情绪,所以这种消极的情绪让学生不愿参与其中或者想要提前结束,返回父母的怀抱中。

4. 组织功能

情感与情绪对其他心理活动具有组织的功能,积极情感与情绪具有调节和改善的作用,消极的情感与情绪具有破坏、瓦解的作用。积极情感与情绪对人的行为起到积极、促进的作用,促进个体的认知发展,有利于提高人们的学习和工作效率,调节人们的身心状态,如高兴、振奋、踊跃等情绪能提高人的自主能动性。消极情绪对人的行为可能起到消极、抑制的作用,阻碍个体的认知发展,减弱个体的正常水平发挥,不利于人们的身心状态,如悲伤、惊恐、抑郁等情绪会削弱人的自主能动性。消极情绪也可能成为积极的力量,如化悲痛为力量就是其中积极的表现。适度的焦虑不仅没有坏处,还可以提高学习效率,而人们没有一定的愤怒感和痛恨感也就难以形成正义感。因此,我们既要善于运用积极的情感与情绪促进学习和工作,也要尽量减少消极的情感与情绪的负面作用,还要善于把一些消极的情感与情绪转化为积极的能量。

二、青少年情感发展的一般特点

小学阶段,儿童在教育与教学的熏陶下,情感的展现形态、内涵以及品质特征,如稳定性、深刻性和概括性等,均得到了显著的发展。小学时期的孩子们情感丰富,然而,由于他们的情感控制能力尚未成熟,因此容易受到外界的影响,产生多变且不稳定的情感。

进入中学阶段,随着生活环境的变迁和教育要求的提高,青少年的情感发展展现出了新的特点。青春期的生理变化为青少年的情感增添了独特的色彩。观察他们的日常生活,我们可以从他们的平均情绪状态和情绪体验的变化中窥见一二。高中阶段,消极情绪有所降低,但值得注意的是,女孩在消极情绪中的沉浸时间有可能长于男孩。

概括来说,青少年情感的发展主要体现出以下几个显著特征。

(一)充满热情,富有朝气

随着青少年自我意识的日渐觉醒,他们的情感体验变得丰富多彩,不仅具备了多种自我情感,如自尊、自卑、自负等,还孕育出了一系列高级的社会性情感,如社会责任感、民族自豪感、个人使命感等。他们热情奔放,对于自认为正确的观点和行为,往往争得面红耳赤。他们心系国家,对国家的未来充满了关切和期待。然而,青少年在情

拓展阅读
5-1

感调节和控制方面尚显稚嫩,如情绪高涨、充满热情、活泼愉快、富有朝气。他们的情感丰富而强烈,善于表达,与成年人相比,他们更加生动活泼、充满生机。他们怀揣着对未来的美好憧憬和幻想,往往是英雄事业和英雄行为的热烈追求者。但同样,他们也可能会因一言不合而大打出手,因小问题而争论不休,甚至因失败而痛苦不堪。青少年的情感充满了高度的兴奋性。

(二)情绪情感的两极性

青少年情感最显著的特点就是其两极性的展现。例如,当他们取得好成绩时,会表现得极为高兴,欢呼雀跃,心里像吃了蜜一样甜;然而一旦遭遇失败,又可能陷入深深的苦恼之中。他们常常怀有为真理献身的热情,渴望创造出惊人的业绩,但也可能因为盲目的狂热而做出愚蠢甚至错误的事情。因此,有人将青春期形容为疾风怒涛的时期。

1. 情感两极性的表现

这种情感的两极性,在青少年的情感表现中有着多种形式:其一,表现为情感的肯定和否定,如满意与不满、愉快与悲伤、爱与憎等;其二,体现在积极增力或消极减力的影响上,愉快的情感能够催人奋进,而悲伤的情感则可能削弱人的活力;其三,表现在紧张与轻松、激动与平静等状态的对比上;其四,还反映在情感的程度上,从轻微到强烈,从浅显到深刻,无不体现出情感的复杂性和发展水平。

2. 青少年情感的两极性

青少年很容易动感情,他们的情绪情感比较强烈,带有明显的两极性。在外部情绪上,他们既可能表现出强烈而狂暴的一面,又可能展现出温和而细腻的特点。他们的情绪时而稳定,时而多变。在情绪表达上,他们既可能内向而隐蔽,又可能外向而显现。而在内心世界里,他们的情感更是充满了矛盾与冲突,既有坦白与隐瞒、真实与虚伪,又有自我批判与自我安慰。他们对异性的朦胧情感,更是这一阶段情感生活的独特主题,然而这种情感又往往难以言表,只能深藏心底,带来无尽的烦恼与忧伤。在网络普及的今天,他们更倾向于借助网络来表达自己的情感,这也是他们情感表达方式的一种新的尝试。

意志的两极性在青少年身上体现得尤为明显。在这一阶段,他们既展现出积极进取的一面,也展现出消极懒散的一面。在学习和生活中,他们既能够认真谨慎、追求卓越,又可能马虎粗心、得过且过。这种两极性反映了青少年在成长过程中的探索与挣扎,他们正在试图找到自我,确立自己的价值观和目标。

人际关系的两极性也是青少年时期的一个重要特点。在与父母的相处中,青少年既能够体谅父母的不易,表现出懂事和成熟的一面,又可能因为叛逆和独立意识的增强而与父母产生冲突和矛盾。在与朋友、同学的相处中,他们既能够珍惜友情,表现出亲近和友爱的一面,又可能因为个人空间和自我保护的需要而表现出冷漠与疏离的一面。这种矛盾的情感体验反映了青少年在人际关系中的复杂性和变化性。

青少年时期也是个体移情能力发展的重要阶段。他们更能够感知到他人的情绪,体验到他人的喜怒哀乐,从而在情感上产生共鸣和同情。这种移情能力使得青少年能够更好地理解他人,增强与他人的情感联系,同时也使得他们更容易受到他人情绪的影响,产生情绪波动和变化。

为何青少年的情绪情感会展现出如此鲜明的两极性呢?这背后其实隐藏着两大深刻的原因。

其一,青少年正处于身心全面发展的关键时期。在这个阶段,他们面临着社会各种复杂关系和因素的交织影响,心理层面出现了众多矛盾。这些矛盾在情绪情感上尤为突出,主要体现在日益增长的各类需求与他们对这些需求合理性认识的不足之间的冲突。青少年的需求中既有合理的部分,也有不合理的成分,而社会现实同样充满了合理与不合理的交织。当他们的合理需求在现实中无法得到满足或实现时,如渴望优质的学习环境、正当的职业机会、正确的领导以及更加完善的社会等,若遭遇困境又无从求助,他们往往会陷入苦恼、愤懑、嘲讽或绝望等负面情绪。另外,即使他们的需求本身是合理的,但如果过于理想化或不切实际,并且未能得到成人社会的正确引导和认知,同样会导致急躁、不满或消极的情绪滋生。这种需求与社会现实的矛盾交织,成为青少年复杂、波动且强烈的情绪情感产生的主要源泉。

其二,青春发育期的生理变化也是情绪情感两极性显著的重要原因。在这个时期,性腺功能开始显现,性激素的分泌会通过反馈机制增强下丘脑的兴奋性。这使得下丘脑神经过程总体上表现出一种亢进的兴奋状态,这与大脑皮质的原有调节控制能力形成了一时的冲突,导致大脑皮质与皮下中枢的平衡被暂时打破。这种生理层面的变化,可能正是青春发育期的中学生情绪情感展现出明显两极性的生理基础。

青少年的情绪情感之所以呈现出如此鲜明的两极性,既源于他们身心发展的内在矛盾和社会现实的需求冲突,又受到青春发育期生理变化的深刻影响。这种两极性是他们成长过程中的必然表现,也是我们理解和引导他们情感发展的重要依据。

(三)心理断乳与反抗情绪的表现

青春期的少年们,正身处一个特殊的阶段——心理断乳期。此时的他们,情绪如潮水般起伏不定,心理上尚未完全成熟,却自我意识逐渐觉醒,热切地渴望着得到他人的认同与理解。正因如此,我们更应倾注心力,精心涵养他们的人格与心灵,如同呵护一棵刚刚发芽的幼苗。扣好人生的第一粒扣子,不仅需要青少年自身的努力与坚持,更需要社会的关爱与引导。正如爱因斯坦所言:"照亮我的道路,并且不断地给我新的勇气去愉快地正视生活的理想,是善、美和真。"我们应以真善美为引导,培养青少年的价值观世界,用科学的教育方法培育他们健全的人格,唯有如此,才能从根本上杜绝校园暴力的滋生。

青少年的反抗情绪,其表现形式纷繁复杂,我们可以将其归结为以下三个方面。

1. 青少年反抗情绪的表现时机

究竟在何种情境下,青少年容易展现出强烈的反抗情绪呢?根据我们的观察与记录,青少年通常在以下几种情况下表现出反抗情绪:一是当他们的心理性断乳受到阻碍时,他们渴望独立,但父母或教师却未能及时适应这一变化,仍以过度的关心与干涉来对待他们;二是当他们的自主性被忽视,感到受到压抑时,如果成人对他们的主张置若罔闻,将他们置于绝对的支配之下,他们便会奋起反抗;三是当青少年的人格展示受到阻碍时,比如当成人只关注他们的学业成绩,而忽视他们在人格发展上的需求与活动,这往往会引起他们的不满与反感;四是当成人强行要求青少年接受某种观点时,他们通常会拒绝盲目地接受,而是会坚持自己的思考与判断。

2. 反抗情绪与代沟的问题

社会上,常常将青少年的反抗情绪与代沟相提并论,然而这两者虽有联系,却并不等同。代沟(Generation Gap),这一个由美国人类学家米德在20世纪60年代提出的概念,描述的是两代人之间因历史、环境和生活经历的不同而产生的心理距离或隔阂。在青少年的成长过程中,这种代沟现象尤为明显。两代人之间的关系,被称为代际关系。从儿童时期的无条件依恋,到青少年时期对独立自主的渴望,青少年开始试图改变与成人的关系,期望得到更多的尊重与理解。如果成人能够尊重他们的思想和行为,以平等的态度对待他们,那么他们便能够建立起良好的代际关系;反之,则可能引发青少年的反感与抗议。因此,虽然代沟并非青少年反抗情绪的唯一原因,但它无疑是一个重要的影响因素。

3. 交往方式的不当

青少年与成人之间的冲突与反抗情绪,很多时候源于交往方式的不当。如果成人能够采用更为民主、耐心的教育方式,如详细解释自己的要求与期望,尊重青少年的意见与选择,那么他们之间的冲突可能会大大减少。同时,也应关注青少年的升学压力与心理健康问题,通过科学的教育方法与心理辅导,帮助其顺利度过这一关键时期。

知识活页

代沟的解决方式

从一定意义上讲,代沟是社会进步的产物,也是晚辈超越长辈的标志之一。尽管年轻一代的心理发展尚不成熟,但他们代表着时代进步的趋势。因此,青少年与父母辈的代沟现象并不可怕,既不要夸大,也不要贬低,只有正视它,才能加以弥合。下面,我们以家庭中的代沟问题为例,看看可以如何对待。

1. 角色互换,这是弥合代沟的有效方式之一

在家庭生活中,父母与子女所承担的角色与义务有很大差别,对同一问题,各自的思维方式、行为取向以及考虑问题的出发点等也大不相同,因此,互相之间往往难以理解。而通过角色互换,让父母站在子女的角度上考虑问题,子女则站在父母的角度上考虑问题,就能使双方理解做父母与做子女各自的难处,各自的心理需求和行为动因,消除彼此间的隔阂。

2.相互尊重,这是弥合代沟的重要条件

青少年特别渴望得到父母和周围成人的尊重,而在有些父母的心目中,子女永远是自己的孩子,忽视了他们独立的意向和人格的尊严,从而导致子女心理上的对立和抗拒,使得两代人之间更难沟通。反过来,有些子女往往在经济等方面对父母有过分的要求,或者不尊重父母在自己身上所付出的辛劳和感情,这同样会引起父母的失望。

3.求同存异,也是弥合代沟的有效方法之一

生活在不同历史时代的两代人,在行为方式、生活态度、价值观、情感、理想、信念以及人生观、世界观等方面存在差异,这都是正常情况。这些差异,有的可以通过交换意见、沟通思想达到统一;有的则难以协调一致,会长期存在。如果没有求同,任由代沟差距扩大,两代人间将难以有效沟通;如果没有存异而一味求同,则代际冲突将更为激烈。

需要指出的是,代沟的"代"的内涵也在发生着改变。以前,一代大抵指20年,即父辈与子辈间的时间跨度。但现在,由于社会文化发展、更迭的速度在不断地加快,一代的时间跨度在不断地缩小至15年、10年、5年,甚至更短。也就是说,现在相差10年、5年甚至更短时间的两个年龄段的人之间,就会有代沟存在了。这种现象在快速发展的我国表现得尤为明显。

资料来源 https://baike.baidu.com/item/%E4%BB%A3%E6%B2%9F/107805.

（四）心态的不平衡性

青春期,这是一个半幼稚半成熟、独立性与依赖性交织、矛盾重重的特殊时期。青少年的内心如同一片波涛汹涌的海洋,充满了各种烦恼与困惑。他们时常陷入对自我形象的迷茫,不知道该如何在公众面前展现自己;与父母的关系也变得复杂微妙,难以捉摸;在同伴中的地位更是让他们感到无所适从。这些困惑与矛盾,导致了他们心态上的不平衡,呈现出一种复杂多变的状态。

美国心理学家霍尔,曾在他的著作中深刻阐述了青少年心态不平衡的实质与表现。他认为,青少年期是一个崭新的、充满人性特征的阶段,与幼儿时期的特征截然不同。随着身心的急剧发育,青少年的个性开始形成,变得热情洋溢、人类化和文明化。然而,这个阶段也是充满动荡与不安的,青少年常常体验到对立的冲动,导致心态的不平衡。

这种不平衡性在青少年的日常生活中表现得淋漓尽致。他们时而精神旺盛,充满活力;时而又感到疲倦不堪,无精打采。情绪在快乐与痛苦之间摇摆不定,时而得意洋洋,时而忧郁厌世。自我感增强,既自信满满,又时常怀疑自己的力量,担心未来,害怕受到伤害。生活不再是自我中心的,自私与利他之间交替出现。良心开始扮演重要角色,正义与谎言、好与坏的行为也在他们心中不断更替。此外,青少年的社会性本能也

呈现出同样的变化,如羞怯与害怕孤独、渴望社交与崇拜英雄等交替出现。

然而,这种心态的不平衡性并不是永恒不变的。随着青少年的成长和发展,他们的情绪情感逐渐从不稳定向稳定过渡,从两极性明显向稳定性发展。他们开始学会自我调节和控制情感,不再像过去那样容易冲动和失控。同时,他们的情感也变得更加内隐和曲折,不再轻易表露在外。

因此,我们需要理解和接纳青少年在心态上的不平衡性,并为他们提供必要的支持和引导。通过教育和引导,帮助他们建立健康的情感调节机制,提高挫折忍耐力,学会在面对困难时保持冷静和乐观。同时,我们也要深入了解他们的情感变化,不能仅凭表面现象来判断他们的内心世界,而是要通过深入细致的观察和分析,来理解和支持他们的成长。

研究发现,心理弹性较高的青少年在日常生活中的消极情绪水平较低,且能更好地保持情绪平衡。这为我们提供了一个重要的启示:在培养青少年的过程中,应注重提高他们的心理弹性,使他们能够更好地应对生活中的挑战和压力,保持健康的心态。

三、青少年常见的情感与情绪问题

(一)过度焦虑

在《红楼梦》中,林黛玉整日思虑过多,非常焦虑,年纪轻轻便撒手人寰。过度的焦虑使人消沉、沮丧、睡不着,这无异于对自己的折磨,相当于慢性自杀。

焦虑(Anxiety)是指个人对即将来临的,可能会造成的危险或威胁所产生的紧张、不安、忧虑、烦恼等不愉快的复杂情绪状态。焦虑本身是人类一种正常的情感反应,但是过度的焦虑就会造成情感性或生理性疾病。过度的焦虑会使人注意力难以集中、记忆力下降、烦躁、易怒、提心吊胆、惶惶不安,同时还可能出现失眠、食欲减退、坐立不安、肌肉紧张,以及自主神经功能的紊乱,如心跳加快、呼吸紧迫、心悸心慌、多汗等症状。

引起青少年过度焦虑的原因如下。

1. 适应困难

适应困难是指青少年由于所处的生活环境或学习环境的变化,对新环境不适应,又得不到外界的帮助和排解,因而引起焦虑。

2. 学习压力

学习压力是指青少年由于担心学业问题,自身渴望获得更高的学习名次或获得更好的考试成绩与实际情况矛盾而产生的一种焦虑和紧张的情绪状态。

3. 生理变化

青春期学生生理变化较大,如女孩开始发育胸部、月经到来、男孩开始变声,出现遗精的现象等,这种生理变化得不到父母或老师的科学引导也往往会引起学生的焦虑。

如何排解焦虑呢？青少年应该注意正确认识和评价自己，制定符合自己实际情况的目标。如果目标制定得太高，理想和现实的差距太大，无论怎么发奋努力都难以或不可能达到目标，焦虑反而更容易增强。当然，如果目标制定得太低，也不利于激发青少年的上进心。

（二）抑郁

抑郁是一种感到无力应对外界压力而产生的心境持久低落的情绪状态，长期的抑郁情绪会严重影响青少年的学习和生活，还可能导致抑郁性神经症。抑郁是一种心境，是一种正常的暂时性情绪反应，可能表现为悲伤、思维困难、注意力不集中、食欲和睡眠时间明显增加或减少，通常只会持续数小时或数天。抑郁症则是一种常见的精神障碍，以"心情持续低落、兴趣和愉快感丧失至少两周"为其核心标准，并伴有典型的相关症状，如情绪低落、失眠或睡眠过度、食欲变化、疲劳、自卑感或无价值感、过度自责、注意力难以集中等。严重者可能出现幻觉、妄想等症状，甚至自杀观念或行为。

引起青少年抑郁的原因有学习成绩不理想、家庭关系或人际关系不良、遭受挫折、遇到重大变故等因素引起。

如何走出抑郁呢？首先，要纠正认知偏差。错误的认知观念会造成情绪困扰，如一个人有一个严厉、挑剔的父母，他可能会内化一个严厉、挑剔的父母到自己的内心世界，成为自己的超我。当他无法满足超我的要求时，他就会感到罪恶和自责，从而产生抑郁。其次，要客观评价自己。自我评价偏低是导致抑郁的重要原因之一，青少年要客观地评价自己的优缺点，愉快地接受自己，积极找到自己的发光点。最后，要积极参加实践活动。研学旅行其实就是一种实践活动，多出去走走看看可以缓解抑郁，同时还需要扩大自己的交往范围，良好的人际关系是消除抑郁的重要途径。

（三）暴怒

在《三国演义》中，王朗被诸葛亮当众痛骂，暴怒而亡。后有诗赞孔明曰："兵马出西秦，雄才敌万人。轻摇三寸舌，骂死老奸臣。"可见，暴怒会给人们的身心带来极大的危害。

暴怒是因对客观事物不满而产生的激烈的情绪反应，其程度发展依次为不满、生气、恼怒、愤怒、暴怒。暴怒不仅有损青少年的身心健康，而且容易引发青少年不理智的冲动行为和攻击行为。当暴怒情绪时，这不仅妨碍了组织的团结，导致争吵和冲突，还会使自身的抵抗力降低，给疾病敞开大门。

青少年的暴怒情绪与其错误的认知、不良的家庭环境、个性修养方面的缺陷、先天的气质类型等因素都有关系。

如何消除暴怒呢？第一步，自我意识自己的暴怒。只有承认自己的情绪处于什么状态，才有可能从这种不良状态中解脱出来。第二步，对暴怒情绪进行归因。承认暴怒情绪的存在，就要分析产生暴怒情绪的原因，弄清楚为什么会暴怒。这可以帮助我们弄清楚自己有没有必要暴怒。因为只有进行理智分析，暴怒情绪才能得到消解。第三步，寻求制怒的方法。制怒的方法有很多种，比如要学会合理宣泄。例如向老师、家人或好友倾诉，能够得到情绪的释放和缓解。当你暴怒时，转换环境，找一个体力活干一下，比如去操场跑几圈，当你累得满头大汗、气喘吁吁时，你会感到精疲力竭，你的内向就会基本平静下来。

（四）自卑

自卑又称为自卑感，是指个人体验到自己的缺点、无能或低劣而产生的消极心态。与优越感相对。在阿德勒看来，自卑是人类正常的普遍现象，源于婴儿弱小的无助感，后因心理、生理和社会的障碍（真实的和想象的）而加重。适度的自卑可以产生成就需要，转为奋发向上的动力。沉重的自卑感不利于人的发展，过低地评价自我，表现在看不到或很少看到自己的优点和长处，在俯视自我的同时又总是仰视他人，常常拿别人的优点、长处比自己的短处与不足。表现为看不起、不喜欢、不能容忍自己，一味地抱怨、指责、否定自己。

引起青少年产生自卑的原因有不理想的学习成绩、外貌原因、父母或老师的打压式教育、贫困的家庭环境等。

如何克服自卑呢？第一，要采取正确对待自卑的态度，建立积极的、合理的自我评价观念。第二，认清自我，悦纳自我。学会从周围的世界中提取有关自我的真实反馈，避免来自自己的主观理解带来的误差。第三，个体要修正理想中的我。改变不合理信念，也就是降低自己的期望水平，努力使理想自我的内容符合现实自我所能做出努力的程度。第四，补偿与升华有助于克服自卑心理。第五，人际交往也是消除自卑心理的有效途径。自卑的人往往缺乏人际交往，缺乏情感交流，缺乏社会支持。

（五）嫉妒

嫉妒是指人们为竞争一定的权益，对相应的幸运者或潜在的幸运者怀有的一种冷漠、贬低、排斥，甚至是敌视的心理状态或者情感表达。当青少年看到他人在成绩、才能、相貌等方面超过自己时，一部分人会产生恼怒和怨恨的情绪。嫉妒的对象一般为同学、朋友等，嫉妒心理是不利于青少年身心发展的。

那么，什么样的人容易产生嫉妒呢？一般来说，以自我为中心的人容易产生嫉妒，不允许有人比自己更优秀；自卑的人也容易产生嫉妒，总认为自己的缺点很多，于是嫉妒别人的优点；有某种难以克服的缺陷的人同样容易产生嫉妒，由于自己的缺陷无法补偿，因此通过嫉妒别人来求得补偿。

怎样克服嫉妒心理呢？第一，认识嫉妒的危害。嫉妒的人往往以害人为目的，以害己而告终，是典型的损人不利己。第二，将心比心，换位思考。从被嫉妒者的角度来思考："要是我处在他的位置，心中该做何感受？"可以多想想别人的难处和所付出的巨大努力。第三，充实自己的生活。一个埋头工作和学习的人，是没有工夫去嫉妒别人的。嫉妒他人，不如奋起直追。嫉妒别人的机遇，不如欣赏自己的脚印。

（六）羞怯

羞怯是羞涩胆怯的意思，主要表现为紧张、难为情、脸红和退缩。羞怯是一种常见的心理现象。在人际交往中,过分怕羞的人,由于过分约束自己的言行,不能充分地表达自己的思想和感情,从而阻碍了人际交往的深入发展。过分害羞不仅会妨碍人际交往,而且会阻碍能力的发挥,导致沮丧、抑郁、焦虑等不良情绪和孤独感。大部分人认为自己在儿童和青少年时期感到过明显的羞怯。

如何战胜羞怯呢?首先,要培养自信心。害羞者之所以害羞,主要是由于对自己缺乏信心,所以,害羞者要战胜羞怯,必须对自己有信心,努力找寻自己的长处与优点,提升自己与他人交往的勇气。其次,要有不怕被评论的勇气。羞怯者往往太在乎他人对自己的评价,害怕他人的否定评价,从而不敢勇敢地表现自我。再次,要丰富自身的知识面,提高综合能力。羞怯者很多是因为知识面和能力的不足而感到不自信,害怕说错话而出丑。比如,通过研学旅行就可以有目的地扩大知识面,通过实地调研来提高自己的文化知识水平,丰富为人处世的经验,就能减轻这种担心和害怕。最后,适当进行演习与训练。可以有意识地创造各种展现自我的条件,多次重复进行社交预备演习,以使自己的语言流畅和临场时情绪稳定。

四、青少年的情绪管理策略

(一)改变青少年的消极认知,帮助形成正确的情绪认知

青少年期伴随着显著的身心变化,加上部分青少年家庭教育的缺失,自我认知的不到位、较差的自控能力、外界攀比浮夸的环境影响、学校心理健康教育的缺乏等不利因素的影响,一些青少年会出现抑郁、焦虑、暴怒、自卑、嫉妒、羞怯等消极情绪。在消极情绪的影响下,青少年难以集中学习注意力,成绩因此一落千丈。如果不遏制这种消极情绪而让其自由蔓延,青少年很有可能出现情绪失控的情况,甚至有可能对自己和周围的人造成伤害。因此,帮助青少年形成正确的情绪认知,引导他们学会自我调节情绪非常重要。

拓展阅读
5-2

认知是一个人最基本的心理过程,改变认知是一种调节情绪的重要策略。我们要明白,任何事情都有两面性,积极的认知就是在看到事物不利方面的同时,更能看到事物有利的方面,这种看待问题的方式,会使人增强信心、情绪饱满。而有的人在看问题时容易"想不开""钻牛角尖",这样容易使人情绪陷入低谷、悲观绝望。其实,改变消极的认知,转换积极的看问题角度,会使我们有完全不一样的感受。

 知识活页

沙漠中的半杯水

有两个人,分别走在沙漠里,并且都迷路了,随身带的水也都喝完了。两人随时可能会因为干渴而死去。

这时,第一个人在一个沙坑里发现了一个瓶子,里面装着半瓶水。他自然很激动,但是他把这半瓶水小心翼翼地揣到怀里,实在口渴时才拿出来舔舔瓶口。于是,靠着这半瓶水,他走出了沙漠。

第二个人也在沙漠的一处废墟中发现了半瓶水。他却非常失望和沮丧："这半瓶水怎么能让我走出沙漠呢？"他气得诅咒那个喝了另外半瓶水的人，为什么不能少喝几口，多留下一些水给自己。怨恨和绝望使他几乎丧失了走出沙漠的动力，结局可想而知。

同样是在危急时刻发现了半瓶水，第一个人看到的是这半瓶水带给自己的希望，而第二个人看到的却是绝望。

如果是你，会怎么看待这半瓶水呢？

资料来源 https://baijiahao.baidu.com/s?id=17203058613577782028wfr=spider&for=pc.

（二）学会倾诉，合理的情绪宣泄方式

当青少年处于不良情绪状态时，应当鼓励青少年学会倾诉以及合理宣泄。对于痛苦的不良情绪，不要压抑自己，也不要默默忍受，而应当采取合理的途径进行宣泄。所谓合理，是指在宣泄时既不伤害自己，也不会危害他人，更不会违背社会公序良俗或规范，也就是自己的宣泄不会使任何人受到伤害和感到不舒服。

在家里，父母要注重对子女的教育，培养他们乐观、开朗的性格，帮助他们解决生活中遇到的种种问题。父母应当用温和、民主、平等的教育方法与孩子进行教育和沟通，耐心地倾听孩子的心声。反之，当父母以严厉、霸道、缺乏耐心的方式来教育孩子时，孩子在处于不良情绪时往往不会选择和父母倾诉。在学校期间，教师要注意和学生的交流，及时了解学生们的心理活动。在同伴交往中，与好朋友的倾诉可以缓解青少年的负面情绪，让他们的心情逐渐好转。青少年通过宣泄自己的情绪让自己冷静下来，人们通常选择的宣泄方式是大哭一场。哭泣是一种心理保护，哭泣可以缓解不良情绪，也可以获得心理安慰，还可以提高人体的新陈代谢能力。我们应引导青少年在操场上或其他开阔的地方大声呼喊，把自己内心的积郁大声地表达出来。

（三）转移注意力，着力缓解心理压力

转移注意力是指在情绪高度紧张或被负面情绪所困扰时，通过从事一些自己感兴趣的并且较为轻松和有趣的活动，把注意力从引起不良情绪的事件或事物中转移开来，从而缓解不良情绪。如果遇到困难，不能很好地控制自身情绪的时候，可以把事情先放在一边，去做点其他感兴趣的事情。通过交际或者喜欢的活动来忘记困难，调适心境。例如，考试失利后心情难过，可以去喜欢的地方旅游，看一场喜欢的电影，和朋友打球下棋，以缓解考试失利后的痛苦。

值得一提的是，转移注意力也有两面性，不仅有积极的转移，还有消极的转移。积极的转移是指把消极情绪体验转向有利于个人和社会发展的积极方向上，比如考试失利了之后勤奋学习、积极参加各种实践活动等。青少年要多进行积极的转移，避免消极的转移。消极的转移是指情绪不佳时，转而从事一些不利于个人或社会的活动，如考试失利了之后不吃不喝不睡、沉迷网络游戏等，这些活动也许可以暂时麻痹自己，但

会给自己的身心带来更大的伤害。

（四）学会自我安慰，进行积极的自我暗示

人在情绪不好的时候，要学会安慰自己。心理学上有两种效应，分别是酸葡萄效应和甜柠檬效应。"酸葡萄效应"是因为自己真正的需求无法得到满足产生挫折感时，为了解除内心不安，编造一些"理由"进行自我安慰，以消除紧张，减轻压力，使自己从不满、不安等消极心理状态中解脱出来，保护自己免受伤害，即"吃不到葡萄就说葡萄是酸的"。"甜柠檬效应"是指在挫折心理学中，个体在追求预期目标而失败时，为了冲淡自己内心的不安，就百般提高现已实现的目标价值，从而达到心理平衡、心安理得的状态，即"不喜欢柠檬的酸还要说柠檬是甜的"。

以上两种效应看上去似乎是消极的做法，其实对情绪调节具有积极的意义。对于想得到的东西而又不可能得到的东西，不妨像《伊索寓言》中的狐狸一样学会自我安慰，并进行积极的心理暗示。心理学研究表明，正确、积极的自我暗示不仅可以增强个体的自信心，提高个体的动机水平和活动效率，还可以有效地调节自己的情绪。在情绪不好的时候，可以利用积极的语言来暗示自己，让自己的情绪发生转变。例如，低落时，可以暗示自己"今天心情还不错"；愤怒时，可以暗示自己"我要冷静，发怒有害健康"；自卑羞怯时，可以暗示自己"我其实也很棒，相信自己可以的"。

 知识活页

酸葡萄效应和甜柠檬效应

在《伊索寓言》中，有一个狐狸与葡萄的故事，狐狸本来是很想得到已经熟透了的葡萄的，它跳起来，未够到，又跳起来，再跳起来……想吃葡萄而又跳得不够高，这也算是一种"挫折"或"心理压力"了，此时此刻那狐狸该怎么办呢？若是一个劲地跳下去，就是累死也还是跳不够那葡萄的高度。于是，那狐狸说："反正这葡萄是酸的。"言外之意是，反正那葡萄也不能吃，即使跳得够高，摘得到也还是"不能吃"，这样，狐狸也就"心安理得"地走开，去寻找其他好吃的食物去了。

心理学上以此为例，把个体在追求某一目标失败时为了冲淡自己内心的不安，常将目标贬低，说"不值得"，追求聊以自慰，这一现象称为酸葡萄效应。与其相反，有的人得不到葡萄，而自己只有柠檬，就说柠檬是甜的。这种不说自己达不到的目标或得不到的东西不好，却百般强调，凡是自己认定的较低的目标或自己有的东西都是好的，借此减轻内心的失落和痛苦的心理现象，被称为甜柠檬效应。

酸葡萄效应与甜柠檬效应在日常生活中都是较为常见的心理现象，是心理学中合理化作用的典型表现。酸葡萄效应与甜柠檬效应是指个人的行为不符合社会价值标准或未达到所追求的目标，为减少或免除因挫折而产生的焦虑，保持自尊，而对自己不合理的行为给予一种合理的解释，使自己能够接受现实。在学校教育管理中，也存在酸葡萄效应与甜柠檬效应的合理运用。

资料来源 https://baike.baidu.com/item/%E9%85%B8%E8%91%A1%E8%90%84%E6%95%88%E5%BA%94/1218672?fr=ge_ala。

（五）善于自我放松，寻找情绪纾解

当情绪紧张、身心疲惫、焦虑不安时，可以采用自我放松的方法进行情绪纾解。常用的自我放松方法有以下几种。

1. 深呼吸放松法

在安静的环境中，选择舒适的姿势，然后做缓慢的深呼吸，深深地吸气，慢慢地呼气。呼吸应该以深、长、慢为主，要吸入足够的空气。将注意力集中在呼吸的过程中，体验每一次呼吸的深度和节奏。在整个过程中，应保持一种轻松愉快的心情，感受呼吸带来的放松感。

2. 肌肉放松法

从头部开始，眼睛用力闭上，然后放松；牙齿用力咬合，再放松；拳头握紧后放松……依此类推到全身各部位。最简单的就是起身，用力伸懒腰，然后放松，能在最短时间内达到放松效果。想象一股暖流从头顶慢慢流向全身。每次放松的时间约20分钟，持之以恒，一般能有效缓解焦虑、紧张等情绪。

3. 想象放松法

想象能让自己感到舒适、惬意、放松的情境，通常是在大海边。例如，我静静地仰卧在海滩上，周围没有其他的人；我感觉到了阳光温暖的照射，触到了身下海滩上的沙子，我全身感到无比的舒适；海风轻轻地吹来，带着一丝丝海水的味道。海涛轻轻地拍打着海岸，有节奏地唱着自己的歌；我静静地躺着，静静地倾听这永恒的波涛声……5—10分钟后，慢慢睁开眼睛，伸展全身。自我想象放松可以自己在心中默念，节奏要逐渐变慢，配合自己的呼吸，自己也要积极地进行情境想象，尽量想象得具体生动，全面利用五官去感觉。想象放松法，初学者可以在别人的指导下进行，也可以根据个人情况自我暗示或借助于录音来进行。

（六）心理疏导，借助专业力量进行有效管理

近年来，中小学心理健康问题成为教育的焦点问题。各学校高度重视心理健康教育，普遍成立了心理健康咨询中心，对所有学生进行心理问题筛查，对问题学生进行心理干预。所以，当青少年处于不良情绪中且无法排解时，一定要寻求专业心理咨询师的帮助。

心理咨询是指运用心理学的方法，对心理适应方面出现问题并企求解决问题的求询者提供心理援助的过程。来访者就自身存在的心理不适或心理障碍，通过语言文字等交流媒介，向咨询者进行述说、询问与商讨，在其支持和帮助下，通过共同的讨论找

出引起心理问题的原因,分析问题的症结,进而寻求摆脱困境、解决问题的条件和对策,以便恢复心理平衡,提高对环境的适应能力,增进身心健康。心理咨询可以帮助青少年挖掘心理潜力,提高自我认识,走出心理阴霾。

第二节 青少年研学行程中的品德发展

一、品德

品德,即道德品质,也称德性或品性,是个体依据一定的道德行为准则行动时所表现出来的稳固的倾向与特征。品德就其实质来说,是道德价值和道德规范在个体身上内化的产物。从其对个体的功能来说,如同智力是个体智慧行为的内部调节机制一样,品德则是个体社会行为的内部调节机制。个人可以依据一定的行为准则产生某些有关道德方面的态度、言论、举动。总之,品德是一个人在一系列的道德行为中所体现出来的某一经常的、一贯的共同倾向。

当今的社会发展日新月异,现在的青少年面临的社会环境不同于过去,现在的社会道德生活环境相比以往也更加复杂。青少年面对这样错综复杂的社会环境更加难以分辨是非。所以,青少年的道德品质教育就显得尤为重要。品德的培养,不仅应该在青少年良好学习习惯的培养和学习兴趣的提升上下功夫,还要培养孩子良好的道德品质。青少年期的学生道德的发展特点表现:对道德观念的掌握从表面、具体到初步的本质和概括;道德判断从只注意行为效果逐步过渡到全面考虑动机和效果的统一关系;青少年道德信念初步形成,但还不稳定。因此,在教养习惯和道德修养方面,家长和教师的一言一行都应该给孩子树立榜样,在潜移默化和言传身教中影响孩子,使孩子健康成长。

青少年思想品德教育存在的问题之一是生活体验不够。由于学校的文化课学习占用大部分时间,放学后缺乏一定的监管和学生自身缺乏一定的自觉性,所以,他们在课堂上学到的德育知识很少应用到实际行动中。研学旅行是有效开展社会道德与个人品德的途径,它可以帮助学生更好地处理人与自然、人与社会、人与历史、人与科技的关系,促进个人品德修养的内化生成。研学旅行可以敦促学生在自身体验中加深道德认知。"读万卷书,行万里路。"研学旅行是以"学"和"行"为目标的一种教育活动,在研学行程中可以体验并培养刻苦学习、自理自立、互勉互助、艰苦朴素、吃苦耐劳等优秀品质和精神。整个研学过程中,总会遇到典型的道德个例,可以通过身边的榜样示范,加深学生的道德理解,促进其思想道德的成熟。研学旅行能够让青少年在社会实践中亲身体验当地的道德氛围,认识跟学校不一样的道德环境。通过切身实践经历,学生可以改正错误的道德认知,培养自己的道德情感,坚定正确的道德信念。

二、青少年品德发展的特征

（一）青少年品德发展的年龄特征

中学时期是青少年品德飞速成长的黄金阶段，他们正站在伦理道德形成的门槛上。对于初中学生而言，他们的伦理道德虽然初步显露，却常伴随着两极分化的趋势；而高中生的伦理道德则显现出了相当程度的成熟，他们开始能够自觉地运用道德观念、原则和信念来指导自己的行为，并在这个过程中初步形成了自己的世界观。

1. 青少年个体伦理道德的六大特质

青少年个体的伦理道德，是以自律为核心，遵循道德准则，运用原则和信念来调节自身行为的道德品质。这种品德具备以下六大特质。

（1）能够独立、自觉地依据道德规则来调整自己的行为。伦理是人与人之间关系及行为规范的总结，是道德发展的最高境界。从中学开始，青少年逐渐掌握并内化这种伦理道德，能够独立、自觉地遵守道德准则。这种独立性体现为自律，即服从于自己的人生观、价值标准和道德准则；而自觉性则表现为根据自身的道德动机行事，以满足伦理道德的要求。

（2）道德信念和理想在青少年的道德动机中占据核心地位。中学时期是道德信念和理想形成的关键时期，它们开始引导青少年的行为。这一时期的道德信念和理想，使青少年的道德行为更具原则性、自觉性，更加符合伦理道德的要求，标志着人格或个性发展的新阶段。

（3）自我意识在青少年品德心理中愈发明显。正如古人所言，"吾日三省吾身"，青少年开始反思自己的言行，注重自我道德修养的提升。这种特点从中学时期开始愈发显著，它不仅是道德行为自我强化的基础，也是提高道德修养的重要途径。因此，自我调节品德心理的全过程，成为自觉道德行为的前提条件。

（4）青少年的道德行为习惯逐步稳固。在中学阶段，培养良好的道德习惯是道德行为稳固的关键，同时也是伦理道德培养的重要目标。

（5）青少年品德的发展与世界观的形成紧密相连。世界观的形成是青少年人格、个性和品德发展成熟的显著标志。当青少年的世界观开始萌芽和形成时，它不但受到主体道德伦理价值观的制约，而且为其道德伦理提供了哲学基础，两者相辅相成，共同发展。

（6）青少年品德结构的组织形式日趋完善。一旦进入伦理道德阶段，青少年的道德动机和道德心理特征在其组织形式或进程中就形成了一个较为完善的动态结构。具体表现为青少年的道德行为不仅根据自己的准则规范定向，还通过稳定的品格产生道德和不道德的行为方式；在具体的道德环境中，青少年可以利用原有的品德结构定向系统对这个环境做出不同程度的同化，并随着年龄的增长，同化程度也在增加；青少年还能制定出道德策略，这与青少年独立性的心理发展密切相关；同时，青少年还能将道德计划转化为外部的行为特征，并通过行为产生的效果来实现自己的道德目的；最后,随着反馈信息的增加,青少年能够根据这些信息来调节自己的行为,以满足道德发展的需要。

2. 青少年的品德处于由动荡向成熟过渡的阶段

(1)初中阶段的品德发展具有较大的动荡性。尽管少年的品德已经初步具备了伦理道德的特征,但总体来说,仍然不成熟、不稳定。具体表现为道德动机逐渐理想化、信念化,但同时又具有敏感性和易变性;道德观念的原则性和概括性在不断增强,但仍带有一定程度的具体经验特点;道德情感丰富而强烈,但容易冲动且不拘小节;道德意志虽已初步形成,但仍显脆弱;道德行为虽然具有一定的目的性,渴望独立自主地行动,但愿望与行动之间仍存在一定的差距。因此,这个阶段既是人生观开始形成的时期,也是容易出现两极分化的时期。品德不良、走歧路、违法犯罪等现象多发生在这个阶段。

究其原因,主要有以下几点:一是生理发生剧变,特别是外形、机能的变化和性发育的成熟,而心理发育却相对滞后,这种状况容易导致初中学生产生笨拙感和冲动性;二是从思维品质发展方面来看,少年的思维容易产生片面性和表面性,因此他们好怀疑、反抗、固执己见、走极端;三是从情感发展来看,少年的情感时而振奋、奔放、激动,时而又动怒、怄气、争吵、打架,有时甚至会泄气、绝望。总之,初中学生的自制力尚显薄弱,容易产生动摇。因此,建议初中教师,特别是八年级的教师,应从"爱的教育"入手,从各个方面帮助学生树立正确的观点,特别是人生观、价值观和道德观,以使学生能够在成长的道路上做出正确的选择。

(2)高中阶段或青年初期学生的品德则逐步趋向成熟。这个时期的品德发展进入了以自律为形式、遵守道德准则、运用原则和信念来调节行为的成熟阶段。青年初期是走向独立生活的关键时期,成熟的标志主要有两个:一是能够较自觉地运用一定的道德观点、原则来指导自己的行为;二是他们的世界观、人生观和价值观已经初步形成,开始能够用这些观念来全面、深入地分析和处理问题。在这个阶段,教师应继续加强对学生品德教育的引导,帮助学生巩固和完善已经形成的良好品德结构,为学生未来的社会生活和职业发展打下坚实的基础。

(二)青少年道德认识发展的研究

1. 青少年道德思维的发展

20世纪60年代后,国内外十分重视对道德认识(认知)的研究。道德认识,首先表现在道德知识、道德判断和评价上,它实际上是道德思维水平的反映。人的思维能力的强弱也往往影响到道德认识的水平。

如何研究道德思维的发展呢?在西方的道德判断研究中,以皮亚杰和科尔伯格为代表的认知学派影响很大。科尔伯格提出,每个人的道德都是随着年龄的增长而逐渐发展的,并且这种发展遵循一种普遍性的顺序原则,这就是他提出的三水平六阶段道德发展理论(见表5-1)。

青少年心理学

表5-1 科尔伯格道德发展理论的三水平六阶段

三水平	六阶段	基本特点
前习俗水平（4—10岁）	避罚服从取向	只从表面看行为后果的好坏，盲目服从，逃避
	相对功利取向	只按照行为后果是否带来需要的满足，来判断行为的好坏
习俗水平（10—13岁或以后）	寻求认可取向	寻求别人认可，凡是成人的赞赏就认为是对的
	遵守法规取向	遵守社会规范，认定社会规范中所定的事项是不可改变的
	社会法制取向	了解行为规范是为维护社会秩序而经过大家同意所建立的。只要大家同意，社会规范可以改
后习俗水平（青少年早期，或成年初期或达不到）	普遍伦理取向	道德判断以个人的伦理观念为基础。个人的伦理观念用于是非判断具有一致性和普遍性

 案例

海因茨偷药

背景：有一个妇女患了癌症，生命垂危。医生认为只有本城有个药剂师新研制的药能治好她。配制这种药的成本为200元，但销售价却要2000元。病妇的丈夫海因茨到处借钱，但只凑得了1000元。

两难情境：海因茨是否应该偷药救妻？

道德发展阶段分析（参考科尔伯格的道德发展阶段理论）：

前习俗水平：

第一阶段：儿童可能认为偷药是不对的，因为偷窃本身就是一种违规行为，不考虑后果。

第二阶段：儿童可能认为如果偷药是为了救妻，那么这种行为是可以接受的，因为丈夫想避免妻子死亡的严重后果。

习俗水平：

第三阶段：儿童可能会考虑社会规范和法律，认为偷药是不道德和非法的，即使是为了救人也不应该这样做。

第四阶段：儿童可能开始考虑维护社会秩序和规则的重要性，因此会反对偷药行为，即使这会导致妻子的死亡。

后习俗水平：

第五阶段：在这个阶段，儿童可能会开始考虑个人道德和社会公正的问题。他们可能会认为，虽然偷药是违法的，但出于对生命的尊重和人道主义，海因茨应该偷药救妻。

第六阶段：在这个阶段，儿童可能会基于自己的道德原则和信念来作出判断。他们可能会认为,每个人都有权利追求幸福和生存,因此海因茨应该偷药救妻,即使这意味着违反了法律。

总结:海因茨偷药案例展示了儿童在不同道德发展阶段对道德问题的不同理解和判断。随着儿童的成长和认知的发展,他们逐渐从简单的规则遵守者转变为能够考虑复杂道德情境和个体权利的决策者。这种转变不仅反映了儿童道德认知的成熟,也体现了他们社会化和个人价值观的形成过程。

认知学派认为,儿童和青少年的品德发展与其认识活动及其发展水平密切相关,认为他们的品德发展是思维结构的一种自然变化过程。"两难"故事法研究道德思维比较客观、生动和切实可行。研究道德思维还有许多其他方法。例如,是非观念判断的方法,观看电影、幻灯片、戏剧演出后书写心得,然后分析其心得;对不同道德问题的若干问题选择法,通过讨论道德问题,如讨论"中学生为什么不能抽烟喝酒""打架骂人错在哪儿""自由主义有什么危害"等,然后进行系统的、集体的个案追踪,再做深入的解剖。

青少年的道德思维和发展有如下几个特点。

(1)道德思维发展是有年龄特征的。就大多数青少年而言,刚入中学时处于第一、第二级水平,九年级下学期处于第三级水平,高中之后达到第四级水平的日益增多。

(2)道德思维的发展存在个体差异。这种个体差异随着一个人整个思维和智力水平发展,到高中后个体趋向基本定型。这是年龄特征与个体差异的一种表现形式。苏联心理学家在20世纪七八十年代对道德思维的研究获得了类似的结论,认为"成人的"最后道德准备程度,那些高年级学生(即高中生)在学校里就已经达到了,尽管道德思维在后来也会发展,但"不会产生任何原则上崭新的东西,而只是对原有的东西加以巩固、扩大和完善"。

(3)道德思维的发展反映了个体品德发展有一个从不知到知、从不成熟到成熟的过程。这就给教育工作者提供了塑造和转化学生品德的可能性。

(4)道德思维的发展既反映了时代的特点,也反映了不同社会中人类共同的道德规范。我们主张要对青少年加强德育,提高他们的道德认识水平。同时也认为,那种脱离青少年道德认识实际的做法是片面的,因为它不符合道德认识的提高具有思维发展阶段性的规律。

2. 青少年道德是非观念的发展

道德准则是指道德是非的准则,是道德行为善恶的准则,是某一社会关系的行为善恶的标准。

1)青少年在良好班集体中道德认识正确率的变化

青少年道德是非观念是在集体的影响下发展变化的。一个良好的班集体和校集体,尤其是集体舆论是青少年道德是非观念形成的重要基础。我们在研究中看到,集体舆论对集体成员品德形成的作用表现在:对个体的道德行为做出权威性的肯定或否定、鼓励或制止,是强化的信号;直接影响着个体道德认知水平的提高;是集体荣誉感的源泉。

如果以这种作用程度为指标,可以将班集体的舆论分为三级:一是有压倒一切的正确的集体舆论;二是正确舆论占上风;三是没有正确的舆论。正确的集体舆论是先进班集体道德心理的组成部分,是集体成员心理变化的"晴雨表",青少年道德认识水平可以在班集体的影响下获得提高。

2) 青少年道德信念的形成

中学时期是道德信念形成的时期,是开始以道德信念来指导自己行为的时期。青少年的道德信念是在生活条件下,特别是在教育教学条件下,在青少年本身的实践、交往和学习中形成与发展起来的。信念的特点有两个:一个是带有情绪情感色彩,按信念去行动产生肯定的情感,否则就会产生消极的情感;另一个是带有习惯性,自觉且自然地按照自己的信念去行动。因此,形成道德信念或理想的青少年,会按照自己的行为准则坚定不移地去行动。

(三) 青少年品德发展的年龄特征是中小学德育管理的出发点

教师注意掌握青少年品德发展的年龄特征,从而因材施教是十分重要的,否则就会出问题,带来不应有的伤害。有的家长在望子成龙动机的驱使下,企图用简单粗暴的方法来达到立竿见影的效果。但事与愿违,这种拔苗助长的做法违背了青少年品德发展的年龄特征,从而导致悲剧发生。因此,在教育工作中必须提倡科学性,重视青少年品德发展的年龄特征。

(1) 教师要以青少年品德发展的年龄特征作为德育工作的出发点,以此引导学生的品德发展。例如,在中学工作多年的教师认为,在整个基础教育阶段,初中学生是最难教导的,简直是"软硬不吃、刀枪不入",这是事实。原因是初中学生处在少年期,是品德发展成熟的前期,动荡而不稳定。教师要针对这一特点,动之以情、正面诱导,有的放矢地做好德育工作,引导学生的品德向正确的方向发展。

(2) 教师要重视青少年品德发展的关键期,并采取合理的教育措施。基于多年的教育实践,笔者认为,小学三年级和八年级分别是小学和中学品德发展的关键期。学校领导在安排人事时,不能只考虑一年级打基础和毕业班的把关问题,也应该注意在这两个年级配备得力的教师。但是,目前中小学多把最得力的教师配备在"两头",即小学一年级和六年级、中学七年级和九年级。这样做的结果是放弃了中间年级关键期的德育工作,这对学校的德育工作和学生的成长都是十分不利的。

(3) 教师在教育实践中,应考虑到相邻的年龄阶段之间的区别和联系,这样才能做到因人施教。目前,在中小学教育的衔接上存在很多问题。中学教师认为小学教师对学生管得细、窄、死,小学教师则认为中学教师对学生管得粗、宽、放。如果双方能了解中小学生品德发展的联系性,这个问题就不难解决了。在小学高年级多培养学生的独立性及自制能力;在中学时期,教师应多管一些,以使新生适应新环境。没有教育的衔接,是抓不好德育工作的。

(4) 教师在因材施教过程中,既要重视学生品德发展年龄特征的稳定性,又要注意这一特征的可变性。在教育中,教师既要重视品学兼优学生的教育工作,又要重视品德不良学生的教育工作,做到"抓两头,带中间",处理好三者之间的关系,特别要关心离异家庭子女,使他们有爱的体验,感觉到有希望,在逆境中顺利成长。这样才能让不同类型的学生都能发挥出最大的潜力,身心得到全面发展。

三、青少年研学行程中的德育功能

青少年研学旅行中的德育功能主要体现在人的全面发展上,具体表现在厚植青少年爱国主义情怀、培养青少年集体主义精神、增强青少年创新精神、培养青少年意志品质、养成青少年文明旅行习惯,即实现知、情、意、行的完整统一,具有良好的思想品德结构。

(一)研学旅行厚植青少年爱国主义情怀

在德育中,首先要让青少年认识到爱党、爱国的重要性和必要性。少年强则国强,中华民族伟大复兴的伟大事业需要新时代新青少年发挥更大的作用和做出更多的贡献。青少年作为祖国的未来和后备军,是社会主义建设者和接班人,必须增强青少年爱国主义精神,增强爱国主义情怀。青少年初步摆脱儿童时期的幼稚,认为自己已经蜕变成熟,逐渐关注国家大事和国际热点,内心渴望独立,渴望自己成为一名大人,希望自己能够干一番事业,为国家努力奋斗,为祖国做出贡献。但是青少年期还存在一定程度的不成熟,容易冲动、盲目,也容易被不法分子煽动和利用,可能做出不利于国家的事情。因此,寻找符合青少年发展特点,并且受到青少年喜欢的、创新的方式来开展爱国教育十分重要,这样不仅能满足他们的好奇心,也能将爱国心深深地扎根于他们心中。

研学旅行的开展符合我国道德教育的培养目的,也符合中小学生的身心发展规律。研学旅行弥补了传统课堂教学实践教育环节薄弱甚至缺失的缺陷,将自然和文化资源、红色资源与实践基地、红色教育基地、大学校园、主题公园等相结合。研学旅行可以让青少年了解到我国优秀的传统文化,可以让青少年领略到革命先烈不畏牺牲的奉献精神,可以让青少年感受到改革开放以来我国经历的翻天覆地的变化、取得的举世瞩目的成就,这些感悟都可以加深青少年对祖国的认同感和自豪感,引导学生厚植爱国主义情怀,树立远大理想和坚定信念。

(二)研学旅行培养青少年集体主义精神

人类通常都是群居生活,很多方面都是在集体中完成的,比如学习、生活、工作等,这也体现出人类的社会性发展属性。青少年的学习、生活都处于社会群体中,他们可以通过互帮互助、相互交流、相互学习,参与社会性活动。由于青少年的不成熟性,他们在面对道德问题时,还不能辩证地看待问题,容易片面化,没有大局观念等,这就需要采用某种新颖的方式来引导学生树立合理的、正确的集体主义价值观。

我们知道,研学旅行的组织方式是通过群体出行、集体行动、集中住宿的形式开展的,一般都是以学校、年级、班级为集体单位开展活动。作为一个出行的集体,研学旅行过程中会面临各式各样的问题,这就需要青少年相互理解、相互体谅和相互帮助。

青少年心理学

比如在研学旅行过程中,有一些学生可能会遇到生活适应困难,另一些学生会及时伸出援手帮助同伴解决问题,这充分体现了学生们的团结合作精神;在开展某项研学活动时,由于所处的角度不同,可能会出现大家的意见不统一的情况,这时候,只能采取少数服从多数的原则来解决这个问题,这充分表现出了学生们的大局意识和集体精神。在整理研学旅行活动感悟总结时,有学生写道:"在遇到问题不知道怎么办时,很感谢某某同学伸出援手。"这就是团结协作精神的体现。还有学生写道:"在研学旅行中,我们代表的是我们学校,是我们班级,在外要注意个人的言行举止,以免让他人留下不好的印象。"这就是学生集体荣誉感的体现。

(三)研学旅行增强青少年创新精神

创新精神是指要具有能够综合运用已有的知识、信息、技能和方法,提出新方法、新观点的思维能力和进行发明创造、改革、革新的意志、信心、勇气和智慧。"创新是一个民族进步的灵魂,是国家兴旺发达的不竭动力。""一个没有创新能力的民族,难以屹立于世界民族之林。"青少年时期是培养创新精神的重要时期,增强青少年的创新精神,激发青少年的创造性潜能,是促进青少年积极进取,实现"科教兴国"的重要途径。

传统的教学理念过于重视学生成绩的高低,而忽视了对学生创新能力的培养。但是,研学旅行可以很好地解决这个问题。在研学旅行中,学生会遇到各种复杂的实际问题,在思考问题的原因并找到解决问题的办法这一系列过程中,研学指导师可以引导开阔和发散学生的想象力和思维能力。研学指导师应鼓励学生勇于突破成规,勇于对现有知识质疑,挑战旧的学术体系,在发现和创新知识方面敢于独辟蹊径。要打破"听话的孩子就是好孩子"的观念,倡导勤思、善问的良好学风。此外,研学旅行给学生提供了一个展现自己、创造能力的平台,使学生产生感情上的鼓舞和巨大的幸福感。学生在学校学习了基本的理论知识,那么研学旅行中就是一个理论与实践相结合的场景,研学指导师应引导学生在与自然和社会的接触中获得感性的认识及真实的情感,发现自身的不足,从多方面、多角度不断提升自己、发展自己。

(四)研学旅行培养青少年意志品质

意志力是指一个人自觉地确定目的,并根据目的来支配、调节自己的行动,克服各种困难,从而实现目的的品质。当人们善于运用这一有益的力量时,就会产生决心。而人有决心,就说明意志力在起作用。人的心理功能或身体器官对决心的服从,正说明了意志力存在的巨大力量。青少年时期的学生往往面临较大的学业压力和升学压力,这需要强大的心理承受能力和心理素质。青少年必须培养坚强的意志品质,才能勇于肩负时代赋予的历史重任,跟党走、听党指挥,盯紧中国特色社会主义伟大旗帜,牢固树立为中国特色社会主义事业奋斗一生的伟大理想信念,始终坚持"四个自信",牢固树立"四个意识",不断充实自我,实现自我。青少年也要敢于面对自我,唯有深刻认识到自身肩负的历史和使命和自身的不足,才能一步一个脚印、迈稳步子、夯实根基。

培养学生的意志品质,可以通过研学旅行这个平台,比如开展爱国主题的研学旅行活动,通过爱国教育基地教育,让学生明白祖国的繁荣富强是通过艰苦奋斗、顽强拼搏得来的,并不是一蹴而就的,引导学生学习先辈们的顽强意志和拼搏精神,祖国的伟大事业需要我们贡献自己的力量。研学指导师可以为学生适当地创设挫折情境,让学生直面挫折,挑战挫折,进而树立青少年的自信心,培养意志品质。研学指导师还可以为学生设置合作任务,促使学生改变随意、松散的做事态度,助推学生在团队合作中丰富集体经验,增强团队意识,增加精神支撑。

（五）研学旅行养成青少年文明旅行习惯

随着我国旅游业的快速发展,越来越多的人选择走出家门,看看世界。青少年正处于精力旺盛、好奇心强烈的年纪,对于精彩纷呈的旅途生活充满向往与憧憬。很多家长的观念也发生转变,他们认可旅行的隐性教育作用,认为外出旅行可以开阔孩子眼界,增长孩子见识,因此在经济条件允许的情况下,更多的家长是十分支持青少年外出旅行的。然而,在旅游中存在一定的不文明现象,比如在文物上乱涂乱画,在景区随地吐痰、乱扔垃圾,以及偷摘景区的花、给动物投喂不合适的食物、因插队等原因引起的语言粗暴、行为过激等。

在研学旅行过程中,由于受到研学指导师的管束、同学们的相互监督和自我行为的约束,青少年诸多不文明的行为便会有意无意地减少。研学旅行也在无形中提高了青少年文明素养,也形成了一个良好文明的旅行氛围。研学旅行无疑是提高人们旅游素养的一种有效手段,在研学旅行的活动准备阶段,研学指导师可以要求学生去了解研学旅行目的地的情况,如当地的风俗习惯,避免在研学行程中因为不了解情况而做出被误解的言行举止。在研学旅行的活动开展阶段,研学指导师可以对学生提出文明旅行的要求,引导学生养成文明旅游的好习惯,并鼓励同学之间相互监督,进而形成一个良好的文明旅游的氛围。在研学旅行的活动结束阶段,研学指导师还可以鼓励学生积极地与亲朋好友分享自己的文明旅行体验,这对家人和朋友树立起文明旅行意识有一定的促进作用。

四、青少年价值观培育

（一）青少年价值观的概念

新时代的青少年生逢强国时代,肩负强国使命,新时代青少年想要投身中国特色社会主义现代化建设的伟大实践,就需要树立正确的价值观。青少年价值观是指青少年对生活中的各种现象和事物是否能够满足自身需求所进行评价与判断时所持有的基本看法及观点。

青少年时期是价值观形成的重要阶段,决定着青少年对社会生活中各种事物和现象的是非曲直进行判断、选择和取舍,支配着青少年的行为。

拓展阅读 5-3

青少年心理学

思政园地

中央文明办等五部门联合发布2023年全国"新时代好少年"先进事迹

本报北京10月11日电（记者张贺）：中央精神文明建设办公室、教育部、共青团中央、全国妇联、中国关工委2023年10月11日在湖南长沙联合举办2023年全国"新时代好少年"先进事迹发布仪式，向社会推出50名优秀少年的先进事迹。

发布仪式通过视频播放、现场采访、嘉宾寄语等形式，重点推介了8名好少年的事迹，并对其他42名好少年事迹进行集中发布。他们品学兼优、朝气蓬勃，在传承红色基因、弘扬中华文化、探索科学奥秘、践行生态理念、热心公益活动、促进民族团结等方面表现突出，展现了新时代青少年的风貌。

活动现场，"时代楷模"万步炎、"全国优秀共产党员"施金通等嘉宾与好少年们面对面交流互动，勉励他们树立远大理想，努力成长成才，长大后做对国家、对社会有用的人才。

发布仪式上，好少年代表向全国青少年发出倡议，号召大家共同争做有志向、有梦想，爱学习、爱劳动，懂感恩、懂友善，敢创新、敢奋斗，德智体美劳全面发展的新时代好少年。

发布仪式后召开了"新时代好少年"学习宣传工作座谈会。会议强调，要深度挖掘、多角度展示发生在青少年身边的感人故事，不断发现和推出可亲、可敬、可信、可学的身边榜样，更好地示范和引领广大青少年崇德向善、见贤思齐，积极培育和践行社会主义核心价值观，争做担当民族复兴大任的时代新人。

资料来源 2023年10月12日《人民日报》。

（二）青少年价值观发展的特点

青少年处于智力和体力快速发展的阶段，也处于价值观形成和塑造的关键时期，价值观的正确与否是青少年成长成才之路的关键因素。青少年价值观一般表现出以下特点。

1. 个性张扬，尊重个性发展

新时代青少年渴望得到外界的关注，也勇于展现自我，他们更加追求个性和独立性，在选择朋友、爱好和学习方面，更加注重自己的需求和兴趣。他们希望能够找到真正适合自己的道路和生活方式，同时也会尊重不同的个性发展。由于受到家庭的过度关注和关爱，同时也受到不良思潮影响，青少年价值观在形成过程中容易呈现出以个人为中心、只注重自我实现的特点，容易产生个人与社会、国家之间的利益难以取舍的困惑与矛盾。

2. 认知快速发展，自我意识强烈

青少年时期是自我意识的快速发展阶段，他们对于人生意义、世界观和人生价值有着不同的理解与看法。他们更加注重自由、平等和个人成长，对权威和传统的约束力度减弱。他们渴望挣脱父母的管束，希望得到独立。同时，青少年的思维也逐渐变得活跃，记忆力、创造力、想象力和操作能力等都不断提高，对一切新鲜事物都充满了好奇，勇于尝试和接受新事物。但由于青少年的自我认知能力还不成熟，对新事物的辨别能力不够，其价值观容易跑偏。

3. 情绪不稳定，价值判断能力弱

青少年的感情世界很丰富，但由于自身发展还不完全成熟，他们很容易产生过度焦虑、暴怒、抑郁、嫉妒、羞怯等不良情绪与情感。面对繁华多彩的外部世界，青少年自控能力较差，容易被金钱至上、享乐主义、功利主义、个人主义等不良价值观念迷住双眼，不能对其做出正确的判断和选择。青少年既懂得关心社会，关心集体，积极践行社会主义荣辱观的责任与使命，他们又关心自身个人利益，当个人利益与集体利益相矛盾的时候，青少年往往难以抉择，因此如何正确引导其形成正确的价值判断十分重要。

（三）影响青少年价值观形成的因素

青少年的价值观首先表现为青少年对自己、他人、家庭和社会的价值认知，其次是青少年自身的价值追求，最后是在价值理论和价值实践中实现自身的价值。青少年价值观的形成除了自身原因，还受到家庭因素、学校因素和社会因素的影响。

1. 家庭因素

家庭是青少年时期主要的生活场所，在日常生活中，青少年也时刻受到家庭环境的影响。父母是孩子的第一任老师，要帮助青少年"扣好人生第一粒扣子"。生长在一个和谐的家庭氛围中，更有利于青少年正确价值观的形成。在良好的家庭环境中，家长自身就会树立正确的教育观，不仅重视对青少年的智育，更重视青少年的德育。良好的家庭氛围会让青少年处在欢快愉悦的气氛中，也容易让他们产生积极的情感体验。家长通过言传身教，可潜移默化地将积极向上的价值观传递给子女，所以，家长的价值观具有潜在的影响力。一般来说，如果青少年的家长没有理想抱负，不思进取，浑浑噩噩，那么青少年也会有样学样，变得不求上进。《论语》有云："其身不正，虽令不从。"如果家长没有正确的价值观，那么在他们教育孩子的时候，孩子虽然表面迫于威严听从，但是在内心深处也是不赞成的。

在培养青少年正确价值观过程中，家庭发挥着不可替代的重要作用，青少年的价值观形成要求父母及家庭成员要注重家风建设，营造良好的家庭氛围，树立正确的价值观念，为青少年去学校接受价值观教育奠定坚实的基础。

2. 学校因素

学校是青少年时期的主要活动场所，也是价值观教育的主阵地。在学习生活中，青少年所接受的价值观教育大多是在学校里通过专业教师的引导下系统学习正确的

价值观念,学习和理解社会主义核心价值观,从而形成较为稳定的价值倾向。价值观教育是一项至关重要的系统工程,学校设立专业团队,将价值观教育融入教学各环节,培养青少年高尚道德情操和正确价值观念。学校的教育理念和教育内容对青少年的价值观念有着重要的影响。优质的学校教育能够培养青少年的正确价值观念,通过营造良好的学校环境、师生关系,以润物细无声的方式引导他们树立正确的人生导向。

学校开展价值观教育,关键是要做好"融入"工作。第一是做好课程融入。在各门学科教学中有意识地渗透价值观教育,充分挖掘学科教学内容的价值观教育元素,营造良好的课堂教学氛围。第二是做好活动融入。通过开展丰富多彩的主题教育活动、知识竞赛、社会实践活动、志愿者活动等,弘扬和践行正确的价值观念。第三是做好仪式融入。开学典礼、毕业典礼、表彰活动、升旗仪式等各种仪式性活动,让师生能够深入感受到价值观教育,增进师生对价值观的情感认同,涵养青少年正确的价值观信念。

3. 社会因素

除了家庭因素和学校因素外,社会因素对青少年价值观形成有着一定程度的影响。虽然青少年是一个缺乏社会经验的特殊群体,但是他们经常接触到的社会信息、社会风气和社会价值观念都会对其价值观形成一定的影响。所以,社会应该为青少年提供良好的成长环境。

当下,网络已经成为青少年生活不可或缺的一部分,并且成为他们获取社会信息、接触社会的主要渠道。一方面,网络为青少年提供了丰富的精神食粮,拓展了价值创造空间,深化了价值体验;另一方面,网络抓住青少年价值认知的不成熟特性,多元思潮侵蚀易引发价值判断弱化。在互联网全球化背景下,不同文化的交融、不同价值观的碰撞,国外个人主义、享乐主义等不良思潮通过网络轻而易举地就进入了青少年的视野,悄无声息地对他们的价值观念产生影响。此外,某些拥有众多粉丝的网络写手也会为获取名利等原因发表一些极端、错误言论,对青少年的思想认识造成极大干扰。这些都在一定程度上削弱了青少年的价值判断力。因此,打造风清气正的网络环境,对于青少年价值观形成显得十分重要。

(四)青少年社会主义核心价值观培育的途径

党的十八大提出,倡导富强、民主、文明、和谐,倡导自由、平等、公正、法治,倡导爱国、敬业、诚信、友善,积极培育和践行社会主义核心价值观。这24个字内涵丰富,与中国特色社会主义发展要求相契合,与中华优秀传统文化和人类文明优秀成果相承接。作为祖国的未来、民族的希望,青少年的思想能否用社会主义核心价值观来充分武装,不仅关系着青少年能否健康快乐成长,而且影响着党、国家和民族的前途命运。青少年如果不能接受正面力量的潜移默化,负面信息就会乘虚而入,影响青少年的思想健康。

1. 创新社会主义核心价值观传播手段,正确运用网络媒体资源

社会主义核心价值观要想在全社会的各个角落普及,就离不开媒体的参与、支持和传播。新媒体用新颖且让大众喜闻乐见的形式传播社会主义核心价值观,展现中华

优秀传统文化。青少年生活的方方面面都充斥着网络的身影,时政要闻、社会大事、社会现象等线上线下常会掀起一番舆论浪潮,青少年难免会卷入其中,发表自己的看法和意见。由于认知还不够成熟,加上受到他人的影响和煽动,青少年容易产生偏激或片面的看法。因此,要因时、因地、因人地对社会主义核心价值观传播手段进行创新和改造,借助青少年常用或容易接受的媒体传播平台,对青少年大力宣传社会主义核心价值观,创新社会主义核心价值观的推广方式,如采用青少年感兴趣的视频、图文作品等来进行宣传。让青少年在观看喜闻乐见的网络作品的同时,受到社会主义核心价值观教育,做到有所思、有所想、有所悟、有所为,增强对社会主义核心价值观的认同感和自豪感,进而形成积极向上的心态,增强社会责任感和使命担当。

2. 丰富社会主义核心价值观培育内容,积极弘扬爱国精神

社会发展速度快,青少年的思想观念受到影响也在不断更新变化,因此社会主义核心价值观培育内容体系需要与时俱进地进行丰富和完善,以顺应时代的发展变化。如此,才可以让青少年更深入地理解和体会社会主义核心价值观的内容。爱国主义是中华民族的优良传统和民族精神的核心内容。新时代的爱国主义是社会主义核心价值观的重要内容,是实现中华民族伟大复兴中国梦的精神力量。爱国主义始终是凝心聚力的兴国强国之魂,弘扬爱国主义就是要把中华民族坚强地团结在一起,形成团结一心的精神纽带和自强不息的精神动力。新时代中国青少年必须高举爱国主义的伟大旗帜,坚定信念、刻苦学习、担当奉献、砥砺前行,练就过硬本领、锤炼高尚品德,自觉将个人价值与党和国家、人民的期望结合起来,肩负起建设社会主义现代化强国的时代责任,让青春在为祖国、为民族、为人民、为人类的不懈奋斗中绽放绚丽之花!

3. 构建家庭、学校、社会全方位的社会主义核心价值观培育格局,强化教育引导作用

人的一生要经历家庭教育、学校教育、社会教育,这些教育对个人的世界观、人生观、价值观的形成起到重要作用。家庭、学校、社会"三结合"使教育体系进一步发展为全方位的社会主义核心价值观培育网络格局,各方都需要发挥自身独特效能,不仅在方向上统筹规划,在时间和空间上衔接有序,在教育效应上互补增值,还要互相积极协调,以强化社会主义核心价值观教育的引导作用。

家庭是社会主义核心价值观教育的起点。家长不能唯"成绩论""分数论",更应关心孩子的道德品质发展。家长不仅要肩负起教育孩子的职责,也要适时进行价值观的正确引导和教育,帮助青少年扣好人生第一粒扣子,增强孩子的社会责任感。良好的家教家风有助于培养孩子的好思想、好品行、好习惯,对于青少年的性格养成、品性端立至关重要。

学校作为青少年社会主义核心价值观培育的主阵地,不仅要完成教学任务,还要注意抓住重要时机落实好社会主义核心价值观教育。学校思想政治教育和教育教学实践应基于培育和践行社会主义核心价值观,始终紧紧围绕立德树人这个根本任务,重视德育工作,积极运用各类校园活动平台,引导学生深入了解社会主义核心价值观,使其为成为一名合格的社会主义接班人而努力奋斗。

社会是青少年成长的"大环境",潜移默化地影响着青少年的价值观形成,是孕育青少年正确价值观的重要实践地。应该创造良好的文化氛围,积极弘扬社会主义核心价值观,让正确的价值观深入青少年心中。社会这个"大课堂"给青少年带去了更为真实、接地气的体验,应该广泛宣传先进人物的优秀事迹,让榜样的力量感化青少年的内心,帮助青少年形成积极向上的价值态度。

本章小结

本章介绍了青少年的情感与情绪的含义、关系和功能,以及青少年的情感与情绪发展特点,理解和分析了青少年常见的情感与情绪问题,提出了青少年情绪调整的策略。介绍了青少年品德的含义以及青少年品德的发展特点,以及在研学行程中,如何更好地发挥出研学旅行的德育功能,推动青少年核心价值观的培育。

本章思考题

1. 请简述情感与情绪的关系。
2. 请列举至少三种帮助青少年的情绪管理策略。

在线答题

第六章
青少年意志发展与研学旅行

意志是个体自觉地选择和确定目的,并根据目的支配和调节自己的行为,克服各种困难,从而达到实现目的的心理过程。应根据青少年意志行动的一般特点来了解当代青少年意志品质现状,从而掌握培养青少年良好意志品质的方法。挫折是指一个人在某种动机推动下,在实现目标的过程中遭遇的种种干扰和阻碍,因无法实现目标而产生的消极情绪状态。应分析挫折的表现形式、挫折产生的原因、青少年受挫后的行为表现以及挫折的积极和消极作用,从而掌握应对挫折的策略。

知识目标

1. 了解青少年意志发展的一般特点,掌握青少年研学旅行中的意志特点。
2. 熟悉青少年面对挫折的表现和影响因素,掌握青少年研学旅行中的挫折应对策略。

能力目标

1. 能够理解和分析青少年在研学旅行中的意志发展。
2. 能够理解和分析青少年研学行程中的挫折应对,在研学旅行中提升青少年抗挫能力。

思政目标

1. 在研学旅行中,引导青少年正确面对挫折和困难,促进青少年的意志品质形成。
2. 掌握青少年的意志发展规律,促进青少年养成坚毅不屈、吃苦耐劳等中华优秀传统美德。

知识导图

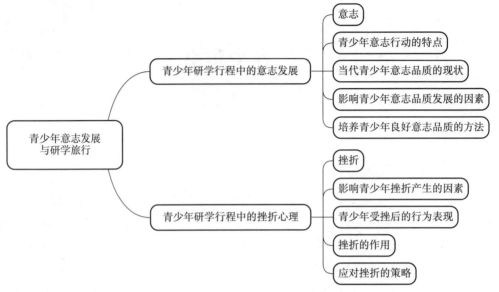

章节要点

意志：意志是人们根据自身的需要，在行动前确定行动的目的和目标，并根据确定的目的支配自身的行动，在实现事前确定的目的的过程中，面对遇到的困难，勇于克服，不断追求上进，并最终实现自己事前确定的目的。

挫折：挫折就是挫败、阻挠、失意的意思。从心理学的角度看，挫折是指一个人在某种动机的推动下，在实现目标的过程中遭遇的种种干扰和阻碍，因无法实现目标而产生的消极情绪状态。挫折，简而言之，就是人在通向成功的过程中遭遇的失败。

独立性：独立性是指一个人在环境的压力下不随波逐流，能够根据自己的认识与信念，采取决定、执行决定。

自制力：自制力是指一个人善于控制自己的情绪，约束自己的言行并能有意识地调节和支配自己的思想与行动的能力。

归因：归因是指人们对他人或自己行为原因的推论过程。

意志品质：意志品质是指一个人在行动中具有明确的目的，不屈从于周围人的压力，按照自己的信念、知识和行为方式进行行动的品质。

第一节　青少年研学行程中的意志发展

一、意志

心理学上，将意志定义为人根据自身的需要，在行动前确定行动的目的和目标，并根据确定的目的支配自身的行动,在实现事前确定的目的的过程中,面对遇到的困难,勇于克服,不断追求上进,并最终实现自己事前确定的目的。意志是人类所特有的心理过程,意志通过行动表现出来,受意志支配的行为称为意志行动。意志对行动的调节有发动和抑制两个方面:一是推动人去从事达到一定目的所必需的行动;二是制止与事先确定的目的相矛盾的愿望和行动。

意志作为非智力因素,对青少年的学业和事业成败及生活幸福具有重要影响。良好的意志品质是青少年完成学业、成就事业的一个重要保证。青少年正处于人生中最关键的成长期,是身体发育的最佳时期,是从幼稚、懵懂到成熟最重要的转折阶段,也是人格形成、各种价值观逐渐形成不可跨越的重要时期。在此阶段,培养青少年良好的意志品质,对其达到身心健康、形成良好意志品格、确立成长目标都有着不可替代的作用。

良好的意志品质包括如下几个方面。

一是自觉性,即能够深刻地认识到自己行动目的的正确性和重要性,能够独立自主地调节和控制自己的行动。

二是果断性,即善于迅速地明辨是非,对自己行动的方式和结果都有深刻的认识和清醒的估计,决策关头当机立断,并坚决执行。

三是坚韧性,即在行动中坚持信念,克服内部、外部困难,百折不挠,去完成既定任务。

四是自制性,即一个人自觉控制和协调自己的思想、感情和行为的意志品质。

二、青少年意志行动的特点

在小学阶段,儿童在教育的引导下逐渐展现出复杂的意志行动,目的性渐强,毅力日增,初步形成意志品质。进入中学,随着学习难度的提升和自主性的增强,青少年需要更强的意志力来应对挑战,如培养组织性和自觉性,以及应对青春期带来的生理与情感波动。这些客观需求推动了青少年意志与意志行动的发展,形成了他们意志行动的新特点。

(一)意志行动的目的性不断提高

小学生尽管能够依照自己的愿望和意图采取有目的的行动,但在一定程度上,他们的行动还是根据教师和家长的语言指令来调节的,具有很大的依赖性。

青少年随着年龄的增长和年级的升高,依赖性逐渐减少,根据目的而做出意志决定的水平不断提高。所谓意志决定,从产生到付诸行动,一般要经过四个阶段:①酝酿一定的目的,为这个目的的实现而准备做出意志努力;②按照目的,考虑是否有实现的可能性,即对此目的对于个人、集体及社会的价值加以考虑;③分析结果,对行动方式加以选择及决断;④做出实际的行动。

初中学生行动动机的目的性与小学生相比,已有了明显的不同。第一,行动的动机已由被动性向主动性发展。心理学的研究表明,从小学高年级开始,学生已逐渐地学会依照自己的愿望和意图去采取有目的的行动,但是,这时还需要由成人的言语指令来调节。而初中学生在向自己提出行动的动机目的时,更富有自觉性了,尽管他们在行动之前,表面上看来好像没有深思熟虑的样子,但实际上他们的确考虑着诸如"我将要做什么"和"我为什么这样做"等问题,这说明他们根据自己的目的而做出决定的自觉性水平的确提高了。第二,行动的动机具有了深刻性和一定的社会性。有一部分初中学生甚至有把学习与个人未来的生活道路和职业选择联系起来的动机目的或思想倾向,这说明到了初中阶段,随着学生自我意识的发展,逐渐形成了一定的价值观,促使他们动机的深刻性和社会性不断发展。第三,行动的动机逐渐趋向稳定。初中学生动机的稳定性虽然比小学生有明显的增强,但由于初中学生缺乏远大而正确的主导动机,他们的意志行动的动机比高中学生容易动摇。

(二)克服困难的毅力不断增强

在意志行动过程中,青少年必须克服一系列内部的或外部的困难。例如,胆怯、懒惰或对采取的正确决定产生怀疑等,会形成一种内部的困难与障碍;某种活动对有关知识、技能的要求太高,在进行中遇到各种外部的干扰时,就形成了外部的困难与障碍。要克服困难与障碍,就需要坚强的意志努力。

在学习过程中,青少年克服困难、完成学习任务时的学习态度与意志行动是不一样的。在一个良好的班集体中,青少年在克服各种内部、外部(主观、客观)的困难与障碍中,不断提高意志力。

青少年克服困难的意志行动的差异是由什么决定的呢?研究表明,这种差异在客观上取决于集体的性质,主观上取决于他们是否已经形成稳定的责任感。集体性越强,集体力量也越显著,集体成员克服违反纪律行为的内、外部困难的效果也越好。教师和家长培养青少年克服困难的毅力的重要途径,是加强学校与家庭的配合,共同创建良好的班风、校风。

青少年对待难题的态度是不一样的。有的学生思维能力平常,遇上难题却反复思考、不懈探索,不攻下难题不罢休,因而取得优良的成绩;相反地,有些学生在思维的智力品质测定时成绩突出,但一遇到难题就有意回避或置之不理,到头来不能完成任务,成绩平常甚至落后。教师和家长培养青少年克服困难的毅力的另一个重要方面,就是要使他们形成稳定的责任感,逐步提高各种练习与作业的难度,增强他们克服困难的信心和能力。

心理学研究比较关注心理弹性或心理韧性(Resilience)。这个概念主要是指个体面对生活逆境、创伤、悲剧、威胁或其他生活重大压力时的良好适应,它意味着面对生活压力和挫折的反弹能力。中国青少年心理弹性包含五个方面:目标专注,即在困境中坚持目标、制定计划、集中精力解决问题;人际协助,即个体可以通过有意义的人际关系获取帮助或宣泄情绪;家庭支持,即家人的宽容、尊重和支持的态度;情绪控制,即困境中对情绪波动和悲观的控制与调整;积极认知,即对逆境持辩证看法和乐观态度。研究进一步发现,与国外同龄人相比,情绪控制和积极认知可能是构成中国青少年心理弹性的独特成分,儒家约束情绪表达、道家宣扬心境平和的主张,以及中国人对待逆境的辩证思想、集体主义的应对策略都可能导致这种现象。

(三) 喜欢和善于模仿

模仿是对榜样的一种效仿,是对别人行为和心理活动的反映。简单的模仿是一种本能倾向,复杂的模仿是一种有意识的活动,如感知行为和现象,考虑它的意义与价值,产生积极或消极的情绪态度,估计实现的可能,以及付出一定的努力。

青少年喜欢模仿有两个原因:一是他们的思维处于逻辑抽象的经验型向理论型发展,思维品质的独立性与片面性交错发展,他们具有容易接受生动、形象化教育的年龄特征;二是他们的意志行动还处在发展的过程之中,意志行动的独立性还未成熟,受暗示性还较强。

青少年产生模仿,既取决于模仿的榜样的特点,又取决于模仿者本身的心理特点。榜样的生动形象、可接近性、权威性和情绪性容易引起模仿。在众多的模仿对象中,教师、父母和亲近的同学是青少年模仿的首要对象,因为这些榜样对他们亲近,且有一定的权威性,易在情感上接受,尤其是教师和父母的一举一动,每时每刻都逃不过学生的眼睛;教师和父母的世界观、道德情操、品行、生活作风随时随地都影响着他们。因此,凡是要求他们做到的,教师和父母要先做到,要求他们遵守的,教师和父母要先身体力行。模仿是孩子的天性,也是一种学习方式。家长的一言一行,无时无刻不在影响着孩子。家长要以身作则,要带头不做"低头族",不要在孩子面前过度使用手机。榜样的力量是无穷的,榜样有时要比规则、公约、批评的权威作用更大。雷锋的形象之所以能激励和鼓舞青少年,正是因为英雄形象的权威性。生动形象的榜样能激起青少年的模仿,良好的、生动形象的榜样能促进青少年学英雄、树新风;不良的、生动形象的榜样会导致青少年品德不良,甚至违法犯罪。因此,教师和家长要注意引导青少年做出榜样的选择,以便他们健康成长。

模仿取决于模仿者寻找榜样的需要、选择标准的榜样及榜样与模仿者个性的一致性。所以,同样的榜样能否奏效,取决于主体的特点。教师和家长在进行榜样的教育中,应该注意青少年的差异性,针对各个年级、各种不同的青少年,选择和树立不同类型的典型。

三、当代青少年意志品质的现状

(一) 独立意识较差

独立性是指一个人在环境的压力下不随波逐流,而且能够根据自己的认识与信念,去采取决定和执行决定。独立性是重要的意志品质之一,独立性强的人会清醒和深刻地认识到自己的行动目的、行动意义、行动方向以及可能带来的后果。然而,不少青少年缺乏独立意识,他们意识不到自己行动的真正意义与社会价值,因而对自己的行动缺乏独立精神,做出决定时往往是优柔寡断、瞻前顾后,意志力不够坚定。

青少年期好比是"心理断乳期",这个时期,青少年一方面开始在心理上摆脱对父母的依恋和依附,急切地想要拥有自己独立的精神世界,成为一个独特的个体。另一方面,由于生理上的巨大变化,青少年认为自己已是"大人"了。他们容易开始"理想"

的自身建设,其中可能带有直觉、朦胧色彩。青少年对美好未来抱有美好幻想,却不知道如何规划具体的奋斗目标和如何执行奋斗步骤。对自我的认识往往脱离现实,对社会生活的判断片面肤浅。生活目标模糊,奋斗动力不足。此外,青少年难以对自己的行为负责,对父母、教师缺乏感恩意识,不能自觉地承担起应该承担的责任。处理事情固执己见,不去观察分析他人的做法,听不进合理的建议。

知识活页

心 理 断 乳

心理断乳最早由霍林沃斯在其著作《青年心理学》中提出,是指孩子在发育成长中要求摆脱父母或者其他监护人的监护而形成独立人格的过程。相对于"生理性断乳",心理断乳常发生于青少年期。

个体在涉世之初,对各方面的认知都是朦胧的。与此同时,他们对周围的环境和事物有了自己的想法,开始尝试自己做主处理一些事情,并开始有"违背"大人要求的叛逆行为,这是孩子处在青春期的正常行为,也正是孩子的"心理断乳期"。

在青春期,青少年的情感忽上忽下,就如同一个人在蹦床上跳上跳下。德国儿童心理学家罗德·谢尔形容说,父母在这个过程中的作用像蹦床的床面,因为为了能够寻找自我,青年人必须首先把那些比他们更有权力的、有关系的人震动一次。哪怕在他们还是小孩子的时候,这些人曾经保护过他们。

现有研究将青少年心理断乳发展分为四个主要阶段。

第一阶段,个体开始意识到监护人对自己的鼓励,并逐步开始自己尝试完成某些任务,并由此获得外界指导和帮助。

第二阶段,在完成某些事情的时候,个体会产生一定的反抗心理,认为监护人的干预是出于"不信任、不支持或者强迫权威",而不满监护人对自身行为的限制。

第三阶段,在独立性发展的阶段,监护人仍旧保持着对个体的生活关注,提供重要的物质支持和情感支持,这使得青少年个体难以完全抛开监护人的关心。

第四阶段,青少年个体发现监护人其实也需要他们的关注、理解和支持。这种相互的亲子依恋使得青少年个体更难与监护人分离,从而在一定程度上阻碍个体的独立性发展。

资料来源　百度百科。

(二)自制力和自我调节能力较弱

自制力是指一个人善于控制自己的情绪,约束自己言行,并能有意识地调节和支配自己思想与行动的能力。它表现在驱使和抑制两个方面:有意识地支配自己的行动,为实现目标而积极努力;抑制与实现目的相违背的动机、意愿、情绪和行为。一个自制力强的人,为了实现总体目标,能够克制个人的眼前利益而服从整体的长远利益。为了执行决定,能够克服自身的疲劳、怠惰、担忧、怯懦、委屈、畏惧等生理和心理的不适而继续坚持行动。在困难和艰险恶劣的环境中,能够经受住各种痛苦和折磨,为了崇高的理想和信念甚至做出种种自我牺牲的能力。

当代青少年的自制力、自我调节能力较差,遇事不冷静,情绪易波动。许多青少年习惯于家庭中的"小霸王""小公主"地位,在家里说一不二,处处以自我为中心,听到的多是夸奖的话,由于父母长辈的纵容溺爱,他们往往唯我独尊,妄自尊大,缺乏团队意识,难以适应集体生活,人际交往也容易产生障碍,甚至出现心理问题。青少年自制力差还表现在学习主动性不足和自觉性不够,不认真完成作业,没有吃苦耐劳的品质,贪图玩乐和享受。教师布置的作业、日常预习和复习功课都认为是老师对自己的要求,而不是自己应该做的事情。

(三)意志不够坚定

一个具备坚韧意志品质的人精力充沛、毅力坚韧,在困难面前百折不挠,能够长时间紧张热烈地工作,坚持不懈地完成自己的任务,实现自己的目标。当代中国,许多家长认为再苦也不能苦孩子,青少年很少得到吃苦锻炼的机会,自理能力较差。

一些青少年在遇到困难时,不是想方设法把问题解决,而是把希望寄托在家长和老师身上,如果家长和老师没有帮他把问题解决,他们就会草率地自我放弃,有从此弃学的,有用网络游戏麻醉自我的。同时,因为他们自小就没有不能满足的要求,从来没有不如意的时候,从来没有未能达成的意愿。这无形在其意识深处形成了自己没有做不到的事情,没有实现不了的理想,没有去思考这些意愿是在家长的支持下实现的。一遇到现实生活中有任何不如意,稍有困难和挫折便会放弃目标,甚至一蹶不振。有的青少年在实施计划的过程中,遇到一点困难与挫折,就想着修改计划,或者是把计划完成限期推延,意识不到时间的宝贵,三天打鱼两天晒网的现象比比皆是,到最后往往发现,能够按照计划执行到底往往是寥寥无几。

四、影响青少年意志品质发展的因素

(一)社会生产和生活方式

随着社会生产迅猛发展,社会经济发展步入快车道,中国特色社会主义进入新时代,我国社会主要矛盾已经转化为人民日益增长的美好生活需要和不平衡不充分的发展之间的矛盾。人民生活水平大幅度提高,生活方式也发生了巨大变化,生活环境得到全面改善,为这一代的青少年提供了良好的生活、学习环境。生产方式的现代化,使得劳动机械化程度较高以及劳动效率的高速发展,一些简单可替代性的劳动被机械化

拓展阅读
6-1

替代,当代青少年不像父辈祖辈们那样经常从事生产劳动,他们不用早早地接受劳动的磨炼。"衣来伸手,饭来张口"的生活让青少年体会不到生活的艰苦,也感受不了劳动的辛苦,不能像父辈祖辈们那样在贫困艰苦的日常生活中磨炼出坚强、忍耐、刻苦的意志品质。

生活要求容易得到满足,青少年不用锐意进取去争取获得物质条件,舒适的环境让青少年安于现状,缺乏危机意识,也缺少一颗改变现状的心。社会的开放、生活的多姿多彩、信息化的多元社会使青少年开阔视野,也使青少年的生活环境变得更为复杂,对青少年的自控能力和抗诱惑能力形成考验。

(二)家庭教育观念和教育方法

首先,在中国的传统文化家庭教育观念中,把孩子看得很重要,过度保护他们。所以家长常常把孩子所有的事情"包干"了,让孩子失去了锻炼自己的机会,限制了他们的创造思维、冒险开拓精神的发展,养成片面、依赖、胆小、不够担当的不良个性。其次,当代的父母对孩子抱有过高的期望,过度重视孩子的学习成绩。在家长的压制下,应试教育的操纵下,有些孩子虽然学习成绩上去了,但是一些非智力因素没有得到提升,许多优良的意志品质被扼杀。最后,现代社会家庭结构变小,孩子在家庭中的地位更加突出,在包办、孩子中心化的家庭教育观念下,家庭教育方法不科学,比如过多地关爱保护,甚至是纵容溺爱,使青少年养成自我为中心、顽固不化、自我放纵的不良个性,失去培养独立、自觉和自制等优良意志品质的生活环境,青少年的意志品质培养出现了危机。

(三)传统教育和户外拓展

对于心理尚未成熟的青少年来说,传统的课堂教育不能完全满足意志教育的需要,而户外拓展训练对于培养青少年的意志品质具有重要意义。户外拓展训练不仅可以锻炼青少年的身心素质,更重要的是通过新颖的训练项目,青少年可以拥抱大自然,在完全放松的心理状态下完成最基本的训练项目,使他们的意志得到锻炼。意志品质主要是通过人本身的思维和行动的协调性来克服身边的各种困难,完成相应的计划目标,这就是品质的形成过程。拥有良好的意志品质,可以让学生在身心健康方面得到全面发展,参加户外拓展训练可以帮助他们勇于面对困难,培养同学之间的团结精神。青少年的心理变化很复杂,为了让青少年的身心得到完整的发展,户外拓展训练对青少年个性的完善、意志品质的形成有着重要的影响,在提倡各学校进行户外拓展训练的同时,青少年应当积极参与户外拓展训练,有条件的也可以通过校外的户外拓展训练来提升自己的综合素质和能力,让自己的意志品质得到锻炼,同时使自己的道德品质和自信心也会得到不同程度的提升。

五、培养青少年良好意志品质的方法

（一）实践教育法

1. 为青少年创造意志锻炼的生活实践

家长和老师对青少年应少一些"包办"和"顺从",多一些支持和信任,青少年从生活中的小事做起,才能不断磨炼自己的意志。"千里之行,始于足下""水滴石穿"正是意志品质慢慢积累的体现,意志的培养在一点一滴的积累过程中完成,在一件又一件生活小事上不断形成。

优良的意志品质的培养应该从小抓起,从日常生活点点滴滴做起。首先,要培养孩子的独立自理能力和自觉性,要求他们自己力所能及的事情自己做,比如,自己穿衣、刷牙、洗脸,整理自己房间和书包等,自觉完成布置的作业,适当参与家务劳动,培养他们的吃苦精神和感恩意识。其次,家长要以身作则,和孩子一起养成良好、规律的生活习惯,培养孩子良好的作息习惯、饮食习惯、卫生习惯、行为习惯等,这不仅有利于家庭成员的身体健康,而且还能够培养孩子的自控能力。最后,适度满足以及延迟满足青少年的生活要求,不溺爱、不纵容,切不可养成攀比、贪婪和蛮不讲理的不良个性。

 知识活页

延迟满足实验

20世纪70年代,美国斯坦福大学附属幼儿园基地内进行了著名的"延迟满足"实验。实验人员给每个4岁的孩子一颗好吃的软糖,并告诉孩子可以吃糖。但是如果马上吃掉的话,那么只能吃一颗软糖;如果等20分钟后再吃的话,就能吃到两颗。然后,实验人员离开,留下孩子和极具诱惑的软糖。实验人员通过单面镜对实验室中的幼儿进行观察发现,有些孩子只等了一会儿就不耐烦了,迫不及待地吃掉了软糖,是"不等者";有些孩子却很有耐心,还想出各种办法拖延时间,比如闭上眼睛不看糖,或头枕双臂,或自言自语,或唱歌、讲故事……成功地转移了自己的注意力,顺利等待了20分钟后再吃软糖,是"延迟者"。

后来,参加实验的孩子成长到了青少年时期,研究人员对他们的家长及教师进行了调查,发现"不等者"在个性方面,更多地显示出孤僻、固执、易受挫、优柔寡断的倾向;"延迟者"较多地成为适应性强、具有冒险精神、受人欢迎、自信、独立的人。两者学业能力的测试结果也显示,"延迟者"比"不等者"在数学和语文成绩上平均高出20分。

延迟满足是个体有效地自我调节和成功适应社会行为发展的重要特征,是指一种为了更有价值的长远结果而主动放弃即时满足的抉择取向,属于人格中自我控制的一个部分,是心理成熟的表现。

资料来源 百度百科。

2. 为青少年创造意志锻炼的社会实践

意志品质的培养,是认识过程、情感体验过程、自我调节过程,因而社会实践能够保证意志培养的实效性。青少年参与一些实践活动,通过亲身实践,在进一步提高认识、明辨是非的基础上,进而磨炼顽强的意志,是青少年取得意志锻炼的直接经验。社会实践锻炼能够培养青少年的耐心、韧性和勇敢、集体合作等品质。

在假期或学习之余,可以组织青少年参与一些社会实践锻炼,比如到农村进行劳动锻炼,培养他们吃苦耐劳的精神品质,让青少年珍惜现在拥有的幸福生活。安排青少年参加研学旅行、夏令营等活动,有意地锻炼他们体验幸福生活的来之不易,培养青少年生存意识、合作与竞争意识。研学指导师带领青少年去追寻革命先辈的红色足迹、体验粗茶淡饭的野炊、长途跋涉的长征之路等都是有效的锻炼形式。红色研学旅行将社会主义核心价值观教育融入红色研学旅行教育活动中,例如,用井冈山斗争时期先辈们的革命乐观主义精神感染青少年,培养他们热爱自然、热爱集体、热爱生活的情感,培养他们积极乐观的生活态度,磨炼他们的意志品质。家长应该放手让青少年独自外出研学旅行,鼓励他们参加集体锻炼。寒暑长假时期,也可以安排青少年适当兼职打工,通过工作和劳动挣取学费和零花钱,"吃自己的饭,花自己挣的钱",培养他们的勇气和独立精神。

青少年在研学旅行过程中,可以融合学生意志品质的培养。很多活动是需要学生徒步、负重爬山、早起晚睡,这对学生都是一个考验。比如徒步上下泰山、黄山、峨眉山,在大漠中行走等,让学生在不断战胜自我与困难的过程中,逐渐形成坚强的意志品质。

(二)挫折教育法

挫折教育是指让受教育者在受教育的过程中遭受挫折,从而激发受教育者的潜能,以达到使受教育者切实掌握知识并增强抗挫折能力的目的。人生在世,不会时时称心如意,也不可能总是一帆风顺,人生之路充满了坎坷。挫折教育的目的是培养青少年遇事不慌、处事不惊的自信心,从而激发青少年自身潜能,以及战胜困难的顽强意志和迅速恢复的健康心态。因此,青少年意志品质是否坚定,对他们是否具有一定的抗挫折能力十分重要。

可以从以下几个方面展开挫折教育。

1. 适当的批评

现在的青少年承受能力普遍不高,听不得一点批评,有些青少年从小在长辈的夸奖声中长大,被过度表扬,当哪一天做错了而被批评,内心接受不了这样的打击而做出伤害自己或者伤害他人的行为。因此,父母要给予孩子必要的纪律约束和适当的批评,批评有时候有助于青少年的心理健康发展。

2. 适度的惩罚

青少年犯了错,应当对其适度的处罚,让他知道做错了事要勇于承担,要尽量弥补,有惩戒才会不再犯错。惩罚的方式可以有多种,应当依据青少年的性格特征和犯错的原因等情况而定。一些常见的惩罚方式有罚站、罚做家务、罚款(减少零花钱)、没收心爱的玩具、写检讨、罚练字等。青少年要在错误中总结,在挫折后奋起,吃一堑长一智,学会自我调节,不断跨越挫折。

3. 适度体验劳累感

现在的青少年几乎与劳动绝缘,吃苦能力较差,体会不到家务劳动的辛苦,不懂得父母的艰辛,更没有对照顾自己的父母有感恩意识。所以,父母要有意识地锻炼他们,让他们分担家庭劳务,体会劳动后的劳累感。

4. 适度的饥饿感

人们的生活条件逐渐提升,在饮食方面不再像过去那样只有过年才能吃些好的,现在的青少年生长在一个"天天都像过年"的时代,再加上充足的零食水果,他们很难体验到饥肠辘辘的感觉。有时,适当地让孩子有饥饿感,能够帮助孩子正确对待正餐,可以让孩子吃得更香,并且养成少吃零食的好习惯。

5. 适当地忽视

当代青少年总是被父母当作"中心"和"重心"来看待,以至于他们误以为无论是在哪种环境中,自己就是主角,所有人都应该理解自己的感受。事实上,一旦所处环境发生变化,青少年就很有可能,由主角变为配角,甚至是不被重视。所以作为父母,应学会适当地"忽视"自己的孩子,以便他们进入社会后能及时调整心态。

(三)榜样教育法

榜样教育法,是借助影视、文学和现实生活中的榜样形象,以正面人物的优秀品质和模范行为向学生施加德育影响的一种德育方法。事实上,榜样教育法是以他人的高尚情操、模范行为、优秀事迹等来影响受教育者的方法。为增强自己的意志力,可以选择那些比自己意志力强的典型作为模仿、学习的对象,这些典型可以是英雄、模范人物,也可以是自己周围熟悉的人。用这些典型同自己做比较,分析并评估自己的意志力水平,找出差距,确定弥补差距的途径和方法。

榜样教育是英雄精神的深入挖掘和时代传承。中国几千年文明史中,涌现出无数各具特色的英雄榜样人物,为青少年儿童的榜样教育提供了鲜活的教材和丰富的内容。教师与青少年学生的联系密切,我们要重视教师对青少年学生的榜样模范作用。青少年学生大都有"向师型"特点,学校教师更应该通过自己的表率作用和人格力量,以身示范、言传身教、潜移默化地影响学生。在社会主义现代化建设的征途上,青少年在教师的榜样示范下,深受其以身作则、持之以恒、坚韧不拔的意志与顽强人格力量的熏陶。教师们的行为让学生倍感亲切,减少了他们的心理障碍,使得他们更愿意接受教育和引导。在这种积极的影响下,青少年会自觉地模仿和锻炼自己,努力在言行举止上向榜样看齐,不断塑造更加优秀的自我。

(四)自我教育法

青少年时期是自我意识迅速发展的时期,是人生观和价值观初步形成的时期。青少年向着什么方向发展,一方面取决于外界的环境和教育,另一方面取决于个人主观努力的程度,即自我教育的水平。

意志的自我教育主要包括三个密切联系的环节:一是自我提醒,就是针对自己的意志弱点,用相关的名言警句,作为自己的座右铭,随时提醒和勉励自己;二是自我约束,即自己制定一些规则、要求,用以约束自己;三是自我反省,经常反省自己意志的优缺点并扬长避短,有助于良好意志品质的培养,写心得、写日记和自我总结等是自我反省的很好方式。

培养意志力需要长期的努力和实践。通过不断挑战自己、坚持练习和寻求支持,可以逐渐提高自己的意志力,并更好地掌控自己的行动和决策,具体步骤如下。

第一,提出适度的行动任务,在实际行动中锻炼意志。如果行动任务的难度太大,自己难以完成,则可能使意志消沉下来。如果行动任务过于简单,很容易完成,则不需要付出多少意志努力,也起不到锻炼意志的作用。所以,制定适度的行动任务才可以锻炼意志。

第二,制订详细的计划,并坚持练习。制订的计划要详细到每天或每周的目标和任务,通过坚持不断地练习来提高意志力,这有助于青少年更好地掌控自己的行动和决策,从而逐渐提高意志力。

第三,培养自我控制能力,保持积极的态度。学会控制自己的情绪和欲望,以便更好地掌控自己的行动和决策。学会拒绝一些事情,以保持自己的目标和价值观。保持积极的态度和心态,以更好地应对挑战和困难。相信自己能够提高意志力,并不断努力实现自己的目标。

知识活页

竹　石

"咬定青山不放松,立根原在破岩中。千磨万击还坚劲,任尔东西南北风。"这首诗为题咏竹石图之作。郑燮画竹,不但神理俱足,画出竹的各种自然风采,而且常通过题诗赋予竹以人的刚毅风骨和高尚节操,从而表达自己的抱负和志向。此诗侧重写竹,兼及于石,借歌颂竹子耐风寒和立根于青山破岩之中,寄托自己生活和道德的理想。

这首诗的语言通俗晓畅,但它的意义却深刻宏远。诗人运用正面描写和反衬的手法,正面描写竹子的刚健挺拔,反衬出诗人的高风亮节。写竹子"坚劲",也就是写人的坚韧劲拔。诗中以屹立的青山,坚硬的岩石为背景和基础,说竹子"咬定青山","立根"于"破岩",经得起"千磨万击",受得住四面狂风,即象征着一个人不怕社会上和生活中的种种艰难困苦和排挤打击。全诗通过咏竹,塑造了一个百折不挠、顶天立地的精神强者的形象,是信笔挥洒,而又铿锵有力,形象鲜明,诗风洒脱,颇有豪放余味。

第二节　青少年研学行程中的挫折心理

一、挫折

（一）挫折的含义

在实际生活中，青少年不可能总是一帆风顺的，经常会遇到挫折。那么，什么是挫折？在日常生活用语中，"挫折"一词是挫败、阻挠、失意的意思。从心理学的角度看，挫折是指一个人在某种动机推动下，在实现目标的过程中遭遇的种种干扰和阻碍，因无法实现目标而产生的消极情绪状态。挫折，简而言之，就是人在通向成功的过程中遭遇的失败。

现代社会的高速发展为广大青少年成长成才提供了宽广的舞台，但是产生机遇的同时也带来了前所未有的矛盾与问题。成长中的青少年面临着父辈从未经历过的社会压力，他们在目标追求、与他人的比较、人生变故、社会竞争、人际交往中，遇到越来越多的困难和挫折，它们或大或小，对每个人产生的影响也因人而异。如何提高青少年抗挫折能力，增强他们应对挫折的意志力，提高他们承受挫折的心理素质，显得尤为重要。挫折是一个人迈向成功所必须认真对待的过程，只有战胜了挫折，才能真正走向成功。

心理学家认为，人的成功必须具备高智商、高情商和高逆商这三个因素。在智商和情商相差不大的条件下，逆商的高低对一个人的成功与否起着决定性的作用。逆商是人才基本素质不可缺少的组成部分。青少年要同时面临升学、亲子关系、人际沟通等方面的种种挑战，当代青少年在成长和成才的过程中会经历不少的挫折与困难，青少年如何从容应对挫折，如何顺利度过逆境对青少年的成长成才十分重要，因此关注和提高当代青少年的逆商具有重要意义。

 知识活页

逆　商

逆商（Adversity Quotient，AQ）全称逆境商数，一般被译为挫折商或逆境商。它是指人们面对逆境时的反应方式，即面对挫折、摆脱困境和超越困难的能力。

成功路上存在至关重要作用的一个新概念——挫折商（逆商）。IQ、EQ、AQ 并称 3Q，成为人们获取成功必备的不二法宝，有专家甚至断言，100% 的成功 = IQ（20%）+ EQ 和 AQ（总共占 80%）。

青少年心理学

高AQ可以帮助产生很高的成绩、生产力、创造力，可以帮助人们保持健康、活力和愉快的心情。在挫折商的测验中，一般考察以下四个关键因素——控制（Control）、归属（Ownership）、延伸（Reach）和忍耐（Endurance），简称为CORE。控制指自己对逆境有多大的控制能力；归属是指逆境发生的原因和愿意承担责任、改善后果的情况；延伸是对问题影响工作生活其他方面的评估；忍耐是指认识到问题的持久性以及它对个人的影响会持续多久。

资料来源　百度百科。

（二）挫折的表现形式

挫折有两种表现形式，分别为外部性挫折和内部性挫折。外部性挫折主要是指由于外部因素的干扰而形成的挫折；内部性挫折则是指由个体主观原因而引起的挫折。

1. 外部性挫折

（1）条件性挫折。缺少外部条件的支持或强化致使目标无法实现而产生的心理挫折，也称为强化延迟。例如，在学习中有进步表现的学生迟迟得不到老师或家长的肯定；由于某些方面的原因而造成学生成绩不佳，长期得不到老师或家长的关心和鼓励。

（2）丧失性挫折。原来一直得到满足的需要突然丧失或者部分丧失而产生的心理挫折，有人把它称为持续强化的中断。例如，一直受到肯定和表扬的学生突然不再得到肯定和表扬；一直被委以班干部一职的学生不再继续委任班干部职务。

（3）干扰性挫折。外力干扰或阻碍致使预期目标无法实现而产生的挫折。例如，由于家中发生某些变故而造成学生学习成绩的下降，或者由于交通拥堵导致学生总是迟到等都会使学生产生干扰性挫折。

2. 内部性挫折

（1）生理性挫折。个体生理上的某些不足或缺陷而引起的心理挫折，也包括个体想象的身体缺陷导致的挫折。例如，有的学生认为自己的体育不好，致使学校运动会时不能为班级争光而产生心理挫折；有的学生认为自己没有美丽或帅气的外表而产生挫折。

（2）强烈的反应障碍。突发的个体需要与当前个体所处的状态产生矛盾而形成的挫折。例如，正在忙于学习的学生，突然产生了某种强烈的个人需要，但他又无法撇开学习去满足自己的需要。

（3）冲突性挫折。它主要指由于个人不同动机之间的冲突而产生的挫折。例如，双趋冲突，既想要成绩优异，又想有充足的时间玩游戏；趋避冲突，既想成绩优异，又不想努力地学习；双避冲突，既不想成绩不理想，又不愿意积极地去学习。

（4）怀疑性挫折。纯粹因为个人的主观怀疑而导致的挫折。例如，总是怀疑老师和父母不信任自己，怀疑同学在背后议论自己，怀疑自己努力学习是否有价值。

二、影响青少年挫折产生的因素

(一)青少年的自身因素

1. 对挫折的认识不足

青少年身心发展尚未成熟,且未经历社会的磨炼,因此个性比较冲动敏感,在遇到困难时,很难做到可以像成年人一般冷静、全面地去思考问题。青少年的情感较为脆弱,情绪波动起伏较大,自我调控能力也较差,所以很容易做出一些偏激的行为,致使不良的心理问题产生。青少年对挫折是否有正确的认知,会影响他们的耐挫能力。如果把挫折看作是通往成功道路上的一块垫脚石,当青少年遭遇挫折时,将会以更加积极的心态去面对挫折,进而战胜挫折,取得胜利。"失败乃成功之母",如果青少年能够从经历的失败和困难中看到其积极的一面,挫折带来的消极影响也将会被削弱许多。但是由于青少年的认知发展尚未成熟,对挫折的认识还有一定的局限与不足,面对挫折时难免产生消极的心理状态。

当今的青少年,很多都出生在物质条件较好的家庭环境中,受到父母及长辈较多的关心和保护,挫折体验相对较少,应对挫折的经验较少,导致他们难以建立正确的挫折认知。此外,青少年的个性因素也会影响对挫折的认识。个性因素包括气质和性格。性格比较乐观、开朗、自信的青少年,会将挫折看作是人生路上的垫脚石,遇到挫折时能够积极勇敢地面对;性格悲观、内向、自卑的人,往往将挫折看作是人生路上的绊脚石,遇到挫折时畏畏缩缩、思虑过多,挫折应对能力较差。

2. 缺乏挫折应对经验

挫折应对经验是指人们在过去的挫折经历中所积累的有益于身心发展的心得体会和阅历,拥有丰富的挫折应对经验有利于克服挫折,能够帮助人们有效地应对挫折。俗话说"吃一堑,长一智",正体现了人们在经历前一个挫折后能够促进人们成长,进而有效应对下一个挫折。青少年在成长的过程中,不可避免地要经历大大小小的挫折,所以,青少年的挫折经历是较为丰富的,但是由于各项身心发展还并不成熟,缺乏对挫折经历的总结和反思。也就是说,青少年虽然拥有丰富的挫折经历,但并不拥有丰富的挫折应对经验。

当今的青少年,由于许多父母过度干预孩子的生活,包办孩子大大小小的事务,使得部分青少年的独立能力较差,无法自主解决个人问题。当遇到困难和挫折时,他们第一想到的不是自己主动思考挫折应对的方法,而是寻求父母的帮助和庇护,事事都比较依赖父母,缺乏自己的主见。青少年缺乏自主应对挫折和战胜困难的经验,缺乏生活的磨炼,面对挫折会感到焦虑,不知所措,所以父母应当适当放手,有意识地锻炼孩子的独立能力。

3. 存在归因偏差现象

归因是指人们对他人或自己行为原因的推论过程。具体来说,就是观察者对他人的行为过程或自己的行为过程所进行的因果解释和推论。归因偏差是大多数人具有的无意或非完全有意地将个人行为及其结果进行不准确归因的现象。许多青少年耐挫力水平较低的一个重要原因是他们存在归因偏差现象,不能完全客观合理地归纳和分析事件发生及所导致的结果的原因。

有四种常见的归因方式,即内部归因、外部归因、稳定归因、变化归因。

(1)内部归因是指将外部事件或行为归因于个体内部和固定的特征或性格。例如,如果一个学生取得优异的成绩,我们会认为是这个学生本身很聪明。

(2)外部归因与内部归因正好相反,它是指将事件或行为归因于外部因素。例如,一个学生考试不好,我们可能会将其归因于考试难度大、教师教学质量不高等因素。

(3)稳定归因是指将结果或事件归因于固定不变的因素。例如,一个学生在体育比赛中失利,我们可能会归因于他不喜欢运动。这种归因方式很难改变,因为他认为某些因素基本上已经决定了结果。

(4)与稳定归因相反,变化归因是指将事件或结果归因于不稳定的因素。例如,一个学生在比赛中获胜,我们可能会认为他在这个赛季更加专注和努力。

因此,挫折事件本身并不一定会使个体产生挫折心理,而是个体自身对挫折的归因方式存在偏差,从而致使了消极情绪体验的产生。我们需要综合考虑,才能更准确地进行归因。

4. 意志品质较弱

意志品质是指一个人在行动中具有明确的目的,不屈从于周围人的压力,按照自己的信念、知识和行为方式进行行动的品质。受意志支配的行动叫意志行动,意志品质是指构成人意志的诸因素的总和,主要包括独立性(自觉性)、果断性、自制性和坚持性(坚韧性)。青少年的意志品质较差,容易受到外界事务的干扰和影响,加上应对能力较差,不能及时处理挫折所带来的负面影响,让自己沉浸于消极的挫折情绪中。青少年情绪比较不稳定,容易大幅度波动,心理韧性较差,微小挫折就会很大程度地影响到他们。而青少年不了解自己的情绪、情感特点,没有掌握调控情绪的方法,情绪管理能力较差,从而导致耐挫力水平不高。

意志是人的各种行为的精神动力,是抵抗精神压力的坚强支柱。要战胜挫折,必须依靠人的意志。在意志品质的控制下,青少年能够有意识地调节消极情绪,促进积极情绪的形成。但由于青少年处于比较舒适安逸、物质丰足的环境,加上家长和教师缺乏相关培育的意识,没有注重磨炼青少年的意志品质,很多青少年的意志力相对薄弱,在顺境中习以为常,在面对逆境时会不知所措,不能自己独立解决、克服重重困难,经不起挫折和考验。

（二）家庭教育因素

1. 片面注重学业的教育观

新时代的父母文化水平在提高，思想观念在更新，许多家长认识到"内卷"和"鸡娃"的危害，认为不应该把孩子的学习成绩放在培养孩子的第一位。但是实际生活中，还是有不少家长依旧将孩子的学习成绩看得过于重要，以"一切为了孩子的学习"作为家庭教育的首要目标。甚至一些家长从孩子上幼儿园就开始着重培养孩子文化知识的学习，让孩子努力赢在起跑线上，到了关键节点的初、高中阶段更是变本加厉，这些家长只看到孩子的学业成绩，忽视孩子其他方面的需要，一些学生虽然学习成绩好，但是综合素质不高，非智力因素没有得到很好的发展，表现为耐挫力、意志品质和自理能力等的缺乏。这无疑是在培养只会学习的孩子，而忽视了孩子其他方面的发展，对孩子的身心成长产生了极为不利的影响。

2. 不科学的家庭教养方式

家庭教养方式是指父母在教养子女的过程中通常采用的方法和形式。家庭教养方式对孩子的成长和塑造起着非常关键的作用，不同的家庭教养方式对孩子个性品质和耐挫力的培养也是完全不同的。从小受过良好的家庭教育的青少年，会更容易应对困难以及处理挫折。而童年时期受到溺爱和过分保护的青少年，往往缺乏韧性，耐挫力较差。从小缺乏亲人关爱，遭受"情绪饥饿"的青少年，他们很少感受到人生的温暖和乐趣，或因为连续遭遇重大挫折，因此变得冷漠、孤独、自卑乃至绝望。因此，父母在教养子女时，不管是过分严厉，还是过分爱护，都对青少年的成长不利，民主与温和的教养方式对青少年发展来说更为有利。家长应当采取科学的教养方式，给予青少年适当的帮助、引导和支持，有意识地培养和提高青少年的耐挫力。

3. 家长过高的期望水平

随着社会的发展，社会的竞争也越发激烈。因此，家长对孩子的期望和要求也越来越高。父母都希望自己的孩子成才，成为社会的精英，过上幸福美满的生活。然而，每个孩子的天赋和秉性不同，每个孩子都有自己的长处和短板，不可能所有的孩子都会如父母所愿，成为"精英"。在实际生活中，有不少父母对孩子的期望过高，甚至过于苛刻和不切实际，这种现象不仅会给孩子带来心理压力，还会对其身心健康和发展产生负面影响。适度的期望能够激发孩子的潜能，促进孩子自我提升；过高的期望会给孩子带来较大的心理压力，容易让孩子产生自我否定，失去自主性和创造力，甚至对身心健康产生负面影响。在家庭教育中，父母应该理性对待孩子的成长和发展，尊重孩子的个性和兴趣，以孩子的实际情况为基础，制订合理的教育计划和目标，在适当的时候给予孩子必要的支持和帮助。

4. 家长没有起到良好的榜样作用

在家庭教育中，父母的榜样行为示范作用对青少年耐挫能力的培养起到非常重要的影响，但并不是所有的父母都能为孩子树立一个良好的榜样。家长的示范作用对孩子的成长有非常关键的作用,父母的言行举止、价值观念和文化素质都会深深地影响着孩子,从孩子身上,我们总能看到父母的影子。但是一部分家长意识不到自身的行为表现对孩子耐挫力培养的重要影响,在平时与孩子的相处过程中,这些家长不注意自己的一言一行,在无意间向孩子传递着不良的情绪状态和不妥的行为习惯,他们察觉不到自己的言行会对孩子产生潜移默化的影响。且一些家长自身在遭遇重大挫折时,控制不住自己的不良情绪,给孩子带来极其不好的错误示范。孩子也会模仿父母消极的挫折应对方式,这终将影响孩子的挫折应对方式。

(三)学校教育因素

1. 素质教育观停留于理论层面

虽然我国一直提倡素质教育,但在实际的学校教育中,许多学校仍然是以应试教育为主。一些学校和教师将分数作为评价学生的唯一标准,忽视了学生的其他非智力方面发展。应试教育观使得促进学生的全面发展和个性发展停留于理论层面,导致了一部分学生不够独立,解决问题能力差,缺乏个性和韧性。当他们遇到问题和挫折时,应对能力较差,对挫折事件的控制水平不高。而挫折事件所带来的负面影响会渗透他们生活的方方面面,他们可能会长时间处于低落、无助、焦虑的负面情绪中,甚至一蹶不振,从而产生严重的心理问题。自提出素质教育以来,停留在理论层面居多,没有真正落实到实践中,很多学校依然是以传统的应试教育为主,耐挫力等非智力因素的培养得不到重视,导致一些青少年的耐挫力水平不高。

2. 挫折教育形式化

挫折教育是指让学生在受教育的过程中遭受挫折,从而激发学生的潜能,以达到使学生切实掌握知识并增强抗挫折能力的目的。在教育过程中,对青少年进行挫折教育是非常有必要的。许多到达光辉顶点的人往往不是最聪明的人,而是那些在生活中遭受挫折的人,那些生活在逆境中饱经风霜的人,才更能深刻理解什么叫作成功。青少年要想更好地融入这个社会,必须拥有良好的适应能力和满足社会需要的各种必备技能,良好的耐挫力十分必要。就当前的学校教育而言,挫折教育形式化严重,一些学校虽然开展了形式多样的综合实践活动,但是在实际的实施中,却没有产生理想的效果。这些综合实践活动的开展通常是过于形式化,只是为了完成教学任务,并没有真正起到培养学生耐挫力的作用。因此,青少年的独立生活能力和自主动手能力仍然较差,适应能力不强,耐挫力水平不高。

(四)社会教育因素

1. 社会不良舆论对青少年的误导

随着社会的快速发展,网络越来越发达,青少年轻而易举便能接触到各种各样的社交媒体,大量的信息呈现在青少年的眼前,其中存在一些暴力信息、色情信息,这些不良信息被青少年接收后,由于辨别能力和自制力都比较差,很容易受到负面引导。此外,随着手机和电脑等电子设备的普及,许多青少年沉迷于网络游戏无法自拔,不仅耽误了学习,还对身心健康产生了非常不利的影响。久而久之,一些青少年养成不喜与人交流,孤僻而冷漠的性格,他们缺乏辨别能力,模仿能力强,做事易冲动,有较强的好胜心理,很容易模仿一些不良行为。除此之外,社会上的一些不良风气和思潮也会影响青少年的价值观,比如功利主义思想,走上所谓的成功人士之路,让孩子以追求优秀的考试成绩为人生的目标,忽视了其他素质的发展,这些不利于青少年积极挫折认知观和挫折应对能力的培养。

2. 挫折教育资源未被充分利用

社会教育对青少年耐挫力的培养起着非常重要的作用,社会上的挫折教育资源是非常丰富的,例如社区、文化场馆、网络媒体等,然而实际上这些挫折教育资源都没有得到很好的利用。社区教育很容易被忽略,可以鼓励青少年加入社区志愿服务行列中,从中获得适当的挫折教育。文化场所,例如图书馆、博物馆和纪念馆,其中的挫折教育资源丰富,是区别于学校课堂之外的教育,对初中学生耐挫力的培养有很大的优势。然而,由于缺乏相应的组织和指导,这些场所的优势并没有被充分发挥出来。以互联网为主要阵地的文化传播,青少年很容易受到传播的各种信息的影响,尤其是现在人们经常使用的社交媒体,如微信、微博等,教师可以充分利用这些社交媒体传播积极健康的内容,帮助学生树立正确的人生观和挫折观。如果家庭教育和学校教育都较为重视挫折教育,但社会教育没有能够发挥很好的作用,社会上的挫折教育资源没有被充分利用,社会教育没有与家庭教育、学校教育形成教育合力,那么挫折教育的效果就不能最大化。

三、青少年受挫后的行为表现

例如,在研学旅行中,活泼好动的小明搞起了恶作剧,他屡次趁着小宇不注意,拍打小宇的后背,小宇被惹怒了,于是反手打回。研学指导师恰巧看见小宇的这一行为,于是批评了小宇。因为小宇在家是父母眼中的乖宝宝,在学校是老师眼中的好学生,从未被当众批评过,所以内心既委屈又愤怒。小宇认为是小明害他被批评,于是当场和小明厮打了起来。小宇当时无法控制自己的情绪,事后却十分后悔。这是为什么呢?青少年遇到挫折后,必然会有一定的行为表现。由于每个青少年的成长环境、生活经历和个性的不同,行为表现也各种各样,这些表现可以分为理智型和非理智型。下面主要讨论非理智行为反应。

(一) 攻击行为

攻击行为是指以伤害另一生命的身体或心理为目的的行为,即对他人的敌视、伤害或破坏性行为。攻击行为包括身体、心理或言语等方面。挫折导致攻击是因为消极情感与攻击行为之间存在一定的关系。挫折是令人讨厌的、不愉快的情感体验,由这种挫折产生的消极情感(如愤怒),可能会引起攻击倾向。常见的青少年攻击行为有校园霸凌、家庭暴力、街头斗殴、青少年犯罪、网络暴力等。研究发现,打架和敌意性攻击在青春期迅速上升,在13—15岁时处于高峰,此后迅速下降。然而,青少年犯罪则在青春期随年龄增长而增长,这似乎与攻击行为的下降相矛盾。这主要是因为虽然攻击行为的绝对数量在下降,然而他们反社会行为的程度却在增加,从而导致了他们的犯罪。青少年的攻击行为还有一个特殊表现,就是欺负弱小同伴和低年级学生,如殴打、勒索他们。与一般意义上的攻击行为类似,欺负行为指有意地造成被欺负者身体或心理的伤害。欺负行为因攻击行为的不同,表现出三个特点:在未受激惹的情况下而有意采取攻击行为;欺负者与被欺负者的力量往往不均衡;这种欺负行为往往反复发生。

(二)退化行为

退化行为是指个体或群体在行为表现上出现退步、退化或降低的现象。青少年在经历挫折后做出大哭大闹、撒泼打滚、撕衣物或咬手指等与其年龄不相称的幼稚行为,似乎又恢复到儿童时期的习惯与行为方式。退化是一种消极的心理反应,可能会导致青少年在生活和学习中的表现越来越糟糕,甚至失去前进动力。如何避免退化行为呢?首先,要认识到退化的存在,意识到这种状态带来的负面影响,并尝试调整心态。寻求帮助也是防止退化的重要途径,可以与朋友、家人或专业人士交流,获得他们的支持和建议。同时,对挫折的正面解释和思考也是重要的,通过促进积极心态和行为来帮助自己走出退化状态。

(三)冷漠态度

冷漠是指个人受到挫折后,不以愤怒和攻击的形式表现,而代之以一种貌似无动于衷的冷淡态度。挫折后的反应,有时不是攻击,而是沉默与冷漠。冷漠中也包含有愤怒不满的情绪,只是这种情绪被暂时压抑,没有爆发,而是以间接的方式表示反抗。当青少年在学习中受到挫折但又无法脱离学习时,往往会产生冷漠反应,其结果是对学习丧失热情,没有学习动力。个人受挫后为什么没有表现出不满和愤怒的情绪,而出现冷漠态度呢?这与个体受挫折程度、心理承受能力、自信心强弱、周围环境压力大小、个人学习、适应能力等都有关系。

(四)固执反应

固执是指人遭受挫折以后执意地重复某些没有目的的活动。在大多数情况下,这些重复性活动是没有效果的,是在做无用功。具有固执反应倾向的青少年往往缺乏机敏的品质与随机应变的能力,他们找不到合理地解决问题的方法,误以为固执是坚定,机敏与应变是投机行为,这种刻板式的反应更无助于问题的解决。

(五)妥协反应

青少年受挫后,有时会采取妥协的方式来减轻心理的紧张。认知失调理论认为,当人们遇到的情况与心里的想法不一致时就会产生认知冲突,解决的最常见的办法就是被迫服从,之后再设计合理的理由去解释,以减轻失调的紧张状态。

（六）自我惩罚

有些青少年遭受挫折后,没有得到周围人的支持和帮助,可能会认为自己一无是处,产生万念俱灰的感觉。这时,他们可能会将自己作为发泄的对象,进行自我惩罚。这可以看作是一种变相的攻击行为,只不过对象不是他人,而是自己。而针对个体自身的发泄和攻击,通常是有自残或自杀行为。

四、挫折的作用

（一）挫折的积极作用

1. 挫折能提高青少年的认知水平

面对挫折和失败,一部分青少年并不是手足无措、被动等待,而是积极总结经验,反思自己的认识过程,找出不足,及时采取补救措施。所谓知不足而后学,学好后再去用。如此反复,有助于青少年的知识结构不断完善。同时,青少年会积极汲取经验和教训,改变策略,努力提高自身解决问题的能力。

2. 挫折能增强青少年的承受能力

遭遇挫折后仍能正常地进行社会活动,这样的青少年,其承受力较强。一个人历经艰辛,遇到的挫折比较多,那么他对挫折的承受力也随之增强。鼓励青少年丰富自身的挫折经历及其应对措施,日积月累,奠定了以后青少年面对挫折的策略及心理准备。这种预期可以大大降低挫折的程度,从而提高青少年对挫折的耐受力。

3. 挫折能激发青少年的活力

为了摆脱挫折,青少年常常被驱使去为实现目标而做出更大的努力。"有压力,才会有动力",当青少年遇到挫折时,才会产生心理压力,迫使他们采取有效的措施来减轻压力,化挫折为动力。挫折是一种内驱力,生活中的强者往往被挫折激发出强大的身心力量。虽身处逆境,却百折不挠,投入更多的时间和精力,发奋努力,最终实现自己的愿望。

（二）挫折的消极作用

1. 影响青少年的身体健康

医学专家发现,50%—75%的疾病都与压力和挫折相关,高挫折可能导致身体上的许多疾病,挫折对青少年的心血管、胆固醇和心肌缺血有重要影响。挫折所诱发的沮丧情绪和血压之间有显著的关系。青少年为了应对挫折,可能会出现不健康的饮食行为,这提高胆固醇风险水平,挫折后的负性情绪会增加心肌缺血的风险。不善于应对挫折的青少年可能伴随许多不良症状,如头疼、高血压等。当一些青少年通过酗酒和抽烟等方式试图解决挫折引起的身体不适时,反而会使他们的健康进一步恶化。

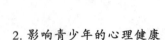

2. 影响青少年的心理健康

挫折与抑郁症状、消极情感等有一定程度的联系。挫折可能导致人们产生焦虑、沮丧、失望、愤怒、无助等负面情绪，这些情绪可能会影响人们的睡眠、食欲、健康状况等，从而引起身体上的疲惫和虚弱。持续的挫折体验会产生不安全感，并且容易使人消极、分裂和病态，从而削弱健康。同时，挫折强度过大、持续时间过长，还会对个体的耐挫特质造成不良影响，其心理健康的不良程度就越高，使人变得更加脆弱或者更加消极悲观等。挫折可能使人感到迷茫和绝望，对自尊、自信产生严重影响，甚至威胁到人的生命。

五、应对挫折的策略

近年来，新闻媒体对于青少年"自杀""离家出走"等相关报道日益增多，表明青少年的心理健康问题日益突出。青少年是学生身心发展的关键期，处于该阶段的学生的生理和心理发展极不均衡，尚未形成健全的思想和社会行为方式，面临困难时更易产生挫折感，极易走向极端。因此，培养青少年挫折应对能力显得尤为必要。

（一）发挥青少年主体作用

1. 树立正确的挫折认知

青少年从出生开始，人生的每个阶段都会遭遇大大小小的挫折。随着年龄的增长和越来越激烈的社会竞争，遭遇挫折的次数也变得越来越多，青少年应该做好随时可能遭遇挫折的充分心理准备。应该认识到在青少年成长过程中遭遇挫折是十分正常的情况，挫折具有普遍性和必然性，挫折是客观存在的，不以人的意志为转移。此外，青少年应当不断提高思辨能力，有效管理自我情绪，理解看待挫折的两面性，挫折带给人们困惑和烦恼的同时，也会催人上进、使人奋斗，要知道，逆境有时可能会演变成一种新的时机和幸运。对挫折的正确认知能够控制青少年的不良情绪和过激行为，有利于青少年正确认识自我。树立正确的挫折认知对于青少年耐挫力的培养有重要的促进作用。

2. 积极参与挫折教育

青少年遇到挫折时，应积极与父母、老师和同伴等沟通倾诉，寻求大家的帮助，及时排除不良情绪、摆脱不良状态。同时，青少年应积极参与挫折教育，明确挫折教育的价值，掌握关于挫折承受力的理论知识，在实践活动中不断增强抗挫折能力，培养抗挫毅力。挫折教育不仅体现在思想政治教育中，还应开辟研学旅行活动，有针对性地进行挫折教育，通过实践活动和榜样的力量等途径来创造挫折情境，让青少年通过具体的挫折情境得到深入内心的挫折教育。例如，学生在一次体验革命先辈面临重重险阻、不畏艰险的研学旅行之后，在实践中运用所学知识克服所遇挫折，总结反思克服挫折的经验，并将实践经验用于下一次的挫折情境中，反复再三，锻炼意志，巩固能力。

（二）明确家庭关键作用

1. 培育子女阳光心态

营造和谐美满平等的家庭环境,关心子女的心理健康对青少年的挫折承受力的培养十分重要。具体来说,溺爱型教养方式容易使孩子养成自私自利、依赖性强、独立性差、抗挫折力弱等特征;专制型教养方式要么让孩子处于压抑状态,要么孩子会叛逆反抗,容易使孩子形成被动、懦弱、叛逆、逆反等心理特征;放任型教养方式容易使孩子养成没有规矩意识、过于放纵自由、没有安全感等特征。因此,家长一定要避免以上几种不良的教养方式,采用民主型的科学教育方式,营造和谐、美满、平等的家庭环境,耐心倾听孩子的声音,培养孩子理智、乐观、阳光等品质,并且还要有意识地培养孩子的挫折承受力。在优良的家风中,潜移默化地进行挫折教育,帮助孩子在今后的生活中看淡困难、乐观应对挫折、迎接人生的挑战与机遇。

2. 关注特殊子女耐挫性

虽然现在的政策鼓励人们生育多个子女,但随着人们意识的转变,很多年轻夫妻往往更愿意选择只生育一个孩子,独生子女这一特定社会群体在未来相当长一段时间内仍将持续存在。独生子女家庭最容易出现"溺爱"现象,"溺爱"是培养子女抗挫折力的一大重要阻力。应避免溺爱,适当地放手,培养子女的独立性。除了独生子女群体,还要特别关注另一些"特殊子女"群体的挫折教育。此类群体包括残缺家庭子女、残疾子女等,他们或失去父母的爱和教育,或失去健康的身体,他们需要更多的关爱。对于残缺家庭子女,身边陪伴的亲人应给予更多的关怀,以弥补他们在其他亲人那里失去的爱;对于残疾子女,父母、朋友、亲人和他人也要给予更多的鼓励、关爱和尊重,帮助他们战胜自卑,树立自尊和自信。

（三）强化学校主导作用

1. 继续推进素质教育

学校按照党和国家的方针政策,将挫折教育作为素质教育的有力载体,利用挫折教育完成对青少年素质教育的要求和对青少年"核心素养"的培养。培养青少年的"核心素养"促使青少年健康成长、全面发展。培养"核心素养"要求学生拥有健全人格,其中健全人格要求学生具有良好的抗挫折能力,将抗挫折能力作为新时期青少年应该具备的一项能够适应终身发展和社会发展的关键能力,学校将挫折教育作为培养学生"核心素养"的一项重要举措去进行和开展,利用挫折教育培养时代要求青少年所具有的核心素养。

2. 全面开展挫折教育

其一,将挫折教育列入青少年的教学计划,并设立专门的监督机制。加大学校和社会对青少年挫折教育的重视度,更加明确挫折教育的目的性原则和挫折教育的实施范围和程度,使青少年挫折教育规范化、系统化,有规划好的教育目标和教育计划。

其二,挫折教育对象层次化,区别对待不同年级、性格的学生,分层次的整群教育方式,将具有共性的学生进行分类教育,既可以节约教育资源,还可以取得明显的成效。

其三,在挫折教育中,班主任继续发挥思想教育的主要作用,制定挫折教育的目标,号召学生积极参与挫折教育,对学生的挫折问题具体分析,既提高挫折教育的整体效果,又有针对性地解决每一个学生的挫折问题。

其四,思想政治教师深入挖掘青少年学生政治教材。高中思想政治教师应结合学生的年龄和心理特点,联系学生的思想和社会实际,开展挫折教育。深入挖掘教材,利用思想政治教材中的丰富的挫折教育素材,在课堂中进行挫折教育。

最后,健全心理咨询和心理辅导机构,开设相关课程讲座及课外活动。青少年的心理较为复杂,心理健康疾病较为频发,面临的挫折也是形色各异,学校应该为学生提供完善的心理咨询条件,增加相应的心理辅导机构和专业化的心理健康教师,为青少年提供更及时、更有针对性和更专业化的心理辅导。

(四)增强社会助推作用

1. 健全社会关爱组织

挫折教育是一个社会问题,应该引起全社会的关注。要建立健全社会关爱组织,营造宽松的社会环境,对广大青少年进行挫折教育。

2. 拓宽挫折教育渠道

善于利用新媒体,拓宽挫折教育的渠道。一方面,发挥电视、报纸、杂志和广播等传统媒体,适时适宜地推出与青少年挫折教育、心理健康教育有关的新闻、电视节目。电视、广播可以播放时下发生的青少年心理健康问题相关案例。另外,可以邀请相关心理学专家做客电视节目,为观众解读青少年的受挫反应以及疏导青少年受挫心理的有效措施,报纸、杂志可以开设与青少年挫折教育或心理健康教育有关的专栏,使社会中的人更准确地了解当前青少年受挫的情境来源、受挫后的心理与反应,进而有效应对。另一方面,利用互联网、手机、各类软件等新兴媒体,拓宽挫折教育的渠道,增加挫折教育的方式。例如,可以利用新浪微博、腾讯、头条等各类App、软件推送相关青少年心理健康问题的文章、视频等内容。除此之外,社会上其他教育资源也不应该被忽略,如图书馆、博物馆和纪念馆。图书馆是十分重要的社会教育资源,图书馆也可以举办一些读书会活动,由学校组织青少年参加,帮助青少年增长见闻,培养他们的意志品质。社区可以定期举行一些活动,组织青少年参观博物馆和纪念馆,学习名人先进事迹和我国优秀传统文化。这些活动不仅可以帮助青少年开阔视野,还能让青少年学习前人坚韧不拔、百折不挠的优秀品质,促进青少年耐挫力的提升。

本章小结

本章内容结合青少年意志行动的特点,分析了当代青少年意志品质的现状,并结合影响青少年意志品质发展的因素,提出了培养青少年意志品质的方法。其次探讨了青少年的挫折心理,并从挫折的含义和挫折产生的原因出发,分析青少年受挫折后的行为表现,同时分析了挫折的作用,表现为积极作用和消极作用两个方面。在研学旅行过程中,青少年应不断锤炼意志力,接受挫折教育。

本章思考题

1. 请简述挫折对青少年的积极作用。
2. 请列举三种帮助青少年应对挫折的策略。

在线答题

第七章
青少年社会发展与研学旅行

 本章概要

  青少年的交往处于家庭、学校和家校之外的社会系统。在研学旅行过程中,同学关系和师生关系是青少年主要的社会关系,对其发展起着至关重要的作用,亲子关系和陌生人关系也有不同程度的影响,有必要对此进行深入、细致的研究。

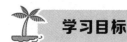

知识目标

1. 了解青少年的同学关系、师生关系、亲子关系等基本内涵。
2. 熟悉青少年同学关系、师生关系的影响因素。
3. 掌握调节青少年同学关系的有效方法。

能力目标

1. 领悟青少年同伴关系的重要性、同伴地位的类型及影响因素。
2. 增强在交往过程中处理欺负和服从行为的能力。
3. 提高面对青少年不同人际关系实施心理调节的实践能力。

思政目标

1. 引导青少年通过研学旅行实践活动,培养社会责任感和公民意识。
2. 正确认识新时代的同学关系、师生关系、亲子关系,树立正确的价值观和人生观。

第七章 青少年社会发展与研学旅行

知识导图

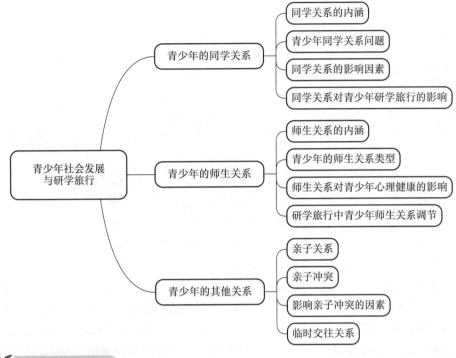

章节要点

同学关系：指同学之间相互支持、关心和团结的程度。要发展自我共情，改善同学关系。

广义的师生关系：指存在于教师和学生两者之间的一种人际关系，是教师和学生在认知、情感以及行为上产生彼此交往的一种心理关系。要重视研学旅行中青少年师生关系的调节与改善。

亲子关系：指父母与子女之间的关系，这种关系涉及法律上的权利与义务，同时也涵盖了情感、互动和教育等多个层面。它是儿童最早建立起来的人际关系，对个体的成长和发展具有深远的影响。可以从法律、心理学、社会学、教育学等多维度理解亲子关系。

第一节 青少年的同学关系

一、同学关系的内涵

在青少年期的过渡阶段，个体的社交模式发生了显著变化。青少年独处以及与朋

友共度的时光逐渐增多,而与父母相处的时间则明显减少。青春期的生理发育不仅激发了青少年对人际关系的兴趣,还使他们与父母保持一定的距离。与此同时,认知能力的发展使青少年对社会关系有了更复杂的理解,开始抽象地分类人群,并寻求个体所属的群体属性。这种社会身份的转变,加上中学更广阔、更匿名的环境,促使青少年寻找与自己有共同兴趣和价值观的伙伴,形成与童年时期截然不同的朋友圈。

在青少年阶段,对亲密朋友的渴望变得尤为强烈。与儿童时期松散的同伴关系不同,青少年开始寻求情感上的满足和深度联系。他们不仅寻找志趣相投的玩伴,更渴望建立一种能够分享成熟情感、困扰和个人思想的亲密关系。这种关系需要相互理解、支持和关爱,而不仅仅是分享秘密或计划。朋友之间的这种深度交往,对青少年的心理发展和情感满足起到了至关重要的作用。

在青少年期,成功建立和维持同伴关系是衡量其社会适应和心理适应的重要指标。这种成功的关键之一在于朋友之间的亲社会意愿,即愿意提供帮助、情感支持、建议和信息。值得注意的是,男孩和女孩在同伴关系上存在一定的性别差异。男孩更倾向于独处,而女孩则更渴望与朋友共度时光,并从朋友那里寻求更多的情感支持。

此外,青少年对学校和班级中的人际关系也非常敏感。同学关系作为同伴关系的一种特殊形式,对青少年的心理健康和整体发展具有重要影响。学校的社会心理环境,特别是班级环境,对青少年的成长和学习具有深远的影响。在这个环境中,同学关系、师生关系、秩序纪律、合作竞争及学习负担等因素共同构成了班级的核心成分。同学关系不仅是学生在校期间同伴关系的主要形式,还对其学业成绩、行为习惯和心理健康产生着显著影响。

二、青少年同学关系问题

(一)孤独感

青少年有时候会觉得空虚孤立、厌倦,特别是在觉得自己被人拒绝、排斥、孤立,无法控制情境时,他们更可能认为自己是孤独的。青少年感到孤独是由多种原因造成的。有些人不知道如何与人交往,他们很难有恰当的行为,也难以学会在不同的情境中表现不同的行为。有些人则觉得会被拒绝,所以回避可能使自己窘迫的活动。通常,感到抑郁及情绪困扰的青少年难以建立亲密的人际关系。有些人则是在成长过程中逐渐对所有的人失去信任,因此他们对人际交往报以玩世不恭的态度,回避社会交往和与人建立亲密关系,借此保护自己不受伤害。还有一些青少年觉得缺乏来自父母的支持,这使得他们难以结交朋友。任何时候,他们都把建立友谊看成弊大于利的一种社会危险,所以他们难以建立有意义的人际关系。

有时候,甚至和其他人在一起时,青少年也会有孤独感,因为大家难以沟通或变得难以亲近。不同的青少年应对孤独感的方式是不同的:比较独立的人会忙于自己的个人爱好,会调节自己的情绪,所以他们更为充实;比较依赖的人则试图扩展自己的社交圈,想方设法与他人建立联系,或在社会组织、体育锻炼、心理咨询等方面寻求专业帮助。大多数青少年和成年人一样,在生活中的某些时候会体会到孤独感。

（二）服从同伴

一般认为，个体因为来自他人的真实的压力或者想象的压力而采纳他人的态度或行为时，就表现出了服从。服从同伴的压力在青少年期变得超乎寻常。在价值观、行为、爱好（如音乐、服装等）等方面服从同伴团体，从儿童期到青少年中期变得越来越引人注目。当青少年不确定到底该怎么做的时候，他们更可能会顺应同伴的要求。从同伴团体那里获取建议、听取意见、得到社会支持的这种日益突出的倾向，可能有助于青少年从事实上、情感上、社交上减少对父母的依赖。同伴也可能成为家庭冲突之后的避难所，成为青少年寻求更多独立的资源。在青少年期，服从同伴压力既可能有积极的一面，也可能有消极的一面。青少年会表现出各种消极的服从行为，如讲脏话、偷东西、搞破坏、取笑父母和老师。被同伴拒绝的痛苦是刻骨铭心的，而为服从同伴做出的努力则可能会妨碍独立决策和自立。尽管大多数青少年感受到来自同伴的压力，要求自己的行为符合同伴群体的价值观和目标，但不同人群中的服从压力水平千差万别。同时，青少年对同伴的服从并不完全是消极的，它包含的是投入同伴世界的渴望，比如研学旅行过程中像同伴们一样穿衣服、想要花很多的时间和朋友在一起。

同伴服从也有其发展模式。通常在小学三年级时，父母和同伴的影响可能有时是抵触的。由于这时候主要是对父母的服从，所以，此时的儿童可能仍然与父母保持紧密的联系，依赖父母。然而，到小学六年级时，父母和同伴的影响可能就不再是直接对抗的了。对同伴的服从增加了，但是父母和同伴的影响在各不相同的方面起作用——父母主要是在某些方面产生影响，而同伴则在另一些方面发挥作用。到九年级时，父母和同伴的影响可能会再次产生强烈的冲突，这可能是因为青少年此时对同伴社会行为的服从比其他任何时候都更为强烈。这时候，青少年采纳受同伴推崇的反社会标准就会不可避免地在青少年与父母之间引发冲突。

早前对亲子关系的看法是，父母和同伴的对立会一直持续到中学后期和大学阶段。但是研究表明，在青少年后期，青少年对同伴推崇的某些行为的服从下降了，而在某些方面，父母和同伴之间的一致性会开始增加。

总之，年幼的青少年比年龄更小或更大的人更可能屈服于同伴压力。父母权威型的教养方式与对同伴压力的抗拒有关：如果父母是支持性的，青少年就会尊重父母，进而遵从父母制定的规矩，考虑他们的建议；相反，父母的控制太多或太少，则会导致孩子高度倾向于依靠同伴。

尽管大多数青少年会服从同伴压力和社会标准，但是有一些青少年则是"不服从者"（Nonconformist）或"反服从者"（Anticonformist）。当个体知道周围的人对其的期望，但是却不以这种期望为行为指导时，就是不服从。不服从者是独立的，比如，青少年选择不参加任何朋党。而当个体对团体的期望做出相反的反应，并刻意与团体所提倡的行动或者信念背道而驰时，就是反服从，比如"光头党""朋克"就是反服从的代表。

总而言之，同伴压力是青少年生活中的一个普遍问题。它可以表现在青少年行为的几乎所有方面——他们选择的服饰、音乐、语言、休闲活动等。父母、老师及其他成人可以帮助青少年处理同伴压力。青少年需要与同伴和成年人谈论他们的世界及所遇到的压力的机会。青少年期的发展变化常常会带来一种不安全感,面对这种不安全感和自己生活中发生的令人眼花缭乱的变化,年幼些的青少年可能更为脆弱。要应对这种压力,年幼的青少年就需要在学校及校外获得成功的经验,以增加他们的控制感。青少年会明白,他们的世界是相互牵制的。其他人可能会试图控制他们,但是他们对自己的行为能够有自己的把握,并反过来影响别人。

(三)欺负与受欺负

欺负行为是一种特殊类型的攻击行为,它是指力量相对较强的一方对力量相对弱小或处于劣势的一方进行的攻击,通常表现为以大欺小、以众欺寡、以强凌弱。欺负是青少年同伴拒绝中的一种极端形式,由三个部分构成:攻击性(身体上的或者言语上的)、重复性(并不是一个突发事件,而是存在某种模式)和权力失衡(欺负者的同伴地位要高于受害者)。

研究表明,欺负行为的受害者有某些特定的特征。受害者往往是被同伴拒绝地位较低的青少年。因为他们的社会地位较低,其他青少年也不愿意去保护他们。不过,并非所有被拒绝的学生都被欺负。受到伤害但有朋友支持的孩子比没有支持的孩子更不可能陷入这种恶性循环。

欺负者的社会地位更为复杂:有时他们自认为是地位高的青少年,把欺负别人当作一种声明并且维持自己高地位的方式;有时他们是中间地位的青少年,会跟随地位高的欺负者去欺负别人,从而避免成为受害者;有时地位低的青少年会将那些比他们地位还低的人作为欺负的对象,约有1/4的欺负者同时也是受害者。

欺负对青少年的成长有许多负面影响。通过对28个国家青少年欺负的研究发现,有过被欺负经历的受害者暴露出了更多的问题,包括身体症状,如头痛、背痛与难以入睡,同时也有心理症状,如孤独、无助、焦虑和不快乐。其他的许多研究也得到了相同的结果。不仅是受害者,欺负者们也存在高风险的问题。加拿大一项研究用7年的时间调查了从10—14岁过程中的青少年,结果发现,欺负者比没欺负过别人的人暴露出了更多的心理问题,包括与父母、同伴的关系问题。

在研学旅行过程中,老师和研学指导人员可以通过使用一些策略来减少欺负行为的发生。其一,让年龄较大的同伴监督欺负行为,一看见欺负行为发生就出手制止;其二,帮助常常受到同伴欺负的青少年建立以友谊为基础的同伴团体。

(四)青少年异性交往

在刚刚开始的恋爱关系中,很多青少年可能并不是为了满足依恋或者是为了满足性需要,而是想借此探索自己究竟有多大的魅力,自己应该怎样谈恋爱,所有这些在同伴眼中又是如何看待的。只有在青少年获得某些基本的、与恋爱对象交往的能力之后,对依恋和性需要的满足才会成为这种关系中的核心功能。此外,至于约会的原因,年龄较小的青少年往往提到的是娱乐、获得同伴地位;到了青少年后期,年轻人对心理上的亲密感有了更大的需求,这时候他们想要找一个可以提供陪伴、感情和社会支持的人。

学会与异性交往，达成异质社交性是青春期重要的社会目标之一，所以与异性交往并非"长大以后的事，而是青少年走向成熟的一个重要途径"。因此，教育者应转变将青少年的异性交往神秘化、危险化，从而把异性交往划为禁区的教育观念。这种观念也许能够成功地阻止一些青少年的不当尝试行为，但是，它同时也加重了青少年在异性交往方面的心理负担，给青少年达成异质社交性增添了障碍。实际生活中，许多因与异性交往而影响学习，主要是影响考试成绩，其真正的原因并不是分散了精力，而是承受不了巨大的精神压力，这种压力又往往来自教师或家长对于异性交往的过敏反应。研究发现，当前青少年在异性交往的退缩性人格上表现较为突出的现象已经证实了这种教育观念的危害性。同时，研究也发现，教师和家长对学生正常异性交往持赞成态度的学生群体，其异性交往心理最为健康，优于不提倡、放任与严厉限制态度下的群体，这也说明了教育者的教育观念对青少年异性交往心理健康状况的重要影响作用。另有不少教师存在指导青少年的异性交往不属于教师责任范围的观点，或是认为随着青少年的成长，自然而然就能学会如何与异性交往。诚然，如何与异性交往不在学校考试范围之内，但它应该在教育范围之内。尤其是当我们强调素质教育的时候，教师就有责任指导学生学习与异性交往。因为对涉世不深的青少年来说，与异性交往是一个全新的领地，有很多的疑问和困惑。据一些心理咨询专家反映，我国青少年来电来信所寻求帮助的问题中，与异性交往有关的占了相当大的比例。所以，教育者既应看到青少年异性交往的积极作用，又应注意青少年容易出现的异性交往心理问题，以正确的观念和科学的态度对其进行适度和适当的指导。

适度，是指在进行异性交往心理教育时，要根据青少年的年龄特征与承受能力，把握分寸，防止过度。过多的教育内容有可能适得其反，太少又起不到指导作用。过分超前不符合青少年实际，而落后的青少年又不愿听。对于设有专门心理素质教育课程的学校，教育者在选择青少年异性交往心理教育内容时，最好能够根据本班学生实际而定，并且符合国情民俗。这是异性交往心理教育取得成功的一条基本原则。

适当，主要指教育的观念、形式、方法与态度要适当。对学生应持善意、真诚、严肃、认真的态度，启发、引导和帮助青少年，并且注意不要随便触及学生隐私，如他们的日记、书信等。教师应持有适当的教育观念，要考虑到中西方文化、习俗的差异，摒弃一些不合时宜的做法。教师应端庄严肃，要注意语言文明，应以正面教育为主，而不是漫无边际地批评否定和一味从反面事例中寻一找教训，这是异性交往心理教育成功的一个重要保证。最后，教师的选择应适当，应选择个性心理品质健全、热爱这项教育工作、具有较强事业心的人成为教育者。

研究发现，与异性交往愿望强烈、异性交往效能感高、在异性交往方面付出努力多的青少年，他们容易产生交往失调的心理问题，因此，教育者要注意青少年在异性交往过程中是否存在不合理认识、观念、态度、动机或行为。例如，他们是否为满足生理需要，为了向别人炫耀自己而与异性交往；是否单纯选择外表漂亮、英俊、时尚、前卫、出手大方或有钱的异性交往；异性交往的对象是否单一、异性交往场合是否健康；是否容易把握不好异性之间正常交往的程度并表现出不当的行为；是否因对异性过分思慕、爱恋而对正常的学习、生活甚至生理健康造成不良影响；是否对异性交往的规范方面存在不合理的认知或观念等。对于这部分青少年进行针对性的教育时,教育者应指导学生把握异性交往的原则,主要是指应把握好异性交往的适度原则,包括广度与深度两个方面。异性同学之间离得太近或太远,都不是最佳状态。与异性同学交往不能影响学业,不能损害身心健康。与异性交往的方式要恰到好处,应为大多数人所接受等。把握好这些交往的"度",才不至于因异性交往过密而萌发"早恋",又不会因回避或拒绝异性而对交往双方造成心灵伤害。此外,教给学生一些异性交往的技巧是十分必要和有效的。健康异性关系的建立有许多技巧,比如讲究礼节和礼仪、说话和气、称呼得体、举止大方、以诚相待等。

在集体交往方面,积极向上的群体交往氛围有利于培养异性交往的能力,便于掌握异性交往的原则、方法,抑制交往中出现的不良现象。可以扩大与异性同学交往的圈子,尽量不固定异性同学交往的对象,要做到心态平和、一视同仁。

要重视启发学生的内部心理机制,用自己的意志和理智来调节自己的交往心理和行为,用苏霍姆林斯基的话来说,就是"用理智来管住自己的心",做心灵的主人。

对于已经陷入"早恋"漩涡的学生,应使他们学会升华自己的感情。对于学习成绩差、与异性交往愿望不强、异性交往效能感低、在异性交往方面付出努力的程度小的青少年,研究发现其容易产生退缩性人格、偏执和过度防卫的异性交往心理问题。因此,教育者应关注这部分青少年的相关情绪和行为特征。如与陌生异性见面是否很不自然,与异性说话是否很容易脸红,是否害怕明知没有危险的异性,是否感到在异性同学眼中是一个可有可无的人,对自己的异性交往感到悲观、失望。教育者还应关注这部分青少年是否对异性交往或异性存在固执的偏见。如是否对异性心存敌意,是否不能正确认识异性交往的积极功能或异性的优点。另外,应关注这部分青少年是否对异性交往或异性敏感、多心与求全责备,是否对异性经常进行言语或行为的侵犯、攻击,甚至以攻击异性为乐,是否在异性交往中存在嫉妒的不良情感。对这部分青少年进行针对性的教育时,教师应首先引导其端正认识。对异性交往的正确认识是加强教育和辅导的前提。在与异性交往日益开放、频繁的情况下,教师应帮助青少年认识到正常异性交往的必要性,将正常交往带来的益处和不当交往或回避交往带来的弊端区分开来,摒弃"男女授受不亲""异性交往就是谈恋爱"等种种不正确观念,切忌将不当交往中出现的问题归咎于正常的异性友谊或异性关系,并由此全盘否定中学阶段的异性交往。

其次,教师应帮助他们调整心态。教师在指导青少年异性交往的教育过程中,要提醒青少年保持大方、坦然、热情、谦虚的良好心态。因为正常的异性友谊本来就是感情的自然发展,不带任何矫揉造作和忸怩作态,那样反而影响彼此之间的真诚交流,异性之间自然交往的步履常能描绘出纯洁友谊的轨迹,这已被无数的生活实践所证明。

另外,进入青春期的青少年常常会遇到许多各不相同的异性交往心理问题,但又担心"隐私"暴露,不敢对别人讲,自己又找不到解决的方法,往往十分苦恼,有时甚至发展为较严重的心理障碍。对这部分学生进行个别咨询或个别指导,效果就比较显著。

家庭是孩子成长的主要环境,是青少年接触最多、最容易引发矛盾的场所。一般来说,父母文化程度越高、职业地位越高、经济状况越好、家庭结构越完整、家庭氛围越和谐、家庭教养方式越民主,以及父母赞成其与异性正常交往,与父母关系越和谐的青少年不容易产生异性交往心理问题。正如马卡连柯所说的"如果孩子从一岁起就看到父母之间真正的爱情、相互尊重、帮助和关心,公开表现的温柔和爱抚,那么这一切是最有效的教育因素,男女之间这种严肃而美好的关系必定会引起孩子的注意"。家庭教育既是学校教育的先导,又是有益的补充。青少年的异性交往心理教育需要家庭教育的密切配合。父母应努力营造温馨和睦的家庭气氛,对子女采取民主的教养方式,对子女的正常异性交往持赞成态度,与子女建立一种和睦平等的关系,这样才能避免和降低青少年出现异性交往心理问题。学校的异性交往心理教育也必须向家庭延伸。学校可以通过建立家长学校、开办家庭教育讲座、召开家长会议、设立家长接待日等向家长宣传有关异性交往的常识,探讨家庭异性交往心理教育方法,从而优化家庭教育环境,提高家庭教育质量。

最后,社会是青少年成长的基础和大环境。青少年异性交往心理教育不但需要学校、家庭配合一致,还需要有社会成员的大力协助。社会上的其他成员要以对下一代和社会负责的态度,用自己的言行对青少年施以良好的影响。

三、同学关系的影响因素

良好的同伴关系体现了青少年在群体中建立积极人际关系、适应复杂社会情境的能力,是社会资本的雏形和"原始积累",直接影响青少年外显的社会价值和身份认同,并为他们顺利度过青春期提供重要的情感支持。相反,排斥、欺凌等不良的同伴关系会产生一系列负面影响,包括增加抑郁风险、强化阻碍认知等,且这些负面效应可能会一直持续到成年。

(一)家庭社会经济地位

同伴关系的形成本身受到学生个体、家庭等诸多因素的影响,即存在"同伴自我挑选"导致的内生性问题。例如,家庭社会经济地位很有可能既影响学生的学业成就,也影响其同伴关系的形成,进而导致对同伴效应的高估。因此,理清家庭社会经济地位对同伴关系的影响,既有重要的理论和现实意义,也有助于从方法论上更好地推动同伴效应的研究。

基于西方社会的研究发现,家庭社会经济地位显著影响青少年的同伴关系。家庭条件比较富足的青少年,朋友相对较多,同伴关系的质量较高;而处于劣势的家庭社会经济背景使青少年更容易遭受同伴拒绝或处于边缘位置。从作用机制来看,家庭社会经济地位既可以对青少年的同伴关系产生直接影响,也可能通过家庭居住地、文化资本、教养方式等因素产生间接影响。例如,相同种族、收入水平接近的家庭更有可能居住地邻近,子女更容易形成朋友关系;移民家庭的子女因移民身份和语言能力而难以与本土青少年深入交往;父母对子女的关心、了解以及与子女的相处时间等教育投入也会影响孩子的同伴关系。

部分经验研究支持了上述结论,发现主观社会经济地位对同伴关系质量的影响较

青少年心理学

客观社会经济地位略大,且家庭教养方式和学生心理素质(如对压力和自尊的感知等)是家庭社会经济地位影响学生同伴关系的重要中介因素。然而,也有研究发现,家庭背景对孩子同伴关系的影响非常微弱,较低的社会经济地位并没有对青少年的朋友数量产生显著的不利影响。

此外,家庭社会经济地位不仅直接或间接影响青少年的同伴关系,还可能使这些影响作用因群体而异。例如,非精英阶层的青少年群体更有可能形成"反学校文化"和集体主义的群体规范,将自己置于学业的对立面,成绩优异的男生甚至可能遭到欺凌;而精英阶层的学生则可能更加认同以学习为导向的同伴文化。因此,学业成绩和良好的行为表现对社会经济地位较高的青少年的接纳度可能影响更大。然而,也有研究得出相反的结论。有学者发现,虽然非精英阶层的青少年在学业成就和亲社会行为等方面的表现弱于精英阶层青少年,但这些积极的个人特质却对非精英阶层青少年在同伴群体中的接纳度影响更大。

(二)学业成绩

我国中小学教育向来以升学为导向,学业成绩的重要性受到学校、家长和学生的普遍认可。名誉重要性理论提出,在一个群体中,根据群体规范或文化氛围,对群体成员的声望影响最大的属性,往往是影响该群体成员在群体内部接纳度的最主要因素。因此,青少年的个人特征与同伴群体整体氛围或文化的契合程度越高,则接纳度越高。社会地位效应理论则从社会资本的角度出发,将建立朋友关系的过程看作获取潜在社会资本的途径,认为个体倾向于跟地位较高的人交朋友。例如,在推崇学业成绩的学校环境中,拥有教育期望高、学业成绩好的朋友,对青少年来说是一种重要的潜在社会资源。因此,较高的学业水平会为个人带来更高的接纳度。在我国的教育环境中,学业成绩好是一种重要的社会资本,奠定了学生在学校的"地位",因而成为影响学生同伴关系的重要因素。有实证研究发现,与欧美国家相比,学业成绩对同伴关系的强烈积极影响是我国独特的友伴网络模式之一。不论在中小学生还是大学生群体中,我国青少年的学业表现始终是其接纳度的稳定预测因素。

(三)非认知能力和兴趣爱好

除学业表现外,非认知能力和兴趣爱好也是与青少年同伴关系紧密相关的个体层面的因素。研究发现,自我效能感作为非认知能力的一个重要维度,对朋友数量有显著的正向影响。而兴趣爱好对青少年同伴关系的影响存在明显的性别差异。运动能力是显著影响男孩接纳度的最稳定的因素,但体育爱好对女生接纳度的积极影响比男生小得多,甚至参与某些体育运动会对女生的同伴地位产生消极影响。这很可能是因为体育和文艺领域存在着性别刻板印象,导致体育爱好对男生的接纳度影响更大,文艺爱好对女生的接纳度影响更大。

兴趣爱好对青少年同伴关系的影响同样存在阶层差异。基于美国的早期研究发现,贫困家庭的子女更希望通过体育能力获得大学奖学金或成为职业运动员,因此他们比富裕家庭的青少年更倾向于认为体育运动是同伴群体地位的重要评判标准。然而,这一结论并未得到具有全国代表性数据的证实。关于文艺爱好对青少年同伴关系的影响,现有研究比较匮乏,仅有的少量研究发现,对贫困家庭的青少年来说,能否设法遮掩家庭贫困的状况对其群体地位十分重要。因此,可以合理推断,作为一种象征经济地位的"符号资本",文艺爱好很可能与学业成就遵循同样的机制,即在精英阶层中更加常见,但对非精英阶层青少年的接纳度影响更大。

四、同学关系对青少年研学旅行的影响

当青少年在外研学时,需要自己做出判断和选择,这是独立自主的初级阶段,一开始可能摸不着头脑,但是经过一段时间之后,青少年变得更加自信,从而能够更快、更熟练地做出决定。当青少年开始逐渐对自己做的决策有信心后,它将成为青少年的技能,为青少年带来相当的成就感。研学旅行是青少年以集体生活的形式出现的一种学习形式,他们需要处理好同学之间的关系,他们必须和同学以及陌生人进行交流沟通,他们必须服从一些命令,例如准时起床、准时吃饭……这种集体生活对青少年来说是一个新奇的体验,也是长大之后的一份珍贵记忆,更能锻炼青少年的能力。

在研学旅行的过程中,每一个孩子需要遵守作息规律:按时起床、吃饭、出发;在一个景点停留的一定时间;晚上需要讨论、学习,针对一个共同的课题或者一个任务,团队成员要配合默契,分工合作;而这些"项目制学习"是在祖国美好的河山间,在愉快的旅行过程中完成的,这就是研学旅行"寓教于乐"的意义所在。

世间万物皆是学问,研学旅行是一次体验全新环境和风土人情的机会,这样的机会会随着年龄增长越来越少。青少年在探索的过程中,会更加敏锐地看见和感受到,眼前的世界如此不同,这些感受会让生活变得丰富、回忆变得美好。走出去旅行,并不只是增长了见识、聆听了故事,而是更加放开心灵,拥抱值得拥抱的一切,并感激如此一段旅程成为生命的一部分,感恩生活。通过研学旅行,学生能够走出课堂,走向自然,走进社会,感受世间万物的魅力。在研与学的过程中,同学之间加深了了解,增进了友谊,学会了尊重与理解、团结与协作,对积极同学关系的建立产生重要影响。

接下来,将以初中学生为例,将改善同学关系与提高自我同情作为提升学生心理健康的出发点与落脚点,并给出针对性的教育建议。

(一)发展自我同情

Neff(2012)在《自我同情:接受不完美的自己》中提到,自我同情可以通过练习获得。Neff在《与真实的自己和解》中也提到,自我同情是一种技能,任何人都可以培养和发展,前提在于持之以恒地练习。因此,以下将介绍两种培养自我同情较为有效的途径:其一为停止批判、拥抱苦难,其二为培养愉悦、发展同情。

1.停止批判、拥抱苦难

此部分共有五个小练习,分别为自我接纳、拥抱苦难、愈疗过往、不断深入和同情

青少年心理学

遇阻。在开始练习时,个体需要通过呼吸正念和身体正念对自己进行身体扫描,以发现身体感官知觉存在的问题及其程度。若你能接受问题的存在,且能够面对它,则可依次进行以下这五个小练习。

一是自我接纳。个体能够觉察与接受身体中的一切知觉与脑海中的一切意识,并用同情、专注、悦纳的心态去欢迎它们,即可以通过身体正念与思维正念,对愉悦或不适的体验从容忍—接纳—欢迎—同情进行转变,并最终获得这一技能。

二是拥抱苦难。每个人都会经历苦痛与磨难,没有人能够逃避,因而我们要用同情来拥抱它们,将其转化为平和与谅解。练习的方式有两种:一种是幻想或描绘某个重要他人,并从他那获得接纳与同情;另一种是自己向自己传递同情,用温暖的话浸润磨难之处,给予自己爱与关怀。

三是愈疗过往。用同情触碰以往的苦痛,可以达到愈疗的效果。即可以通过三种方式达到:第一,觉察身体上存在的苦痛及发生的时间;第二,用平和的心态接纳它;第三,向过去的自己表示同情,直到你确保过去的自己可以接受为止。

四是不断深入。在以上途径都无法有效改善个体的处境下,我们需要主动、深入地了解苦痛的根源,即可以通过倾听身体的苦痛、倾听过去的自我、倾听部分的自我完成。

五是同情遇阻。即向自我传递同情受到的阻碍,一般可以分为由不堪重负或竞争承诺引起的阻碍:前者通过身体休息与放松便可达到消除的目的,后者则需要通过句子补充和可视化技术等方法找到阻碍并解开它的捆绑。

2. 培养愉悦、发展同情

此部分共有两个小练习,分别为培养愉悦和发展同情。在开始练习时,个体同样需要对身体进行扫描,以发现身体感官知觉存在的问题及其程度。若个体当前感觉愉悦,为保持此种心态,则可开始此类练习。此外,若个体在自我接纳、拥抱苦难、愈疗过往、不断深入和同情遇阻五个小练习中,体验到不适,也可转换到此部分的两个小练习中,以缓解不适。其一是培养愉悦感,即通过练习,帮助个体调节自身情绪,达到幸福安乐的感觉。具体方法:呼吸正念5—10次,能够专注与享受当下的呼吸,放下任务与忙碌,体验到身体每一部分的健康与协调并意识到生命的馈赠。其二是发展同情,即培养与发展个体给予他人同情和接受他人同情的能力。具体做法:想象一个给予同情的对象,向他们传递我们的爱与同情;幻想一个重要的人对我们的爱与接纳,在给予与接纳中,不断增强自己的同情能力。

(二)改善同学关系

同学关系是学生在校园中与之共同生活和学习的伙伴们之间的情感纽带。良好的同学关系对学生的成长和发展起着至关重要的作用。具有良好的同学关系能够提升学生的学习动力、促进友谊的建立和维系、塑造积极向上的心态。然而,近年来,同学关系不良逐渐成为困扰大中小学生的主要问题之一,它对学生心理健康产生的消极影响可见一斑。寻求路径改善初中学生的同学关系,是提升他们心理健康的重要保证,因此,本书将以个体内在突破与外在帮扶作为出发点,以此寻求改善其同学关系新途径。

1. 自我觉察、换位思考

此部分主要通过帮助学生在换位思考中,巩固同学友情。可以通过"空椅技术"和"角色书信疗法"来完成(张静,许祖祥,2019;刘学兰,江雅琴,2013)。

"空椅技术"是格式塔流派常用的一种技术,它往往运用两张空椅子,要求来访者坐在其中的一张椅子上扮演"胜利者",然后再换坐到另一张椅子上扮演"失败者",以此达到来访者所扮演角色的持续对话。通过此类方式,便可以在学生发生冲突时,引导他们互换角色、站在对方角度思考问题,从而使内心趋于平和,达到化解问题的目的。

"角色书信疗法"要求来访者站在自己和他人的立场上,进行角色交换,通过书信往复的方式向对方倾诉,在倾诉的过程中逐渐意识到自身的矛盾与困境,从而促进自身问题的解决。研学指导师(或心理健康教师等)可以采用此类方式,帮助学生把郁积的情感表达出来。因为信件不需要邮寄,这就意味着来访者不必害怕遭到对方的报复或指责,更不用担心表达是否有语法错误等。这种安全且放松的环境使来访者更容易接纳自身问题,产生自我同情与同情他人,并逐渐学会设身处地地为他人着想,最终获得心灵的涤荡与成长。

2. 对症下药、化解困扰

此部分以团体辅导为主,个体咨询为辅,共同改进班级氛围,改善不良同学关系。同学关系是个体对班级环境中人际关系氛围的整体感知,是同学之间相互支持、关心和团结的程度。要改善同学关系,还应从个体所处的班级团体入手。团体辅导便是在团体情境下进行的一种心理辅导形式,它以团体为对象,以辅导策略与方法为工具,通过团体成员间的交往互动,逐渐使个体认识、探讨和接纳自我,并能调整、改善和促进个体与他人的关系,以此达到增进同学感情、增加班级归属感和认同感的目的。团体咨询虽然能使班级环境得以改进,大部分同学关系问题得以缓解或解决,但对个别同学的根本问题,则无法起到有效作用,因而需要采取个体咨询。个体咨询是咨询者与来访者一对一地进行的心理咨询方式,目的是帮助来访者自助,使其被压抑的情绪得以释放,并增加对自我或情境的了解,增强自信心与主动性,学会自己做出判断和决定,从而使人格得到成长。它针对性强,深入细致,能够根据学生的实际情况做出判断与提出解决方案。因此,在二者的共同作用下,学生的同学关系方能得到有效改善,心理健康也将得到提升。

第二节 青少年的师生关系

一、师生关系的内涵

师生关系是青少年在学校背景中的主要人际关系之一,师生关系的质量会影响青少年各方面的发展,在研学旅行中也显得尤为关键。有研究发现,儿童早期形成的师生关系对儿童适应性和学业成就有重要影响。教师作为学生的密切联系对象,在学生的研学旅行中扮演着十分重要的角色,如某校的老师们携手为学生开发研学手册。师生关系作为学生与教师在日常生活中常见的人际关系,伴随着学生的整个学习生涯,乃至影响终身。

关于师生关系的定义,不同研究领域学者有所不同。师生关系是一个较大的命题,不同学科也会从不同视角展开研究,如社会学、教育学、哲学、文化学、法学、伦理学等学科。从社会学的角度,一般更多关注教师与学生的社会互动;从教育学的角度,师生关系是以教学内容为媒体的教与学的关系,是教师和学生在教育教学过程中形成的特殊社会关系与人际关系;从哲学的角度,侧重研究教师与学生两个主体之间的关系本质。

与之不同的是,从心理学视角研究师生关系,会将其视作师生之间以认知、情绪情感作为内涵,以二者之间的交往行为作为外化形式的心理关系。李瑾瑜(1996)首先论述了师生关系本质,认为师生关系是一种特殊的人际关系,而非单一的人际关系形式,她认为师生关系形成于教学过程当中,是教师和学生作为教学活动的参与者,通过情感、认知和行为等方式相互联系、相互作用、相互影响,从而形成的一种心理关系。林崇德等(2001)也认同师生关系是一种重要的人际关系,它是校园中学生和教师两个主体之间的基本人际关系。闵容等(2006)提出,师生关系是为了完成某些教学活动目标(升学、提升成绩等)而产生的有目的的人际关系。

因此,师生关系的定义可作如下表述:师生关系有广义与狭义之分,广义的师生关系是指存在于教师和学生两者之间的一种人际关系,是教师和学生在认知、情感以及行为上产生彼此交往的一种心理关系;而学校里的任课教师与在校学生之间的人际关系则被认为是狭义的师生关系。狭义的师生关系是青少年成长和社会化中不容忽视的人际关系之一,存在于整个学校教育,并且制约和影响着学生各方面的发展,尤其对学生学业的发展和心理健康水平极为重要的影响。

知识活页

师 生 关 系

师生关系是学生人际关系中重要的关系之一,新型的师生关系是尊师爱生、民主平等的关系。良好的师生关系有助于提升学生学业成绩和促进学生心理健康发展。但是,随着学生年龄的增长,学生自我理解、独立性以及思维水平等方面迅速发展,在日常学习和生活当中,学生越来越重视自己的观点和意愿,体现出鲜明的成人感。一般来说,越是高年级的学生越是容易与教师发生冲突。

当学生与老师发生冲突的时候,学生要做到以下几点。

第一,冷静。发生冲突和矛盾时,一定要尽量控制住自己的情绪,不要当面顶撞,以免使问题复杂化、扩大化、严重化。

第二,得当。给老师提意见要选择合适的场合,不要当众说,最好是单独谈,要选择合适的时机。例如,可以在师长心情愉快或情绪平稳时提意见,这样对方容易接受。

第三,坦诚。开诚布公地说出自己的看法,不歪曲事实,不推脱责任,不巧言矫饰,否则问题无法解决。

第四,尊重。提意见时态度要尊重,不能用指责或批评的口气,对方毕竟是自己的长辈。事后也不记小账,一如既往地尊重对方,这样会增进感情,促进师生关系的和谐发展。

资料来源 https://mp.weixin.qq.com/s?__biz=MzI3NjQzOTUzOA==&mid=2247499629&idx=1&sn=c73a3e74bfce262366b47e8e0051177e&chksm=eb7737f0dc00bee6fe9b92fcb2370600be64807f7d3f18081611b5be1ca38f47ac5e52ab3298&scene=27.

二、青少年的师生关系类型

关于师生关系的类型,国内外不同学者也有着不同的划分方式。师生关系的类型最早由 Lippitt 和 White(1952)参考管理学的相关理论划分,他们以教师的不同管理方式为依据,将师生关系类型分为三种:专制型师生关系、民主型师生关系和自由放任型师生关系。但是,这种分类方式更多地关注教师单方面的管理而没有强调学生的态度,因此有其自身的局限性。后来的 Siberman(1969)从师生互动角度出发,把师生关系划分为友好型师生关系、冷淡型师生关系、关怀型师生关系、拒绝型师生关系四种类型。这种分类兼顾了教师与学生双方的态度,相较于前者,更加科学全面。

在国内,不同学者也对师生关系也有不同的理解,并从不同的角度进行分类。王耘等(2021)以小学师生关系为主要的研究对象,将师生关系划分为三种类型:亲密型师生关系、冷漠型师生关系和冲突型师生关系。姚计海等(2005)提升了研究对象的年

青少年心理学

龄,以初一至高三的中学生作为研究对象,通过因素分析,将中学生师生关系划分为四个维度:冲突性、依恋性、亲密性以及回避性。黄希庭等(2014)根据师生在教学活动中的地位差异、任务差异和行为规范差异将师生关系分为三种:师生互动(温和型)、教师中心(集中型)和学生中心(松散型)。

本书依据师生关系内在结构,将其划分为冲突型师生关系、平淡疏远型师生关系、民主亲密型师生关系。

(一)冲突型

师生冲突是指在教育教学活动中,由于师生价值取向存在的差异导致师生双方在互动过程中形成的心理紧张状态的表现形式。一类是公开的对立与冲突,表现为师生因认识、情感、思想等方面的严重分歧和矛盾激化,采取直接的语言和行为上的对抗或攻击;另一类是隐性的对立与冲突。

冲突型的师生关系有多种表现形式。

1. 目的性冲突

目的性冲突是指教师或学生为满足个人或个人所在团体的某种利益而产生的师生冲突。表现为师生双方为维护个人或自己所在团体的利益而产生的对对方或对方所在团体利益的损害性行为。

2. 价值取向性冲突

价值取向性冲突是指由于年龄、人生经验、成熟度、个性等的差异造成师生价值取向的不同所引起的师生冲突。表现为教师或学生对对方个体或对方所在团体所传递的价值观的抵制。

3. 情感性冲突

情感性冲突是指在教育教学活动中,教师与学生在生理、心理或者感情上获得的满足感与期望之间产生的差异导致的冲突。例如,部分教师会认为自己将全部精力投入班级之中,本应获得全体学生的高度评价,但学生却并未做出教师想象中的回应,导致教师出现心理落差而产生的冲突。

4. 传统性冲突

传统性冲突是指在教育教学活动中,教师和学生因遵循传统教学习俗或模式而违背现行教育规范而产生的冲突。例如,部分教师为维护教师权威,不承认学生的主体地位,对学生的不良行为进行辱骂或责罚,导致学生为维护个人利益或尊严而产生对抗行为。

冲突型师生关系的特点是存在冲突和敌对情绪。在这种类型的关系中,老师和学生之间缺乏相互理解、尊重和合作的基础。在冲突型师生关系中,学生可能感到被压迫、无助或者不被理解,而老师可能表现出控制、批评或威胁的行为。这种关系对学生的学习和发展产生负面影响,导致学生的动力下降、自尊心受损以及教师教育效率的降低。

（二）平淡疏远型

平淡疏远型师生关系具体表现为师生之间虽然极少会发生严重性的言语与肢体冲突，但是他们之间的关系明显存在疏远、紧张、异化的状态；师生关系一直处于动态的转变状态。这类型的师生关系主要表现为教师缺乏教学热情，对学生的教学管理态度冷漠，师生之间不能相互理解、信任，情感淡漠，教学氛围平淡。

（三）民主亲密型

民主亲密型师生关系是指在教育场景中，教师和学生之间建立起平等、开放、尊重和合作的关系。在这种关系下，学生和老师之间可以热情和开放式交流。学生依赖老师提供知识、指导和支持，而老师则承担起引导和培养学生的责任。在民主亲密型师生关系中，学生常常寻求老师的帮助和意见，并从老师的经验和专业知识中获益。同时，老师也会给予学生鼓励、指导和关怀，为学生提供安全感和成长的机会。师生之间友好相处、感情融洽、心境愉快，学生易产生积极的情绪体验。

民主亲密型师生关系的特点表现为平等、合作、开放沟通。

拓展阅读
7-1

1. 平等

在民主亲密型师生关系中，师生地位平等，相互尊重和倾听对方的意见。教师不再仅仅是单向传递知识，而是与学生一同探索和学习。师生之间的权力关系得到平衡，学生的自主性得到尊重和发挥，这有助于学生的学习动力和创造力激发。

2. 合作

民主亲密型师生关系强调师生之间的合作。教师在设计教学活动时，会鼓励学生之间的合作，促进彼此之间的合作。学生在合作中可以相互交流、互相学习、分享知识，培养自身的沟通能力和团队合作精神。同时，教师也会积极参与合作学习活动，通过与学生一同探讨问题，共同解决问题，培养学生的批判性思维和问题解决能力。

3. 开放沟通

民主亲密型师生关系鼓励开放而坦诚的沟通。教师能够很好地倾听学生的想法、意见和问题，并积极回应。通过有效沟通，教师可以更好地了解学生的需求并提供适当支持。此外，学生也可以自由地表达自己的观点和感受，与教师分享他们的想法和困惑。

三、师生关系对青少年心理健康的影响

教育是教师与学生之间的交往与互动过程，因而师生关系是教育实践、学生知识获得与掌握的重要环节。师生关系有其自身的特殊性，但是从根本上来说，师生关系是一种"人"与"人"之间的具有情感色彩的人际关系。在这样的人际关系中，教师扮演着多重角色：知识的传授者；学生心灵的塑造者；学生的朋友、伙伴、榜样；家长的代言人；团体活动的组织和领导者；教育教学的引导者；学生成长过程中的支持者和心理健

康的咨询者等。更为重要的是，师生关系是学生心理健康的一大支柱，学生的心理健康离不开教师的关注和支持。在民主亲密的师生关系下，师生之间相互尊重、彼此信任、情感融洽，有利于学生的心理健康；而在紧张、不良的师生关系下，师生之间心理对立、相互猜疑，容易使学生产生冷漠、逆反、畏惧、失望等心理，不利于学生的心理健康以及研学旅行活动的顺利开展。

（一）对学生情绪特征的影响

民主亲密型师生关系，有利于师生之间友好相处、情感融洽、心境愉快，学生容易产生积极的情绪体验。而不良的师生关系容易导致学生产生消极的情绪特征。在冲突型师生关系中，学生对教师容易产生对抗性情绪、胆怯和逆反心理。在平淡疏远型师生关系中，学生易产生冷漠、猜疑和敌对情绪。

（二）对学生自我概念的影响

自我概念是个体对于自我本身的认知和理解。它包括个体对自己的能力的认识，对自己与环境交往关系的认识，以及个体的经验、理想、能力、目标、自我价值、自我态度和行为的内外反思与评价。

在良好的师生关系下，教师给予学生更多的期望、鼓励和支持，学生在教师的支持、鼓励和期望下不断获得自信心，体验自我效能感，从而产生积极的自我概念。而在不良的师生关系中，由于师生关系对立、紧张、互不信任，学生的各种需要不能得到很好的满足，教师不能客观公正地评价学生，学生容易产生自卑心理，从而产生消极的自我概念。这其中主要表现为自信心不强和自我价值感不高。

一个人的自信程度与他对成功的最初期望以及社会的支持与认可有关。自信心与期望和社会的支持、认可是相互作用、互为因果的。在不良的师生关系中，学生从教师那里获得消极期望、消极评价，对自己的成功期望不高，对自己的能力没有认可和支持。这种消极期望直接导致学生自信心不足，在面对挑战时缺乏积极应对的勇气和决心。同样，学生如果常常受到不公正的待遇，得不到教师的认可与尊重，总是获得消极的评价，这很容易伤害他们的自尊心，导致学生缺乏自我价值感，自我效能感低。

（三）对学生个性社会化的影响

青少年个性社会化是指青少年在社会环境中，通过外在教化、人际交往、文化熏陶、自身经验等途径，学习基本生活技能、生产技能、文化知识、社会规范，确立生活目标，培养社会角色，逐渐成为社会成员的发展过程。许多研究表明，在良好的师生关系下，青少年表现出开朗大方的性格和乐于助人的行为，从而容易形成大度、开朗、善于交际、具有同情心、乐于助人等优良性格特征；而在不良的师生关系下，青少年表现出更多的胆怯心理、逆反心理、不合作行为以及攻击性行为，从而易形成反社会、胆怯、冷漠、社会适应不良等消极的性格特征。

除此之外，良好的师生关系是学校教育教学工作取得实效的重要条件，是对学生进行思想品德教育的一种特殊形式和手段。而消极的师生关系可能使青少年产生负面情感以及问题行为等,对其学业成就、社会适应和心理发展等方面产生负面影响。因此,营造良好的师生关系氛围是促进青少年心理健康的重要因素。师生交往只有在民主平等的基础上,遵循相互尊重、相互理解、相互包容、相互信任、积极关注的原则,才可能建立和谐、亲密的人际关系,进而促进学生的心理健康。

四、研学旅行中青少年师生关系调节

(一)当前师生关系问题的成因

当前,我国正处于社会的转型与变迁中,社会的方方面面都在发生变化。在社会转型过程中,由于各种因素的影响,人与人之间的关系,包括师生关系已经受到了损害与异化,没有尊重彼此的存在。

首先,教育理念的转变是师生关系出现问题的重要原因。传统的教育理念强调教师的权威性和学生的服从性,但随着社会的进步和教育理念的更新,学生越来越强调个性发展和自我实现,这使得传统的师生关系模式面临挑战。当教师仍然坚持传统的教育方式,而学生则期望更多的互动和参与时,师生之间的矛盾和冲突就不可避免地产生了。与此同时,教师在教育中更多注重教书或者是知识的传授,注重学生的学习成绩。教师直接将知识的结论呈现给学生,并且单方面地将知识灌输给学生,追求知识学习的效率。即能否达成教学目标,能否给自己带来劳动报酬,这些吞没了师生交往的情感因素。在这个过程中,学生主动思考的权利、创新批判的精神逐步丧失,自主选择的意识日渐消退,给学生带来了不利影响。

其次,教育资源的分配不均也是导致师生关系紧张的一个重要因素。在一些地区和学校,由于教育资源有限,部分学生得不到充分的教育机会和资源,这不仅影响了学生的学习效果,也容易导致学生对教师产生不满和抱怨。同时,教育资源的不均也会加剧教师之间的竞争压力,使得一些教师可能忽视了与学生的沟通和交流,从而导致师生关系恶化。

再次,师生之间的沟通不畅也是导致问题产生的一个重要原因。在实际生活中,教师围绕管理开展,缺少生活世界情境下的体验与活动。在实际的教学过程中,由于双方缺乏有效的沟通渠道和沟通意愿,师生之间往往存在着信息的不对称和理解的偏差。此外,教师是带着管理的目的与学生交往,倾向于用规则来强制约束学生。这虽然在一定程度上提高了教学效率,节约了教学资源,但是在另一方面也成为阻碍师生良好交往的影响因素。在这种情况下,教师可能无法准确地了解学生的学习需求和困惑,而学生也可能无法有效地表达自己的观点和意见,从而导致了师生之间的误解和矛盾。

最后,社会文化背景的差异也会对师生关系产生影响。不同的学生来自不同的家庭和社会背景,他们的价值观、行为习惯和期望都各不相同。如果教师不能充分地理解和尊重这些差异,就容易导致师生之间的冲突和矛盾。例如,一些教师可能对学生的个性化行为或家庭背景持有偏见或误解,这就会对师生关系产生负面影响。

综上,当前师生关系产生问题的原因是多方面的,包括教育理念的转变、教育资源的分配不均、师生之间的沟通不畅以及社会文化背景的差异等。为了解决这些问题，我们需要从多个角度入手，包括更新教育理念、优化教育资源分配、加强师生沟通，以及增强对文化差异的理解和尊重等。只有这样，我们才能建立起一种和谐、互动的师生关系，为学生的全面发展提供良好的教育环境。

（二）建立良好师生关系，维护学生的心理健康

1. 提高教师素质

构建民主平等和谐师生关系的关键在于教师。教师是教育的组织者，是教学过程的控制者，是学生成绩的评判者。德高为范，学高为师。教师的素质表现对学生有一种潜移默化的影响，特别是对学生人生观、世界观和价值观的形成有着举足轻重的作用。一般来说，学生最初在主观愿望上都想和教师建立良好的关系，都想得到教师的关切和青睐，都想得到教师的肯定和表扬。作为教师，要时刻牢记自身的使命和宗旨，注意为人师表，加强师德修养，提高职业道德水平，做到教师无小节，处处是楷模，事事是教育。作为教师，要在学生面前树立长者风范、师者偶像、学者楷模，对每一位学生都要倾注爱心，关注学生的身心健康发展。

2. 更新教师的教育理念

建立民主平等和谐的师生关系，教师必须更新教育理念，强调学生的主体地位，以学生为本。教师要具有"爱满天下"的情怀和修养，把自己的满腔热忱无私地奉献给每一位学生，平等地对待每一位学生。心理学家威廉姆·杰尔士说过，人性最深切的需求就是渴望别人的赞赏。教师要在内心深处认识到建立民主平等和谐师生关系的重要性，要善于通过信任和赞美来满足学生的心理需要，使之产生欣慰的内心体验，从而激发他们的上进心和求知欲，进而获得健康全面的发展。正如大家熟知的罗森塔尔效应，之所以有巨大的效应，其关键就在于期望和信任，是期望者对被期望者的信任和鼓励，使学生获得意想不到的进步和发展，产生事半功倍的教育效果。

3. 注重沟通交流

教师应该尽可能多地关注学生，关注他们的学业成绩、日常表现、心理体验，制定有效的教育方案，从而帮助学生在成绩与身心发展等多方面获得发展。与此同时，教师应该注重与学生建立良好的沟通渠道，开展心理健康教育，及时获取学生的有关心理健康方面的信息和反馈，关怀和指导学生，使其全面成长，对有心理问题的学生给予个性化的教育和关注，让学生感受到自己被重视和被理解。应促进师生之间的理解和信任，建立起一种更加亲密和融洽的师生关系。

4. 鼓励多元化学习

教师应该为学生提供多样的学习机会，变通学习的方式，鼓励学生通过实践、劳动等途径找到自己的兴趣，促进学生成长和认知发展。中小学研学旅行活动就是实现这种多元学习的一种有效途径。它将学习、探索、发现、体验和深入了解历史、文化、自然等主题结合，构建一种新型的学习方式，是学校教育和校外教育衔接的创新形式，是教

育教学的重要内容,是综合实践育人的有效途径。

5. 正确引导教育行为

教育机构和家庭应该坚持用正确的教育方式,如爱、宽容、尊重、理解和耐心对待学生,营造一个积极向上的教育环境,让学生在温馨的氛围中逐渐提升自己内心的成长力,实现自身的人生价值。师即是友,友即是师,亦师亦友,相互依存。教师要为学生积累成功的力量,为学生开辟成才成功的道路。21世纪,人类社会进入高速信息化时代,需要综合素质较高的复合型人才,对于学校开展的各种文体实践活动,如研学旅行、综合实践、劳动教育或各种文体竞赛等,教师要身体力行、作出表率。在活动中,要做到师生平等、互为依托、紧密配合。应通过这些活动,净化师生心灵,陶冶情操,促进师生关系的和谐、融洽,进而激发教与学的热情,以教促学、教学相长。

知识活页

北京市十一学校教师的7个建议

良好的师生关系不仅关乎课堂体验,而且对学生性格、品质的培养和长远发展均有重要意义。

1. 找到共同话题,培养共同兴趣

如果有学生对你的课程没有热情,不想参与,也不爱与你接触和交流,千万别心急。这时候你可以采取迂回的方式解决,避免与学生产生正面冲突,先在情感上与学生产生共鸣。当学生在情感上接受你的时候,再慢慢地去引导他,就能避免因学生不良的学业表现而造成的师生关系紧张和冲突,增进师生之间的感情。

2. 向学生"示弱"

教师很多时候习惯做专业上的权威,处于主导学生的强势地位。可老师的"强大"会让学生感觉到自己的"弱小",挫伤学生的主动性和积极性。放低自己的姿态,可以缩短与学生的距离,更容易与学生产生情感上的共鸣,从而让学生越来越亲近你。

3. 与学生谈心

每个学生都渴望得到老师的关注,教师可以尝试和学生敞开心扉,在合适的时机进行一对一聊天、谈心,让学生感觉到老师是真心为他着想,他就会对你心存感激,也就更愿意在学习上进行积极的回应。

4. 多渠道与学生产生连接

更多时间的相处、沟通、了解和陪伴是培养深厚师生感情的重要途径。想要更了解学生,并让学生更了解你,教师就需要付出更多时间。

5. 制造与学生"邂逅"的机会

每个学生都有自己的特点,课堂上并不能展示他们的全部。教师和教师之间可以多沟通、交流,多渠道了解学生。

6. 制造意外惊喜和感动

除了在课堂上关注学生外,还要在学生的生活中渗透教师的关心,以唤醒他们在情感上的共鸣,这样才能让他们喜欢和教师交往,从情感上接受教师。

7. 用好过程性评价

过程性评价是教师和学生交流的好机会,每一次过程性评价都是教师与学生的一次单独对话,用好过程性评价可以增进师生之间的感情。

资料来源 https://baijiahao.baidu.com/s?id=1782053906730085454&wfr=spider&for=pc。

 ## 第三节　青少年的其他关系

一、亲子关系

从政策层面看,尽管2016年11月教育部等11部门《关于推进中小学生研学旅行的意见》没有提及亲子旅行,但2018年7月浙江省教育厅、浙江省旅游局等10部门《关于推进中小学生研学旅行的实施意见》却明确提出研学旅行包括家庭亲子旅行,并大力鼓励和引导各中小学生家庭,利用寒暑假期等有计划、有目的地带孩子外出研学旅行。

从实践层面看,"同程好妈妈"社群品牌发布的《跟着书本去旅行》主攻亲子游市场,并展现出研学旅行最简洁明了的形式——边读书,边旅行。这种父母陪着孩子一起读书、旅行的亲子关系对研学旅行显得尤为重要。即便在学校组织的研学旅行中,青少年虽然在空间上拉开了和父母的距离,但在心理上却有机会重新认识对父母的心理状态:一是"亲近感",即在父母和孩子之间有温情的、稳定的、充满爱意的、关注的联系,偶尔的离别会让孩子悟出父母的另一种意义。二是"心理自主",即有提出自己的意见的自由、隐私自由、为自己做决定的自由。如果缺乏自主,青少年就容易出现问题行为,难以成长为独立的成人。三是"监控"。成功的父母会监控和督导孩子的行为,制定约束行为的规矩。监控能够让孩子学会自我控制,帮助他们避开反社会行为。研学旅行中暂时失去父母的监控,孩子有可能体会到脱离父母监控的刺激感、新鲜感,也可能会更加怀念父母监控下的安全感、舒适感。

(一)亲近感

在青少年成长的过程中,人们对家庭的关注最多。多年来,研究者对家庭关系的研究主要集中在父母与青少年之间的关系上。在青少年早期,父母与孩子之间争吵斗嘴的情况确实是有增无减,并伴随着亲近感的下降,特别是父母和青少年在一起度过的时间减少了,这些变化对父母的心理健康及青少年的心理发展都是有影响的,很多父母都说他们难以适应孩子的个体化表现及谋求自主的努力。

青少年与母亲和父亲的关系非常不同。在多种不同文化中,青少年往往与母亲更亲近,与母亲单独相处的时间更多,与母亲谈论问题和其他情感问题时感觉更舒服,母亲往往比父亲更多参与青少年的生活。父亲经常依靠母亲获得青少年孩子的信息,但母亲很少依靠父亲获得这些信息。父亲更有可能被认为是相对遥远的权威人物,可以向其咨询客观信息(如帮助做家庭作业),而不是情感支持(如帮助解决与朋友的关系问题)。

与此同时,青少年与母亲的争吵也比与父亲多,并认为母亲的控制欲更强,但这似乎并不危及母亲与青少年之间的亲密关系。尽管青少年与母亲相处的时间是与父亲相处时间的两倍,但与父亲相处的时间——也许因为它是相对罕见的,更能预测青少年的社会能力和自我价值感。

在家庭中,个体之间的互动是可能变化的,这依赖于是谁在场。在一项调查中,研究者对44名青少年分别与母亲、父亲在一起时(元系统),以及父母都在场时(三元系统)的情形进行了观察。结果发现,父亲在场会改善母子(女)关系,但是母亲在场却会削减父子(女)关系的质量。前者可能是因为父亲通过管控青少年而减轻了母亲的紧张,后者则可能是因为母亲在场而减少了父子(女)之间的互动。一项调查发现,孩子在二元情境中针对母亲的负面行为比针对父亲的多;然而,三元关系中,父亲可能会通过对孩子负面行为的控制而"拯救"母亲。

(二)自主性

每个青少年都有一个目标,就是被看作一个自主的成年人。要实现这一目标,青少年就要渐渐地脱离父母,成为一个独立的个体。在这一过程中,父母与青少年之间的联系改变了,但是它仍然维持着。青少年在进行个体化的同时,也在和父母建立亲近感。因此,青少年在寻求一种不同的与父母的关系时,沟通、关怀及信任仍然保持着。比如,他们形成了新的兴趣爱好、价值观和目标,并且可能形成与父母不同的观点。不过,青少年仍然是家庭的一分子,青少年和父母仍然期望从对方那里得到情感上的关怀。

自主通常有两个方面的表现。一是"行为自主",它包括获得足够的独立和自由,在不过于依赖其他人指导的情况下自行其是。二是"情感自主",它指的是抛弃儿童期那种在情绪情感上对父母的依赖。研究表明,行为自主这种自己做决策的能力在青少年期有很大的提升。青少年期望获得行为自主的方面包括衣着的选择或朋友的选择,但是在另一些方面,比如教育规划,他们会听从父母的指导。青少年希望并且也需要在学会把握自主的同时,父母慢慢地、一点点地给予他们相应的行为自主,而不是一股脑地一下子全抛给他们。如果给予自由太快,并且给得太多,则可能被解释为拒绝。青少年希望获得做选择的权利、发挥自己的独立性、与成年人辩论及承担责任,但是,他们并不想要完全的自由。拥有完全自由的那些人之所以担心,是因为他们知道自己不清楚如何去利用这种自由。

青少年期情感自主的获得并不如行为自主那么顺利,这往往有赖于父母的行为。

有些父母一直鼓励过度的依赖。婚姻不愉快的父母有时会将一些不好的情绪转向孩子，以获得情感上的发泄与支持，并且变得对孩子过度依赖。如果父母过分依赖孩子，并过度纵容的这种需求，其影响可能会持续到孩子成年期，他们会干扰孩子作为成年人的能力。而一些一直受到父母支配的青少年开始接受并且喜欢上这种依赖，结果使其青少年期延长了。比如，有些人在结婚以后更喜欢和父母住在一起，他们可能永远无法建立成熟的社会关系。

（三）监控

父母借以指导和控制其处于青少年期的孩子的方法各有千秋。大体上，这些监控有四种基本模式：一是"独裁型"，即父母为青少年做所有的决定；二是"权威型"，即决定由父母和青少年共同做出；三是"纵容型"，即青少年在决策上的影响超过父母；四是"反复无常型"，即控制不一致，有时是独裁型，有时是权威型，有时又是纵容型。每一种方式对青少年会产生什么影响呢？哪一种方式最为有效呢？

其一，独裁型的控制通常既会导致反叛，也会导致依赖。青少年被教会不容怀疑地听从父母的要求和决定，不要去尝试自己做主。在这样的环境下，青少年常常会对父母怀有敌意，深深地怨恨父母的控制和指手画脚，对他们也不太认同。当青少年成功地对父母的权威提出挑战时，他们可能会变得很反叛，有时表现得充满攻击性，尤其是父母在管教苛刻、不公平或毫无爱意地督促他们的时候。不过，在独裁型的家庭中长大的孩子所受到的影响也不尽相同。温顺者受到威吓，保持依赖（Fischer和Crawford,1992）；强壮者则反叛。但是，通常情况下，他们都会有情绪障碍和心理问题。反叛者在可能的情况下会离家而去，有些人甚至走上犯罪道路。通过惩罚手段来进行控制所产生的影响通常是负面的。青少年会反抗父母通过苛刻的方式来迫使其完全服从所做出的努力。而且，在父母使用苛刻体罚的家庭中长大的青少年，通常会模仿父母的攻击行为，家庭暴力会引发更多的家里家外的暴力。在家里遭遇苛刻的处罚与青少年的同伴关系是联系在一起的。有些青少年的社会行为毫无约束，部分是由于他们模仿父母的攻击行为，在家里模仿好的榜样而学会对行为有所控制的那些青少年，也不太喜欢这些肆无忌惮的青少年。

其二，父母对青少年的监控反映在另一个极端就是纵容。在这种家庭中，青少年得不到指导，父母对他们也没有限制，并且还希望他们自己拿主意。这种情形产生的影响也是形形色色。如果被溺爱又没有得到恰当的指导，这些被纵容的青少年将难以面对挫折、承担责任、对他人给予应有的关心。他们常常会变得咄咄逼人、以自我为中心、自私自利，与不会像其父母那样纵容他们的人发生冲突。由于对自己的行为没有约束，他们会感到不安全、迷茫、困惑。如果青少年把父母不对他们加以控制看成对他们不感兴趣或拒绝，那他们就会因父母不对他们进行指导而责备父母。管教松懈、拒绝及缺乏父母的关怀也与犯罪是联系在一起的。

其三，相对而言，权威型的家庭对青少年产生的影响是最积极的。和青少年交谈是最常用的管教方法，也是这一年龄段最好的方法。父母也鼓励青少年承担个人责任、自己做决定及自主做事。青少年在听取父母的意见、和父母讨论他们做出的行为时,也会自己做出决定。青少年也被鼓励逐渐地脱离家庭。研究表明,父母中至少有一个权威比两个都非权威的结果要好。权威家庭的气氛可能表现为充满尊重、赞赏、温情、接受以及教养方式保持一致。在这种家庭长大的孩子,无论男女,都很少会去惹是生非、违法犯罪。

其四,父母在管教上反复无常,就如同缺乏控制一样,会对青少年产生负面的影响。在管教方法上,意见相左的父母更可能导致他们的孩子具有攻击性、自我控制差、不听话。如果孩子缺乏清晰明确的指导,他们就会感到迷惑和不安全。这样的青少年常常出现反社会行为、犯罪行为。他们通过更多的反叛性来反抗父母。父亲似乎比母亲更多地对儿子行使权威,而母亲则比父亲更多地对女儿行使权威。不过,只要父母不公开自己的意见不合,这样也是可以接受的。青少年自身的特点也会起作用,在那些容易冲动的青少年中,消极教养方式和问题行为之间的联系更强;在那些比较胆小的青少年中,同样的教养方式则会导致焦虑和抑郁。

此外,有一些父母是非常顽固的。他们相信只有一种方法是对的,那就是他们自己的那种方法。这种父母顽固不化,拒绝改变自己的观念和行为反应。他们不会去讨论不同的观点,不允许争论,所以他们与自己处于青少年期的孩子永远不会相互理解。他们希望孩子都符合一个既定的模式,言行举止、思想观念最好都一模一样,他们往往不喜欢那些表现出独特个性的孩子。顽固的父母常常是完美主义者,所以他们在大多数事情上对自己处于青少年期的孩子的行为举止吹毛求疵、满腹怨言。其结果是破坏了青少年的自尊,造成难以承受的压力和紧张。很多这样的青少年一路伴随着焦虑长大,总害怕做错什么事或做得不够好。研究表明,忽视、敌意或虐待的教养方式对青少年的心理健康和发展有严重影响,导致他们出现抑郁等各种问题行为。严重的心理虐待(如过度批评、拒绝或情绪恶劣)会带来非常负面的影响。受到身体虐待或忽视的青少年也更有可能遭受暴力、性虐待,被同龄人和兄弟姐妹伤害,以及遭受网络暴力。

父母除了定规矩、进行处罚外,他们也对孩子的行为进行监督。成功的父母知道自己的孩子在做什么、去了哪里、和谁一起,而且认为在自己不知道的情况下,青少年也不会去惹是生非。这些青少年不太可能做出犯罪行为以及过早发生性行为(Ensminger, 1990)。当然,纵容型的父母花在监督孩子上的时间比独裁型或权威型父母要少得多。

一般来说,权威型父母与积极结果呈正相关。父母为权威型的青少年一般都很独立、自信、富有创造性、善于交际。权威型教养可以帮助青少年发展乐观和自我调节之类的特质,它们反过来对很多行为也有积极影响。

其他几种教养方式都与某些负面结果相关,尽管负面结果的类型因具体的教养方式而有所不同。父母为独裁型的青少年依赖性强、被动、喜欢按规矩行事,他们通常不如其他青少年那样自信不太有创造性,社会适应不太好。父母为纵容型的青少年一般不成熟,没有责任感,他们比其他青少年更容易听从同伴的指令。父母为忽视型的青少年一般容易冲动,一方面由于他们的冲动性,另一方面也是因为忽视型父母很少监控孩子的活动,他们出现问题行为的可能性更高,如违法犯罪、过早发生性行为和酗酒。此外,值得特别注意的是,权威型父母最明显的特点是他们并不依赖父母角色的权威性让孩子听从他们的要求和指导,他们并不是简单地制定法则让孩子去遵守。相反,权威型父母向孩子解释要这样做的原因,并对如何指导孩子的行为进行讨论。往往通过孩子在研学旅行期间给家长的一封信,就可以发现孩子的家庭亲子关系特点。

二、亲子冲突

人们通常有一种看法:有一道鸿沟,即所谓的代沟,把父母和青少年分割开来。也就是说,在青少年期,青少年的价值观和态度变得越来越远离父母的价值观和态度。在很大程度上,代沟是一种刻板印象。比如,大多数青少年与他们的父母对努力工作的意义、成就及职业期望等都有相似的看法。他们也常常有相似的宗教信仰和政治信仰。实际上,只有少数青少年与父母有较为激烈的冲突,绝大多数冲突的程度是中等的或较低的。

尽管一些情况下,这些问题是由父母与青少年之间剧烈而漫长的冲突引起的,但在另一些情况下,问题可能在青少年期开始以前就已经留下了根源。只是由于儿童身体上比父母弱小得多,父母能够压制其反抗行为。但是到了青少年期,身形的变化及力量的增加就可能使青少年无视或对抗父母的要求。

有研究者相信,如果考虑到青少年正在变化的社会认知能力,就能够较好地理解父母与青少年之间的冲突。研究发现,父母与青少年之间的冲突与他们提出有争议的问题的方式有关。比如,就父母不喜欢孩子穿衣打扮的方式这一问题,青少年常常把它看成个人问题("这是我的身体,我想怎么做就怎么做"),而父母往往从更广的意义上来看这一问题("要看到,我们是一家人,你是其中一分子,你有责任为我们而穿得合适点")。很多这样的问题穿插在父母与青少年的生活中,比如保持房间干净、慎重交友等。在青少年年龄渐增时,他们更可能从更广的意义上来看待父母的观点和这些问题。

那么,在青少年与父母发生冲突的时候,他们是因为什么事而发生冲突呢?亲子冲突的焦点是什么呢?研究发现,亲子之间一旦发生冲突,其焦点可能集中在以下五个方面。

(一)社会生活和习俗

青少年的社会生活和他们所看到的社会习俗可能比其他方面使他们更容易与父母发生冲突。这当中通常容易出现摩擦的有以下几方面:外出可以到什么地方,可以参加什么类型的活动;什么时候可以约会、开车或参加某些活动;谈恋爱;衣服和发型的选择等。

(二)责任感

在青少年显得不负责任时,父母是最为恼火的。父母希望孩子在以下方面负起责任:做家务;挣钱和花钱;注意自己的财物、衣服和房间;家庭财产的使用(家具、工具、器材等)。

（三）学校

青少年的在校成绩、在校表现以及对学校的态度，都会引起父母的很多注意。父母特别关心的问题有以下几方面：学校成绩和水平；学习习惯和家庭作业；出勤情况；对学校学习和老师的基本态度；在校行为。有时，给青少年的学习压力太大，会导致低自尊、异常举动以及在实现家庭设定的目标过程中产生失败感。

（四）家庭关系

这方面的冲突来自以下几方面：不成熟的行为；对父母缺乏尊重；和兄弟姐妹吵架；与亲戚的关系不好，特别是在家里与祖父母等长辈的关系；在家里要求自主。

（五）价值观和道德

这方面父母尤其关心的有以下几方面：语言和言语；基本的诚实；性行为；遵守法律，少惹麻烦。父母特别担心青少年的性行为。值得注意的是，母女关系的质量是女儿性经验的最好预测变量：女儿和母亲的关系越融洽，其发生婚前性行为的可能性越小。

三、影响亲子冲突的因素

（一）个性差异

父母与青少年的误解可能来自成年人与年轻人的两种不同个性类型。父母由于多年的经验积累，会站在一个居高临下的位置，认为青少年没有责任感、鲁莽冲动、幼稚天真，甚至在面对机会而无法抓住时也不明白自己的无知。父母担心孩子出事故、受伤害、违法乱纪。青少年则认为父母谨慎有余、担心过度。那些认为青少年很难相处的父母与青少年的关系更差。这可能是"自我实现预言"导致的，意思是个人的行为受到之前的期望或观念的影响。

中年父母常常把今天的青少年及其生活方式与他们自己的过去进行比较。父母常常会受到"文化滞后"的困扰——这使他们无助乏力和显得有点孤陋寡闻。青少年有一种倾向，即泛化父母作为教育者的无能为力，并质疑他们的可信度。事实上，有证据表明青少年不得不对父母进行社会化，为他们带来新的时代观念。

父母也会变得对人性有点愤世嫉俗，对改变世界及世人的努力有点幻灭感；他们不得不接受某些现状。青少年却很理想化，对接受现状的成年人没有耐心。他们想在一夜之间改变世界，当父母不同意他们的"正义"举动时，他们会变得恼怒。

最后，青少年自身的特点和父母的行为之间可能是相互影响的。比如，父母严厉的管教可能会导致青少年问题行为增加；但当青少年表现不好时，父母的反应也会变得更加严格、过度控制或疏远。教养方式和青少年自身特点的相互作用是如此强烈，以至于可能会促进教养方式的跨代传递。父母通过打骂孩子来惩罚孩子可能会导致孩子更具攻击性，当他们成年后成为父母时，也更可能通过体罚来教育自己的孩子。

（二）性别及年龄

青少年的性别本身似乎并不会对家庭内的冲突产生很大的影响,不过它与青少年的年龄以及父母的性别的交互作用会导致不同的冲突模式。在青少年早期,女孩可能容易和父亲发生争吵,而男孩可能会在青少年后期和父亲发生争吵。

青少年与母亲发生冲突的类型不同于与父亲的冲突,因为他们往往有不同类型的关系。青少年很典型地认为父亲的权威多于母亲,再加上他们与母亲在一起的时间更多,所以他们和母亲的争论就更多。但是,冲突并不意味着不喜欢或缺乏亲密感。和父亲相比,大多数青少年觉得和母亲更为亲密,更能够开放地和母亲进行沟通,并且母亲对青少年的影响也更大。

随着青少年年龄的增长,他们越来越认可父母,争吵也越来越少。这是因为孩子到十八九岁时,父母通常会给予他们所想要的自主和自由。而早一些时候,在青少年中期,尤其是在青少年早期,冲突往往是一触即发。在这一年龄段,青少年所要求的自由可能被父母认为是不合适的,他们也想摆脱父母认为他们应该承担的责任。一项元分析进一步确认了这种趋势:在整个青少年期,冲突的发生率会不断下降。然而,随着青少年的成熟,所发生的冲突则更为激烈,并带有更多的情感色彩。

（三）家庭环境

家庭气氛会对冲突产生影响。各种类型的冲突往往是发生在独裁型的家庭,而不是民主型的家庭。在独裁型的家庭中,在花钱、社会生活、户外活动及家务活方面,会有更多的冲突。父母之间的冲突也会影响家庭气氛,对青少年产生有害的影响。父母与青少年之间的冲突水平,部分取决于家庭环境。充满温情和支持的家庭气氛会使双方就分歧进行成功的谈判,因而有助于把冲突降到中等以下的水平;然而,在敌意和强制的条件下,父母和青少年不可能解决分歧,冲突会演变至失控的水平。在报告有问题的青少年和父母中,在童年时期绝大多数关系就已经出现问题,那些一开始关系就不亲密的家庭中,在孩子进入青少年期后,家庭关系质量更可能出现明显下降。只有极少数在童年时期享有积极关系的家庭在青春期出现严重问题。

家庭的社会经济地位是影响冲突的另一个因素。低社会经济地位的家庭往往更加关注服从、礼貌和尊重,而中产阶层家庭则更关心发展独立性和创造性。低社会经济地位的家庭也可能更关心孩子不要在学校惹是生非,而中产阶层家庭的父母则更关心孩子的学习成绩。

家庭规模也是一个重要的变量,至少在中产阶层家庭是这样。中产阶层家庭的规模越大,父母与青少年的冲突的程度就越深,父母越是经常利用强力对青少年进行控制。

父母如何获取孩子的信息也很重要。比起直接询问,选择偷偷窥探孩子的秘密更可能导致冲突;而那些尚未建立起积极亲子关系的父母,对孩子的监督也可能导致冲突。

此外,父母的工作负担也是影响冲突的因素之一。在父母都感到有压力时,青少年期的冲突是最大的。当父亲和母亲都由于工作而有压力时,更是雪上加霜。在父母两人都必须工作以维持家计时,父母对青少年的注意和监督就减少了。这种必要的监督的减少,是某些家庭出现问题的主要原因。有些父母尽管两人都工作,但在养育孩子方面做得很出色。而有些父母实际上差不多完全忽视了其养育责任,任由孩子自己照料自己。

(四)文化环境

各种文化中,父母与青少年之间的冲突并不具有典型性(Arnett,1999)。在传统文化中,父母和青少年很少会发生频繁琐碎的小冲突。亲子冲突也有经济上的原因。在传统文化中,家庭成员在经济上互相依赖。在许多文化中,家庭成员每天有大量时间一起度过。儿童和青少年依靠父母来获取生活必需品,父母依靠孩子贡献劳动力,所有的家庭成员通常都要相互帮助、相互扶持。在这种情况下,家庭成员在经济上相互依赖,因此保持家庭和谐至关重要。

在传统文化中,父母和青少年之间的冲突水平更低,这不仅仅有经济上的和日常生活结构上的原因。父母和青少年之间冲突水平较低,不仅存在于非工业化传统文化中,也存在于工业化程度高的传统文化之中,这也表明,比经济更重要的原因是关于父母权威以及青少年独立性的适当程度的文化信仰。

传统文化中父母角色比西方文化中带有更大的权威性,因此,这些文化中的青少年不太可能向父母表示不同意和不满。这并不意味着传统文化中的青少年有时候也想要抗拒或公然反抗父母的权威。在有些文化中,父母和其他年长者具有很高的地位,并以直接或间接的方式被不断强调,在这种文化中成长的青少年不太可能质疑父母的权威,这样的质疑并不是他们文化信仰的一部分。即使不同意父母的意见,他们也会因为自己的责任和对父母的尊重而含而不露。

四、临时交往关系

研学旅行过程中青少年也会产生各种旅游交往——在旅游过程中,一种暂时性的个人之间的非正式平行交往。暂时性是指旅游交往只发生在旅游过程中,一般不会向日常生活世界延伸,其交往的对象一般是司机、导游、讲解员、偶遇的旅伴、交易者或目的地居民,因此其沟通多为平行的方式。比如,国内西部地区的研学旅行活动往往会安排进入少数民族特色学校,与当地同龄人开展交往活动,而出境游学则会安排寄宿家庭的临时交往活动。

没有学会自己做决定的人生不叫成长。在家的时候,不管大事小事,父母都会为孩子做好决定,包括每天的时间如何分配,以及明天午餐应该吃什么。让孩子在真实的社会中去锻炼,在有设计的活动中培养他们的角色意识和担当精神,让他们在压力下,通过自己的努力去完成一定的任务,践行自己的责任,这种艰苦奋斗的过程,责任意识的养成对孩子的成长来说是非常珍贵的。

孩子都是父母的宝贝,生活中被父母呵护、保护和关怀。参加研学旅行,可以让青少年暂时远离父母,事事亲力亲为,孩子会意识到父母平时的付出和艰辛,意识到这个

青少年心理学

世界也需要自己去付出去创造,感恩父母。

在旅途中,青少年可以通过与他人的交往,分享旅游的喜悦,解决突发问题,共同面对困难。如面对摩崖石刻共同探讨它的艺术魅力,分享体验心得和研究方法;请教民间艺人学习雕刻、剪纸、刺绣等技巧,即使暂时掌握不了技法,但通过模仿、交往,同样可以感受到精神的愉悦。

青少年在与旅游目的地的交往过程中,往往会产生自身文化与当地文化的交流和碰撞。如北方人来到南方、外国人来到中国、沿海的游客来到沙漠或内地,不仅可以欣赏不同的风景,还会感受到不同的人文环境,这种文化的差异性往往会激发游客的参与、模仿和学习的欲望,这是一种潜在的、含蓄的文化交流,而现代的文化修学旅游则是将旅游交往促进信息沟通和交流的作用变得开放和明确,加深了青少年的愉悦体验,如大学文化教育旅游、国际文化交流活动等。

本章小结

在研学旅行过程中,同学关系是最基础的,师生关系会有所转变,亲子关系也会被换个角度来思考。在旅行途中,所偶遇的旅伴和有关服务人员也为青少年研学活动提供了各种探究学习的资源和途径,值得关注。

本章思考题

1. 青少年的同学关系问题有哪些?
2. 青少年的师生关系类型有哪几种?
3. 青少年亲子冲突的特点及影响因素有哪些?

在线答题

第八章
青少年核心素养与研学旅行

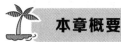
本章概要

　　积极青少年发展观强调青少年自身具备健康发展的潜力,不应把青少年当成问题对象来管理,而是应该培养他们的积极品质。只有当教育者把关注焦点从青少年身上的问题转移到青少年身上的积极品质时,才能切入青少年教育的关键。所以,少年时期的发展任务不是规避风险而是发育美德,教育者的主要作用不是消除问题而是培育青少年身上那些潜在的品格优势。

　　研究学生发展核心素养是全面贯彻党的教育方针及落实立德树人根本任务的一项重要举措,也是适应世界教育改革发展趋势和提升我国教育国际竞争力的迫切需要。设计和参与研学旅行活动对培养学生的核心素养、树立青少年的积极发展观具有重要意义。

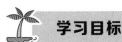
学习目标

知识目标

1. 了解青少年积极发展观的核心观点。
2. 理解青少年积极发展特征的5C模型和4H模型。
3. 掌握中国青少年学生发展核心素养框架的内涵。

能力目标

1. 理解青少年积极发展特征的5C模型和4H模型,并能在实际研学活动开展中分析青少年是否实现了积极发展。
2. 能够运用中国青少年学生发展核心素养框架指导研学旅行课程设计与实施,并应用于实践工作之中。

思政目标

1. 引导青少年通过研学旅行树立积极发展观,提升核心素养。
2. 正确认识在落实立德树人根本任务下的研学旅行与提升核心素养的内在联系,

青少年心理学

使广大青少年树立正确的人生观、世界观、价值观,培养他们成为德智体美劳全面发展的社会主义建设者和接班人。

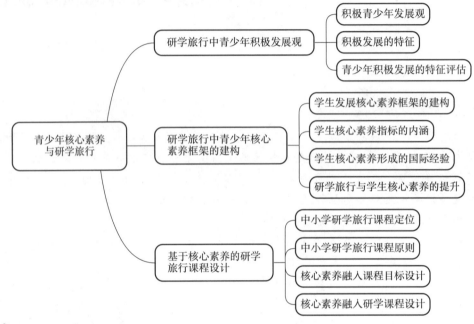

1. 积极青少年发展观:是用一种基于潜能的方法来定义和理解发展过程,是一种相对于传统病理学取向、过于关注青少年消极问题的有关青少年发展本质的新观点,其理论基础是人本主义和积极心理学。积极青少年发展观强调青少年自身所具备的发展潜力,主张应把青少年作为一种资源去培育,而不是作为问题去管理。

2. 中国学生发展核心素养:指学生应具备的,能够适应终身发展和社会发展需要的必备品格和关键能力。这些核心素养包括文化基础、自主发展、社会参与三个方面,具体表现为人文底蕴、科学精神、学会学习、健康生活、责任担当、实践创新六大素养。

第一节 研学旅行中青少年积极发展观

一、积极青少年发展观

积极青少年发展观(Positive Youth Development,PYD)简称积极发展,强调青少年自身具备健康发展的潜力,不应该把青少年当成问题来管理,而是应该培养他们的积极品质。关注青少年的"优势"(Strengths)是对长久以来在发展心理学中占据主导地位的"缺陷观"的补充和平衡,其出现迅速推动了发展心理学知识的创新与应用。

积极青少年发展观是一种涵盖了多个学科的理论体系,包含了一系列从新的视角描述人类积极发展指标、路径和条件的概念模型与理论框架。作为一个上位概念,积极青少年发展观的核心观点包括:将优势视为发展的基础,强调阐释促进最佳发展的因素而不是与问题行为有关的因素;强调青少年在家庭、学校、邻里等多重背景中发展,任何试图描述发展的研究都必须反映各种各样的发展背景;重视关系,认为积极发展是青少年意向性和有意义的关系的作用结果。

二、积极发展的特征

目前,青少年积极发展的研究者主要将积极品质看作青少年积极发展的内容。当今对青少年进行品格教育,已经越来越受到家长、社区、研究者以及实践工作者的关注和认可,研究者也致力于发展与制定广泛适用的原理、概念和策略。

从现有观点来看,青少年的积极品质涵盖了态度、多方面的特征、社会支持和技能四个方面的内容。关注个体特征的研究者认为,只有具备了某些指标的青少年才能算作实现了积极发展,这方面的主要代表性理论为勒纳等人提出的5C模型;而侧重实践的研究者更关注的是如何帮助青少年实现积极发展,他们将培养青少年的各项技能作为促进青少年积极发展的手段,这方面的主要代表性理论为以提高生活技能为目标的4H模型。

(一)勒纳等人提出的5C模型

1990年,国际青少年基金会指出青少年发展应以4C发展为任务。所谓"4C",分别是指能力(Competence)、自信(Confidence)、联结(Connection)、品格(Character)。之后,勒纳等人提出青少年的发展还需要第五个"C"——关爱(Caring)。

1. 能力(Competence)

第一个"C"——能力(Competence),是一个综合概念,包含四个方面的能力。

其一,学业能力,不仅包括取得好的考试成绩的能力,也包括适应学校生活的能力,如积极参与学校体育活动、文艺表演、社团组织。

其二,认知能力,这是与智力相关的能力,包括准确地陈述和有力地辩论自己或他人的观点的能力,如喜欢参与辩论会、与同学或老师讨论问题;能够有效获得信息的能力,如经常看历史读物、新闻等;创造力,如创作诗歌、绘画、即兴演奏钢琴等。

其三,社会能力,指的是了解不同社会情境需要,并且遵守社会规范,与不同年龄、地位的人相处的能力。例如,社会能力强的学生具有良好的师生关系,朋友多,对待服务员、推销员礼貌得体,能够解决与陌生人的冲突。

其四,职业能力,指的是在工作中可以与老板、上级、同事、下属友好相处,有耐心和毅力,愿意承担责任及服从命令。

2. 自信(Confidence)

第二个"C"——自信(Confidence),是指个体对自身能够通过行动达到既定目标的感知。自信与能力有着内在的联系,能力越强的人越自信,相应地,自信也有助于提升能力。

3. 联结(Connection)

第三个"C"——联结(Connection),是指青少年与周围的人(如家庭成员、同学、教师、教练、邻里等)建立良好的关系。在这一关系中,青少年能够为周围人的幸福贡献力量;同样,周围的人也可以帮助青少年建立信念、增加才智,为青少年的发展提供指导和支持。

4. 品格(Character)

第四个"C"——品格(Character),表现为以下三种特征:第一,有明确的是非观,即在任何场合,都能以道德判断标准为准则,不仅自己能做正确的事情,同时也要帮助他人做正确的事情;第二,这种是非观是一致和可靠的,也就是说,即使在面对非常困难的抉择时,依然保持正直诚实;第三,每个人在这种是非观面前都是平等的,即能够公正地对待每一个人。

5. 关爱(Caring)

第五个"C"——关爱(Caring),包括共情和同情。共情就是能设身处地地站在别人的角度,理解和欣赏别人的感情;同情是指对他人的苦难、不幸会产生关怀和理解的情感反应。关爱这种情感能力,在人际交流中至关重要,能帮助个人形成良好的人际关系和道德品质,保持心理健康。

另外,勒纳等人还提出了青少年积极发展的假设,即当5个"C"同时展现在一个青少年身上时,就会发展出第六个"C"——贡献(Contribution)(见图8-1)。因此,贡献是青少年积极发展的重要结果,也是青少年积极发展的标志。除了"贡献"这样的积极发展结果,勒纳还强调,在5个"C"都具备的积极条件下,青少年个体会表现出更低水平的风险和问题行为(Reduced Risk Behaviors)(见图8-1)。

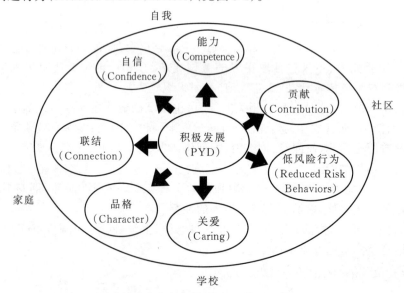

图8-1 青少年积极发展的5C模型及其假设

总之,5C模型是从理论与反思出发,采用自上而下的方式进行推论得到的。能力、自信、联结、品格及关爱5种积极品质的水平越高,意味着青少年积极发展水平越高。而贡献是青少年积极发展结果的重要假设,即贡献是青少年积极发展不可忽视的发展结果,青少年积极发展不仅能够抵御风险问题,更能够为青少年成为合格的公民做准备。

（二）以提高生活技能为目标的4H模型

以提高生活技能为目标的4H模型把培养青少年的生活技能作为促进他们积极发展的手段。其主旨是通过帮助青少年提高生活技能,使青少年能够自我引导,具有生活能力及为社会做贡献的精神和态度。

以提高生活技能为目标的4H模型属于产生于应用项目的实践模型。Hendricks(1996)在教育项目工作推广中提出,应提高青少年的生活技能,这些生活技能包括四项基本素质和能力,简称4H,即头脑(Head)、心智(Heart)、健康(Health)、实践(Hand)。它包括8个类别,可以细分为30多种能力。

1. 头脑(Head)

头脑(Head)包含自我管理(Managing)和思考(Thinking)两类能力。
自我管理能力包括适应、保持习惯、合理利用资源、制订计划、设定目标。
思考能力包括批判性思维、解决问题、决策、学会学习。

2. 心智(Heart)

心智(Heart)包含关联(Relating)和关爱(Caring)两类能力。
关联能力包括良好的沟通、合作、社会交往技能、解决冲突以及接受差异。
关爱能力包括关爱他人、洞察力、分享、保持关系。

3. 健康(Health)

健康(Health)包括品格或做人(Being)和生存(Living)两类能力。
品格或做人包括自尊、责任心、人格、情绪调节以及自律。
生存能力包括健康的生活方式、对自身健康的管理、预防疾病、维护个人安全。

4. 实践(Hand)

实践(Hand)包括工作(Working)和付出(Giving)两类能力。
工作能力包括市场技能、团队协作和自我激励。
付出包括社区志愿服务领导、做有责任感的公民、为团队做贡献。

 知识活页

北美青少年积极发展项目考察

4H教育项目的最基本的理念是提倡学生亲自动手,鼓励青少年实践、创新及独立思考。其教育的内容主要涉及三个方面:科学、工程和技术;健康生活;公民素养。

经过一段时间的努力之后,4H教育项目得到了研究者、实践者及青少年的广泛认可,但在具体应如何评估教育的结果方面,4H模型还做得不够。为了进一步解决这个问题,Catalano等(2002)对北美的青少年积极发展项目进行了考察。他们通过研究资料和分析数据,抽取了青少年教育的15项培养目标。

(1)亲密关系的构建与维持,与家庭、同伴、学校、社区、社会文化形成良好的社会关系,能够做出承诺,承担义务。

(2)心理弹性,能够以健康灵活的方式适应变化和压力。

(3)社交能力,能够结合自身感受、思考、行动来进行社会交往。

(4)情感能力,能够察觉自己和他人的情绪,并做出适当的反应。

(5)认知能力,包括学习能力和解决问题的能力,如能够进行观点采择、理解社会规范。

(6)行为能力,能够有效行动,进行非语言、语言沟通,以及参加积极性质的活动。

(7)道德能力,能够正确评估和应对涉及道德、情感及社会公正的问题。

(8)自觉性,能够独立思考,并使思想与行为相一致。

(9)精神信仰,指对宗教的信仰。

(10)自我效能,相信通过自己的行动可以达到自己期望的目标。

(11)积极自我认同,具有一致的自我觉知。

(12)对未来充满希望,对未来可能发生的事情抱有积极的态度。

(13)有效识别积极行为和提供支持,项目的组织、工作人员为青少年的积极行为做出积极反馈,给予支持。

(14)提供社交活动的机会,鼓励青少年在课余时间参与不同的社会活动。

(15)社交的行为标准,具有亲社会的社会规范行为、健康的信念和清晰的行为标准。

以上15项培养目标并不完全是针对青少年的,也有对项目活动组织者的要求,如第13项、第14项。

资料来源 雷雳,马晓辉.青少年心理学[M].北京:中国人民大学出版社,2023.

三、青少年积极发展的特征评估

在阐述了青少年积极发展的特征之后,研究者开始关注如何评估或界定青少年是否得到了积极发展。如上所述,基于美国文化的5C模型理论的测量工具在国际上得到了广泛的运用。

在我国,有研究者对教师、社工、教育专家、中小学生及家长共112人进行了深度访谈,提出在中国文化下,儿童青少年积极发展的核心特征应该包括品格、能力、联结和自我价值四个方面:品格和能力相互促进,自我价值实现个体独特性和个性化发展,联结是获得优秀品格、能力及自我价值的桥梁。以上四个部分良性运作、协同发展,最终促成并实现青少年充分、最优化的发展(林丹华等,2017)。在此基础上,研究者进一步开发了一套具有良好信效度的多层级的量表,即中国青少年积极发展量表。该量表包括能力、品格、自信和联结四个分量表,其中品格、能力和联结量表又分别包含多个子量表。这些研究成果不仅拓展了青少年积极发展在其他文化下的建构,还首次尝试从一种特定文化"内部人"的视角解读此测量结构的文化独特性。同时,此量表被证实具有良好的信效度,有助于促进青少年积极发展研究的全球化和本土化。但由于其项目数量较大——共有98个项目,在应用推广上存在诸多局限,例如影响研究设计的灵活性和被试作答的有效性,提高了数据收集成本,不利于国内研究者的使用等。因此,研究者又对该量表进行了简化,形成了中国青少年积极发展量表(简版),简化后量表共48个项目,从而适用于更多的应用研究(柴晓运等,2020)。

第二节 研学旅行中青少年核心素养框架的建构

一、学生发展核心素养框架的建构

核心素养是学生在接受相应学段教育的过程中,逐步形成的适应个人终身发展和社会发展需要的必备品格与关键能力。基于我国教育发展的新形势,林崇德等(2017)领衔的研究团队研制了中国学生发展核心素养框架,旨在将党的教育方针具体化、细化,落实立德树人根本任务,培养全面发展的人,提升21世纪国家人才核心竞争力。

通过核心素养的教育政策研究、国际比较研究、传统文化分析、课程标准分析以及实证调查等支撑性研究,林崇德等建构了包括三大领域六个指标的中国学生发展核心素养框架。

框架指出,中国学生发展核心素养以"全面发展的人"为核心,分为文化基础、自主发展和社会参与三个领域,综合表现为人文底蕴、科学精神、学会学习、健康生活、责任担当、实践创新六项核心素养指标(见图8-2)。根据这一框架,可针对学生年龄特点进一步提出各学段学生的具体表现要求。

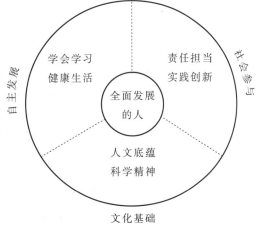

图8-2 中国学生发展核心素养框架

二、学生核心素养指标的内涵

（一）文化基础

文化是人存在的根和魂。文化基础，重在强调能习得人文、科学等各领域的知识和技能，掌握和运用人类优秀智慧成果，涵养内在精神，追求真善美的统一，发展成为有宽厚文化基础、有更高精神追求的人。

人文底蕴：主要是学生在学习、理解、运用人文领域知识和技能等方面所形成的基本能力、情感态度与价值取向。具体包括人文积淀、人文情怀和审美情趣等基本要点。

科学精神：主要是学生在学习、理解、运用科学知识和技能等方面所形成的价值标准、思维方式与行为表现。具体包括理性思维、批判质疑、勇于探究等基本要点。

（二）自主发展

自主性是人作为主体的根本属性。自主发展，重在强调能有效管理自己的学习和生活，认识和发现自我价值，发掘自身潜力，有效应对复杂多变的环境，成就出彩人生，发展成为有明确人生方向、有生活品质的人。

学会学习：主要是学生在学习意识形成、学习方式方法选择、学习进程评估调控等方面的综合表现。具体包括乐学善学、勤于反思、信息意识等基本要点。

健康生活：主要是学生在认识自我、发展身心、规划人生等方面的综合表现。具体包括珍爱生命、健全人格、自我管理等基本要点。

（三）社会参与

社会性是人的本质属性。社会参与，重在强调能处理好自我与社会的关系，养成现代公民所必须遵守和履行的道德准则与行为规范，增强社会责任感，提升创新精神和实践能力，促进个人价值实现，推动社会发展进步，发展成为有理想信念、敢于担当的人。

责任担当：主要是学生在处理与社会、国家、国际等关系方面所形成的情感态度、取向和行为方式。具体包括社会责任、国家认同、国际理解等基本要点。

实践创新：主要是学生在日常活动、问题解决、适应挑战等方面所形成的实践能力、创新意识和行为表现。具体包括劳动意识、问题解决、技术应用等基本要点。

核心素养各指标的基本内涵和主要表现如表8-1所示。

表8-1 核心素养各指标的基本内涵和主要表现

领域	核心素养	基本要点	主要表现描述
文化基础	人文底蕴	人文积淀	具有古今中外人文领域基本知识和成果的积累； 能理解和掌握人文思想中所蕴含的认识方法和实践方法等
		人文情怀	具有以人为本的意识，尊重、维护人的尊严和价值； 能关切人的生存、发展和幸福等

续表

领域	核心素养	基本要点	主要表现描述
文化基础	人文底蕴	审美情趣	具有艺术知识、技能与方法的积累; 能理解和尊重文化艺术的多样性,具有发现、感知、欣赏、评价美的意识和基本能力; 具有健康的审美价值取向; 具有艺术表达和创意表现的兴趣和意识,能在生活中拓展和升华美等
	科学精神	理性思维	崇尚真知,能理解和掌握基本的科学原理和方法; 尊重事实和证据,有实证意识和严谨的求知态度; 逻辑清晰,能运用科学的思维方式认识事物、解决问题、指导行为等
		批判质疑	具有问题意识; 能独立思考、独立判断; 思维缜密,能多角度、辩证地分析问题,做出选择和决定等
		勇于探究	具有好奇心和想象力; 能不畏困难,有坚持不懈的探索精神; 能大胆尝试,积极寻求有效的问题解决方法等
自主发展	学会学习	乐学善学	能正确认识和理解学习的价值,具有积极的学习态度和浓厚的学习兴趣; 能养成良好的学习习惯,掌握适合自身的学习方法; 能自主学习,具有终身学习的意识和能力等
		勤于反思	具有对自己的学习状态进行审视的意识和习惯,善于总结经验; 能够根据不同情境和自身实际,选择或调整学习策略和方法等
		信息意识	能自觉、有效地获取、评估、鉴别、使用信息; 具有数字化生存能力,主动适应"互联网+"等社会信息化发展趋势; 具有网络伦理道德与信息安全意识等
	健康生活	珍爱生命	理解生命意义和人生价值; 具有安全意识与自我保护能力; 掌握适合自身的运动方法和技能,养成健康文明的行为习惯和生活方式等
		健全人格	具有积极的心理品质,自信自爱,坚忍乐观; 有自制力,能调节和管理自己的情绪,具有抗挫折能力等
		自我管理	能正确认识与评估自我; 依据自身个性和潜质选择适合的发展方向; 合理分配和使用时间与精力; 具有达成目标的持续行动力等

续表

领域	核心素养	基本要点	主要表现描述
社会参与	责任担当	社会责任	自尊自律,文明礼貌,诚信友善,宽和待人; 孝亲敬长,有感恩之心; 热心公益和志愿服务,敬业奉献,具有团队意识和互助精神; 能主动作为,履职尽责,对自我和他人负责; 能明辨是非,具有规则与法治意识,积极履行公民义务,理性行使公民权利; 崇尚自由平等,能维护社会公平正义; 热爱并尊重自然,具有绿色生活方式和可持续发展理念及行动等
		国家认同	具有国家意识,了解国情历史,认同国民身份,能自觉捍卫国家主权、尊严和利益; 具有文化自信,尊重中华民族的优秀文明成果,能传播弘扬中华优秀传统文化和社会主义先进文化; 了解中国共产党的历史和光荣传统,具有热爱党、拥护党的意识和行动; 理解、接受并自觉践行社会主义核心价值观,具有中国特色社会主义共同理想,有为实现中华民族伟大复兴的中国梦而不懈奋斗的信念和行动
		国际理解	具有全球意识和开放的心态,了解人类文明进程和世界发展动态; 能尊重世界多元文化的多样性和差异性,积极参与跨文化交流; 关注人类面临的全球性挑战,理解人类命运共同体的内涵与价值等
	实践创新	劳动意识	尊重劳动,具有积极的劳动态度和良好的劳动习惯; 具有动手操作能力,掌握一定的劳动技能; 在主动参加的家务劳动、生产劳动、公益活动和社会实践中,具有改进和创新劳动方式、增强劳动效率的意识; 具有通过诚实合法的劳动创造成功生活的意识和行动等
		问题解决	善于发现和提出问题,有解决问题的兴趣和热情; 能依据特定情境和具体条件,选择制定合理的解决方案; 具有在复杂环境中行动的能力等
		技术应用	理解技术与人类文明的有机联系,具有学习掌握技术的兴趣和意愿; 具有工程思维,能将创意和方案转化为有形物品或对已有物品进行改进与优化等

三、学生核心素养形成的国际经验

学生核心素养的形成和培育需要通过教育教学实践得以落实。基于学生核心素养体系，建构融目标、过程与方法、评价为一体，贯通各学段的整体课程改革框架，是当前世界各国所面临的重大挑战，也是未来研究的重要问题。借鉴已有经验，结合我国当前的实际情况，可以从以下几个方面进行落实和推行。

（一）基于核心素养的各学段培养目标的纵向衔接

核心素养体系研究是一项比较宏观的研究，主要关注通过不同教育阶段的教育过程后，学生最终能够达成的关键性素养全貌。在完成核心素养体系框架的基础上，如何基于总框架确定各学段的核心素养及其表现特点，从学生发展的角度做好不同学段核心素养的纵向衔接，是核心素养最终落实的重要环节。因此，在关注核心素养总框架的基础上，为了更好地落实到具体学段的学生身上，还需要从素养发展的角度提出各学段学生在不同核心素养指标上的表现特点和水平，将核心素养体系总框架具体化到各学段，确定核心素养在不同学段的关键内涵，从而实现核心素养体系总框架在各学段的垂直贯通，为核心素养与各学科课程的有机结合搭建桥梁。

（二）基于核心素养的学业质量标准研发

核心素养是学生适应个人终身发展和未来社会发展所需要的必备品格和关键能力，它必然是相对宏观且宽泛的素养。学业质量标准则主要界定学生经过一段时间的教育后应该或必须达到的基本能力水平和程度要求，是学生核心素养在具体学段、具体学科中的体现。

基于核心素养确定教育质量评估的目标、内容和手段，是各国际组织和国家落实与推进核心素养的重要方式。建立基于核心素养的学生学业质量标准，将学习内容要求和质量要求有机结合在一起，完善课程标准，可以有助于解决上述问题。

参照国际经验和发展趋势，我国学业质量标准的研发需要根据各学段的核心素养体系，明确学生完成不同学段、不同年级、不同学科学习内容后应该达到的具体水平和程度，并进一步丰富质量评估内容和手段，以便指导教师准确把握教学的深度和广度，使考试评价更加准确地反映新时期的人才培养要求。

（三）基于核心素养的课程体系改革

在"关注学生发展，培养学生核心素养"教育改革趋势的影响下，各国落实学生核心素养的一个重要方式就是基于核心素养进行课程体系改革。统观世界各国教育改革与发展、课程体系的变革与推新，我国的课程改革也需要建立基于核心素养的新课程体系，以与国际教育改革浪潮接轨，培养学生适应未来社会的核心素养。现代课程体系应至少包含四个部分。

其一，具体化的教学目标，即描述课程教学所要达到的目标，需要落实到要培养学生哪些核心素养。

其二，内容标准，即规定学生在具体核心学科领域（如数学、阅读、科学等）应知应会的知识技能等。

其三，教学建议，也称"机会标准"，即为保障受教育者的学习质量所提供的教育经验和资源，包括课堂讲授内容的结构、组织安排、重点处理及传授方式，以及学校公平性、教育资源的分配、学习环境的创设等。

其四，质量标准，即描述经历一段时间的教育之后，学生在知识技能、继续接受教育、适应未来社会等方面应该或必须达到的基本能力水平和程度要求。

根据国际经验和我国现有课程体系的特点，在我国建立基于核心素养的现代课程体系，以上四个部分的关系可以如图8-3所示进行设计。

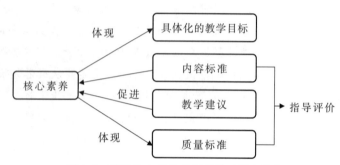

图8-3 基于核心素养的课程体系基本结构

首先，具体化的教学目标一定是体现学生发展核心素养的教学目标。各学科需要根据本学段学生核心素养的主要内容与表现形式，结合本学科的学科内容与特点，提出该学科实现本学段核心素养的具体目标，要体现本学科特色。

其次，内容标准和教学建议是促进学生形成核心素养的保证。各学科需要结合本学科、本学段的学生核心素养要求来安排学科知识，并且要根据教学目标和学科内容特点提出有针对性的教学建议，以促进学生核心素养的形成。

最后，质量标准是学生核心素养在学业上的具体体现。学生核心素养可以为衡量学生全面发展状况提供评判依据，通过将核心素养与质量标准紧密结合，不仅可以更加有效地指导教育教学实践，还可以结合内容标准，用来指导教育评价，监测学生核心素养达到的程度，并最终促进学生核心素养的形成和发展。

（四）基于核心素养的教师专业发展

在核心素养指标体系确立后，要想真正落实到学校教育中去，教师的转化作用是不可忽视的。因此，各国际组织和国家都十分重视基于核心素养的教师专业发展，通过颁布一系列教师核心素养的标准、建立教师的研修制度等方式来达到目标。

在我国的教育教学实践中，为了促进学生核心素养的有效落实和推进，也必须重视将核心素养的相关内容融入教师培训及专业化发展指导过程中。例如，教师核心素养标准的确立、教师专业发展的政策支持与资源保障等方面，最终将核心素养融入实际的教学过程，确保教师能够成为学生核心素养形成和发展的有力的引导者、辅导者、咨询者及合作者，并最终实现师生核心素养的共同发展。

（五）基于核心素养的学习环境创设

由于教育系统的复杂性，在基于核心素养的课程、教学、评价和教师专业化发展的推进过程中，还需要通过多种途径在不同教育层面和领域建构系统的核心素养培育环境。例如，把家庭教育作为学生核心素养培养的重要阵地，并把社会学习、终身学习等理念及教育机制也纳入其中，共同配合学校教育达成良好结果。同时，给予地方、学校和教师更大的自主权，使其根据自身特点和学生需求，在具体实践中多角度地推进落实核心素养。此外，还可以通过多种方式对遴选和提炼出的核心素养进行宣传，更新普通大众的人才培养观，为学校教育落实和推行学生核心素养提供良好的社会环境条件。

四、研学旅行与学生核心素养的提升

2013年，国务院办公厅印发了《国民旅游休闲纲要（2013—2020年）》，其中提到要逐步推行中小学生研学旅行，此后"研学旅行"一词便开始进入国内大众的视野。然而，这一概念在国外已由来已久。例如，在美国，与研学旅行意思相近的概念是营地教育，营地教育课程是在美国营地协会主导下，协同各营地发展，以跨学科、多维度为指导理念，通过开展户外团队活动，为青少年提供集创造性、娱乐性、教育性、学术性于一体的多维课程。在日本，研学旅行又称为修学旅行，指的是由教师带队，儿童、学生到文化馆等重要基地参观，加深对知识的理解、陶冶情操的旅行。在韩国，几乎每个学生都参加过各种类型的研学旅行，其中具有教育特色的是毕业旅行。韩国教育部门将毕业旅行作为学生的一项必修课目，纳入学分管理，学生只有参加并修够相应学分才可以毕业。考虑到研学旅行对青少年成长发展的重要作用，以及国外研学实践所产生的积极影响，2016年，教育部等11部门《关于推进中小学生研学旅行的意见》正式出台。

在我国，中小学生研学旅行是由教育部门和学校有计划地组织安排，通过集体旅行、集中食宿方式开展的研究性学习和旅行体验相结合的校外教育活动，是教育教学的重要内容，是综合实践育人的有效途径。开展中小学生研学旅行，旨在落实立德树人根本任务，培养中小学生社会责任感、创新精神和实践能力；旨在创新人才培养模式，引导学生主动适应社会，在没有铃声的课堂中学会动手动脑，学会生存生活，学会做人做事，推动项目化学习、实践性研究，促进书本知识和生活经验的深度融合，培养适应未来的关键能力；旨在推动全面实施素质教育，促进学生身心健康、体魄强健、意志坚强、品格高尚、富有爱心，培养全面发展的社会主义建设者和接班人。

（一）中小学生研学旅行是学生发展核心素养的路径之一

中小学生研学旅行是学生认识自然与社会，认识自我，培育和践行社会主义核心价值观，激发学生对党、对国家、对民族与对人民等热爱之情的必要的教育活动，是学校教育活动的必要补充和延伸。研学旅行是书本知识与社会生活的深度融合、认知和行为相统一的纽带和桥梁之一，也是培育学生发展核心素养的有效行动路径之一。

1. 融通学校教育与现实生活,为学生全面发展奠基

研学旅行是一种全方位、立体式的学习方式,将书本知识与现实生活联系起来,在体验中感受,在实践中接受教育,培养学生的综合能力,是全面培养人的有效途径之一。研学旅行将学生的发展纳入广阔的社会真实的环境中,将学生从校园内纳入社区,纳入社会文化生活之中,将学生从以认知为主体的单一生活转变为以体验为主的丰富多彩的现实生活之中。通过研学旅行活动的开展,可以最大限度发挥学生的积极性、主观能动性及其他心理能量,促进知识与能力、认识与行动、主体与客体协调发展观的形成。

通过学习方式转变,借助研学旅行的学习方式,通过体验学习,使学生学会与人相处,学会分享与合作,学会健康的生活方式,培养学生的创新能力和创新精神,促进青少年核心素养形成。在研学旅行的过程中,将学校教育与现实生活融通,理解生活、感悟人生,提高学生社会生活文化综合素养,为学生全面发展奠基。

2. 自主探究与学会学习,培养自主发展能力

自主发展重在强调学生能有效管理自己的学习和生活,认识和发现自我价值,发掘自身潜力,有效应对复杂多变的环境,发展成为有明确人生方向、有生活品质的人,从而成就精彩人生。学生自主发展目标的实现,需要依托学会学习和健康生活两大核心素养的培育来完成。

著名的教育家陶行知先生倡导"生活即教育,社会即学校,教学做合一"。研学旅行直面学生的现实生活,倡导学生在生活中,通过生活来获得教育。研学旅行让学生走出校园,走进鲜活的生活中去,通过自我管理、自我规划、自我约束等自主方式开展学习,对学生自我管理能力的培养及健全人格的形成具有重要的价值。

"学习的本真目的不应是基于外在的强迫或功利的思虑,而是要在兴趣的引导下朴素地面向事情本身,以倾听和领会存在的意义。"在研学旅行活动中,学生摆脱了纯粹书本学习的束缚,学习伴随着活动自然进行,学生将从多种新的途径和视角下,在具体的研学旅行的活动中感受与体验,在自然的状态下让学习发生了解与认识自然、社会与自我,积极开放性地思考问题,在群体的活动中解决问题,获得知识,形成技能。此时,学生的学习超越了学会的层面,走向会学、乐学的更高境地。研学旅行很好地契合了核心素养中学会学习的主题要义。与此同时,研学旅行为学生的自主发展提供更加宽松自由的时空,学生在参与活动中,积极思考与探究,获得真情体验,充分发挥个体的潜能,提升自我发展能力。

3. 夯实学生文化基础,增强社会责任感

《中国学生发展核心素养研究报告》指出,文化基础重在强调学生能习得人文、科学等各领域的知识和技能,掌握和运用人类优秀智慧成果,涵养内在精神,追求真善美的统一,发展成为有宽厚文化基础、有更高精神追求的人。

学习者的社会责任感需要在具体的社会文化生活中,通过体验,才能感悟,进而增强。通过研学旅行活动让广大中小学生在研学旅行中感受祖国大好河山,感受中华传统美德,感受革命光荣历史,感受改革开放伟大成就,增强对坚定"四个自信"的理解与认同。通过活动,让学生能在旅行的过程中陶冶情操,增长见识,体验不同的自然和人文环境,提高学习兴趣,夯实学生文化基础,增强自己的民族自豪感和社会责任感。

4. 学习共同体与朋辈相依,研学旅行推动学生社会参与

社会参与重在强调学生能处理好自我与社会的关系,养成现代公民所必须遵守和履行的道德准则和行为规范,增强社会责任感,提升创新精神和实践能力,培养团队能力,促进个人价值的实现,让学生发展成为有理想信念、敢于担当的人。

通过研学旅行,学生在旅行活动中,在群体的合作与交流中,学会相互学习、朋辈相依,体验相互交流、相互帮助过程中的心灵融通,进而丰富社会文化生活和生活阅历。正如顾明远先生所言,"研学旅行是让学生走出学校、走向大自然、走向社会、走向世界,是拓宽学生视野、增进学识、锤炼意识的好举措,也是让学生了解认识祖国的魅力山河、中华民族优秀文化传统的好方式"。通过研学旅行,在潜移默化中激发学生对祖国的眷恋之情,增强学生的民族自尊心和自豪感。同时,研学旅行中的见闻能够深深鼓舞学生的斗志,激励学生担当责任。学生通过研学旅行,可以在参与社会实践过程中应对各种挑战,在问题解决中不断提升实践创新能力。

5. 融通学科,夯实发展的基本素养

研学旅行是一种通过研究性学习和旅行体验相结合的方式,将书本知识与社会实际文化生活联系起来,融会贯通,从而形成概括性、综合化、更高级的知识信息。在封闭的校园教育活动中,通过课堂教学,在一定程度上有助于学生掌握系统的学科知识,但这种方式也可能导致学生在生存技能与生活能力方面的发展相对不足。而在研学旅行活动中,丰富学生课程履历的规范性、完整性和丰富性对课程目标的达成,特别是对学生核心素养和学科关键能力发展具有至关重要的影响。因此,将多学科知识融通,进行综合分析问题、解决实际社会生活问题,有利于夯实发展的基本素养。

(二)研学旅行培育学生核心素养的现实路径

中小学校在开展研学旅行的过程中,必须积极地创设各种条件,开辟多种现实路径,推进研学旅行活动的正常开展,以此来提升中小学生发展核心素养,实现身心和谐发展。

1. 政策推进与社会认同,为研学旅行导航与铺路

中小学研学旅行能够顺利开展,离不开国家的相关政策支持以及社会公众的认同。这是由于中小学研学旅行活动在实施的过程中涉及的领域较为广泛。例如,各类自然景观、历史文化遗迹、工厂与企业、科技科研场所、特色乡村与社区等区域都可以成为研学旅行的领域。而在研学旅行开展的过程中,更需要相关部门的指导与参与、支持与配合,并提供配套的支持与保障。

然而,由于受到传统的教育和学习观念的影响,社会各界对中小学开展研学旅行缺乏全面的认识。例如,很多家长认为,学生的第一要务是学习,而学习和教育是在学校进行的,学习是学校的事情,是教师的责任。研学旅行是一项不务正业,影响孩子学习和升学的活动;就学校内部而言,受传统教育观念的影响,很多中小学教师依旧将研学旅行视为学生在假期自主进行的活动,未将研学旅行视为学校的一门必修课程,未将其纳入学校教育之中。与此同时,在很长一段时间内,社会各界对中小学开展研学旅行的认识不到位,未能给予研学旅行活动开展配套的支持,甚至相关单位出现了不支持、不配合的现象。因此,必须通过政策推进,以转变观念,提高人们的认识与认同。通过配套的政策推进扶持,让社会各界认识到学生的教育不仅仅是学校的事情,学校是学生学习的集中场所,而社会是学生学习的日常化场所。各地要积极创新宣传内容和形式,向家长宣传研学旅行的重要意义,向学生宣传"读万卷书,行万里路"的重大作用,为研学旅行工作营造良好的社会环境和舆论氛围。

通过政策推进,引起相关部门重视,积极主动地配合与支持,以建立和完善中小学生研学旅行安全保障机制。一方面,通过政策支持为中小学研学旅行活动提供资金、人员、场地等,为中小学研学旅行活动营造"学习场""教育场""文化场",从而为中小学生创建"泛在学习场"。另一方面,加强与相关部门联系,建立中小学生研学旅行安全保护联络平台与机构,健全服务保障机制,确保中小学生在研学旅行过程中的安全。消除家长与学校的后顾之忧,为中小学研学旅行活动保驾护航。

2. 健全运行机制,保障研学旅行规范化开展

规范研学旅行需要多方面发力。

首先,强化体制机制顶层设计。国家和地方要出台相关政策,发挥职能部门作用,推动多主体协同创新。包括健全激励机制,鼓励相关机构积极参与,整合利用社会资源;优化协同机制,在标准规范制定、研学基地认定、研学活动指导与管理等方面高效协同;强化监督机制,建立健全安全保障体系、质量监管体系、信用评价体系,确保研学旅行健康安全和高品质。

其次,完善经费保障机制。国家和地方,包括地方教育行政部门与财政部门要根据中小学研学旅行课程开设的需要,编制科学的研学旅行经费预算,制定专项经费预算,并按时足额拨付到位。同时,监督专款专用,保障研学旅行常态化规范开展。

最后,针对国家及地方政府政策规定,健全学校研学旅行规章制度和实施细则,将研学旅行纳入学校教育教学工作中,根据中小学开设研学旅行的目标与要求,结合校情、学情以及本地区的实际情况,制定切合本地区中小学研学旅行具体的可操作性方案,以利于实现中小学研学旅行目标和任务。与此同时,相关部门要加强对研学旅行过程中的监督与评价,不断了解中小学研学旅行开展情况,确保中小学研学旅行按照教育部相关规定要求,确保研学旅行课时充足,完成研学目标实现,把中小学组织学生参加研学旅行的情况和成效作为学校综合考评体系的重要内容。例如,对于开展较好的学校及在研学旅行过程中表现较佳的学生给予相应奖励。学校要在充分尊重个性差异、鼓励多元发展的前提下对学生参与情况开展科学评价,坚持以学生自评、朋辈群体评价、教师评价和研学旅行基地评价的"四位一体"综合评价体系,形成公平、公正、客观评价,将评价结果纳入学生学分管理和综合素质评价体系,激发学生参与研学的热情。

3. 强化研学基地规范化建设，确保研学活动有序开展

只有开发一批符合中小学生发展需求的研学旅行基地，才能保证中小学生研学旅行有计划地开展。自然景观、历史文化遗迹、工厂与企业、科技科研场所、特色乡村与社区等可以作为中小学研学旅行场所，要善于利用当地的文旅资源。因此，为了保证中小学研学旅行的可持续开展，需要联合文化、科技、博物馆等相关部门，开发稳定的研学旅行基地和建立完善的社区教育。此外，依靠行政部门将已有的自然景观、人文景观、历史古迹、生产基地等专门为中小学设置绿色通道，科学规划，合理利用，通过政策保障、宣传保障、制度保障、课程保障、基地保障和安全保障等多种途径，确保研学活动有序开展。

4. 强化高素质人才队伍建设，确保研学旅行有效开展

中小学研学旅行是在校外进行的，需要专业的研学旅行指导团队，否则，难以达到预期效果。首先，各级教育主管部门根据本地区中小学研学旅行的实际需要，建立由地方相关部门的行政领导、教育行政部门领导、学校领导、研学旅行基地负责人等组成的研学旅行工作指导小组，负责中小学研学旅行实施的指导工作，通过协同规划、明确任务、统一部署，营造良好的中小学研学旅行外部环境。其次，组建一支德才兼备的研学旅行师资团队。研学指导师不仅是知识的传递者，还是学生研学旅行中的支持者、合作者、引导者，需要具备策划设计、组织指导、协调管理等多种能力。因此，要创新人才培养模式，强化高素质人才队伍建设，加强专业人才培养。

第三节　基于核心素养的研学旅行课程设计

一、中小学研学旅行课程定位

2016年，教育部等11部门《关于推进中小学生研学旅行的意见》（以下简称《意见》）出台，明确指出，研学旅行是中小学综合实践活动课程的重要方式，是各个学段课程方案中的必修课程。2017年，教育部发布的《中小学综合实践活动课程指导纲要》指出，中小学综合实践活动课程的总目标是让学生从个体生活、社会生活及与大自然接触中获得丰富的实践经验，形成并逐步提升对自然、社会和自我之内在联系的整体认识，具有价值体认、责任担当、问题解决、创意物化等方面的意识和能力。课程依托的主要活动方式包括考察探究、社会服务、设计制作、职业体验等。研学旅行作为综合实践育人的一种新途径，符合综合实践活动课程的基本理念和特征，是综合实践活动课程的有机组成部分。它拓展了综合实践活动实施的空间，丰富和发展了综合实践活动的内容和形式，给综合实践活动课程增添了新的思路和活力，必将推动综合实践活动课程的深入发展。

二、中小学研学旅行课程原则

《意见》中明确指出研学旅行要遵守四个方面的原则,即教育性原则、实践性原则、安全性原则以及公益性原则。

(一) 教育性原则

研学旅行要结合学生身心特点、接受能力和实际需要,注重系统性、知识性、科学性和趣味性,为学生全面发展提供良好成长空间。教育性是研学旅行的根本之所在,这也是研学旅行区别于一般旅游活动的重要特征。

(二) 实践性原则

研学旅行要因地制宜,呈现地域特色,引导学生走出校园,在与日常生活不同的环境中开阔视野、丰富知识、了解社会、亲近自然、参与体验。这是研学旅行区别于学校常规教育活动的重要特征。

(三) 安全性原则

研学旅行要坚持安全第一,建立安全保障机制,明确安全保障责任,落实安全保障措施,确保学生安全。安全性是中小学研学活动开展的首要保证。

(四) 公益性原则

研学旅行不得开展以营利为目的的经营性创收,对贫困家庭学生要减免费用。该原则突出研学旅行是国家规定的中小学课程的重要组成部分,在义务教育阶段具有义务性和普惠性。

三、核心素养融入课程目标设计

基于中小学研学旅行课程总目标与中国学生发展核心素养的比较分析以及《意见》中对研学旅行课程三学段的实施要求,本书尝试提出核心素养融入的研学旅行课程学段目标建议内容(见表8-2)。

表8-2 核心素养融入研学旅行课程学段目标建议内容

维度	学段		
	小学四到六年级	初中一到二年级	高中一到二年级
热爱祖国	在研学旅行中了解学生所在家乡的风土人情、自然风光和人文景观,理解家乡的悠久历史和近现代奋斗史,培养其对家乡自然、历史和文化的热爱,培养民族自豪感和自信心	在研学旅行中熟悉学生所在县市的风土人情、自然风光和人文景观,理解所在县市的悠久历史和近现代奋斗史培养其对所在县市自然、历史和文化的热爱,增强民族自豪感和自信心	在研学旅行中充分领略学生所在省份以及中国整体的风土人情、自然风光和人文景观,理解所在省份和中国整体的悠久历史和近现代奋斗史,培养其对所在省份和整个国家自然、历史和文化的热爱,进一步提升民族自豪感和自信心

续表

维度	学段		
	小学四到六年级	初中一到二年级	高中一到二年级
实践创新	在研学旅行中积极调动各种感官去感受自然与社会,将课内外知识关联起来;留心听讲和观察,积极思考问题,尝试用科学方法去解决问题;学习与人合作,熟悉生活技能	在研学旅行中积极调动各种感官去感受自然与社会,将课内外知识关联起来;学会听讲和观察,积极思考问题,学习用科学方法去解决较为复杂的问题;学会与人合作,掌握生活技能	在研学旅行中积极调动各种感官去感受自然与社会,将课内外知识关联起来;善于听讲和观察,积极思考问题,学习用科学方法去解决复杂问题;善于与人合作,熟练生活技能
健康生活	在研学旅行中通过适当的体力活动锻炼身体,增强耐力,磨炼意志,养成阳光心态,传递积极情绪;培养正确的世界观、积极的人生观以及崇高的价值观	在研学旅行中通过适当的体力活动锻炼身体,增强耐力,磨炼意志,养成阳光的心态,传递积极情绪,初步形成正确的世界观、积极的人生观以及崇高的价值观	在研学旅行中通过适当的体力活动锻炼身体,增强耐力,磨炼意志,养成阳光的心态,传递积极情绪,形成正确的世界观、积极的人生观以及崇高的价值观
责任担当	在研学旅行中知晓学生在国家和社会生活中的主人翁地位,在德、智、体、美、劳五个方面发展学生,让学生知晓未来成为社会主义建设者和接班人的使命	在研学旅行中培养学生在国家和社会生活中的主人翁意识,在德、智、体、美、劳五个方面锻炼学生,树立未来成为社会主义建设者和接班人的理想和决心	在研学旅行中强化学生在国家和社会生活中的主人翁意识,在德、智、体、美、劳五个方面进一步锻炼学生,明确未来成为社会主义建设者和接班人的担当

四、核心素养融入研学课程设计

(一)研学课程设计关注学情分析和学习内容

研学指导师要熟悉特定学段的研学对象身心发展特点及规律,同时考虑到区域差异性,各地中小学生情况千差万别,在具体的研学课程设计时还要特别考虑研学学生群体的具体特征和需求。此外,设计者还需要对研学旅行课程进行学习内容分析。因为研学旅行课程具有极强的实践性,故要求设计者进行实地考察,以便更好地挖掘可利用的研学目的地课程资源,结合中小学校内相关课程的标准和教学内容,设计出整个研学旅行课程的蓝图。

(二)研学课程设计关注课程目标和整体实施

研学旅行课程作为校内和校外课程相结合的一种新形式,虽然在开展方式上有别于传统课程,但仍具备课程的本质属性。研学课程内容包含课程目标、课程内容、实施方式、课程评价等要素。其中,课程目标不仅要体现核心素养以及国家研学旅行课程总目标的核心内容，更要关注课程方案的整体设计，即课程内容、实施方式、课程评价等要素。

（三）研学课程设计关注课程实施和安全问题

教育行政部门和中小学要事先制定中小学生研学旅行工作规程和安全保障方案，做到"活动有方案，行前有备案，应急有预案"。研学旅行课程不是一个静态的、照本宣科的过程，而是具有高度的实践性和灵活性，这对研学指导师的安全防范意识、学生管理能力以及危机处理能力都是很大的考验。在研学过程中，学生要理论联系实践，将学校安全教育中学到的一系列知识和技能运用到校外研学旅行课程实践中，并在研学过程中更好地知晓安全出行、健康生活的重要性。

（四）研学课程设计尊重学生主体地位和促进学生个性发展

在研学旅行实施过程中，要尊重学生的主体地位，保护学生的好奇心和求知欲，促进学生个性化发展。与此同时，要运用所学知识解决身边的问题，养成善于思考、严谨求实的科学精神，不断提高自身的实践能力、创新意识，认识所学知识的应用价值、科学价值、审美价值和文化价值。与传统的学校课堂相比，学生实地考察具有活动自由度，新鲜事物会分散学生的注意力，使研学不能达到预期效果。研学指导师可以根据研学地的具体环境和资源，设计引人入胜的教学活动环节，如在自然情景中修养身心，在历史古迹情景中缅怀古人，在生活情景中提升技能等。这样，符合教育主题的情景才能渗透转化思想，提升核心素养。

（五）研学课程设计关注多元评价和核心素养提升

研学旅行课程要建立过程性评价和终结性评价相结合的多元评价体系。过程性评价主要评价学生在研学课程学习过程中的体验和收获是否达到教师与学生的预期，因此，可以针对不同研学时段、不同研学任务展开；终结性评价是对研学的最终效果和质量进行综合评价，可以让研学参与者对研学旅行课程设计与实施的整体及各方面（包括食、住、行、研、学、游等）进行评价，从而分析核心素养目标是否达成。各方的评价和反馈内容也值得课程设计者仔细考究，为更好地设计和实施下一轮课程做准备。

本章小结

研学旅行作为一种新的综合实践活动课程，契合了学生发展核心素养的主题要义，有利于夯实学生的文化基础，促进学生自主发展，推动学生社会参与。因此，因地制宜地设计研学旅行课程，并组织学生开展相关的实践活动是一项长期且极具教育性意义的工作。

本章思考题

1. 请简述学生核心素养国际经验的借鉴与启示。
2. 请简述基于研学旅行培育学生核心素养的现实路径有哪些。

在线答题

参 考 文 献

[1] 林崇德.青少年心理学[M].北京：北京师范大学出版社，2019.

[2] 雷雳，马晓辉.青少年心理学[M].北京：中国人民大学出版社，2023.

[3] 何先友.青少年发展与教育心理学[M].2版.北京：高等教育出版社，2016.

[4] 周宗奎.儿童青少年发展心理学[M].武汉：华中师范大学出版社，2011.

[5] 全国十二所重点师范大学.心理学基础[M].2版.北京：教育科学出版社，2016.

[6] 王来东，齐春燕.户外运动与拓展训练理论与方法[M].北京：中国书籍出版社，2021.

[7] 丁锦红，张钦，郭春彦，等.认知心理学[M].3版.北京：中国人民大学出版社，2022.

[8] 雷雳.发展心理学[M].北京：中国人民大学出版社，2009.

[9] 邓玉凤，康杰.基于典型相关分析的青少年自我中心与攻击行为关系研究[J].预防青少年犯罪研究，2023（6）.

[10] 李玫瑾.心理抚养[M].上海：上海三联书店，2021.

[11] 刘永芳.管理心理学[M].3版.北京：清华大学出版社，2021.

[12] 刘永华.青少年情绪发展特点及研究热点[J].开封教育学院学报，2017（6）.

[13] 桑标，邓欣媚.中国青少年情绪调节的发展特点[J].心理发展与教育，2015（1）.

[14] 朱仲敏.青少年情绪韧性的特点及其对积极情绪、心理健康的影响[D].上海：华东师范大学，2020.

[15] 赵飞.论青少年道德情感发展评价核心内容[J].教育评论，2018（8）.

[16] 袁振国，黄忠敬，李婧娟，等.中国青少年社会与情感能力发展水平报告[J].华东师范大学学报（教育科学版），2021（9）.

[17] 侯静.青少年情感关系的特点和发展变化[J].心理与行为研究，2009（2）.

[18] 岳楠.青少年情绪管理能力现状及培养对策研究[J].北京青年研究，2023（3）.

[19] 杨红英，杨清湉.后疫情时代青少年社会主义核心价值观培育[J].西部素质教育，2022（21）.

[20] 常燕华.中小学研学旅行德育功能发挥研究[D].杭州：浙江师范大学，2021.

[21] 杨秋丽.研学旅行在初中德育中的实践研究——以广州大学台山附属中学为例[D].广州：广州大学，2022.

[22]肖琛.研学旅行在中学德育中的作用及推进路径研究[D].长沙：湖南大学，2019.

[23]马曙霞.青少年思想品德教育存在的问题及对策[J].中学课程辅导（教师通讯），2019（3）.

[24]杨珊.浙江省高中生意志品质现状及对策研究[D].杭州：浙江师范大学，2015.

[25]黄帆，张兴瑜，胡朝兵.挫折与青少年身心健康关系的研究进展与展望[J].商丘师范学院学报，2021（5）.

[26]吴淑莹.初中生耐挫力现状及其挫折教育研究[D].无锡：江南大学，2021.

[27]失文玉.新时期高中生挫折教育研究[D].武汉：华中师范大学，2017.

[28]韩璐.初中生同学关系与焦虑情绪的追踪研究[D].武汉：华中师范大学，2017.

[29]韦光彬.同学关系对初中生心理健康的影响：横断与纵向研究[D].贵阳：贵州师范大学，2020.

[30]谢桂华，张宪，孙嘉琦.交友之道：青少年同伴关系的影响因素研究[J].社会，2022（3）.

[31]王磊.青少年异性交往心理问题及教育对策研究[D].重庆：西南师范大学，2003.

[32]田海霞.初中生师生关系、同伴关系与学校适应的关系——亲子沟通的中介作用[D].成都：四川师范大学，2020.

[33]程星露.初中生师生关系对学习倦怠的影响：学业求助的中介作用和性别的调节作用[D].武汉：中南民族大学，2019.

[34]刘海涯.初中生师生关系对学业表现的影响：学校归属感与学业期望的中介作用[D].重庆：西南大学，2021.

[35]刘彩霞.小学儿童师生关系与其焦虑状况的关系研究[D].济南：山东师范大学，2011.

[36]张兴旭，郭海英，林丹华.亲子、同伴、师生关系与青少年主观幸福感关系的研究[J].心理发展与教育，2019（4）.

[37]江光荣.中小学班级环境：结构与测量[J].心理科学，2004（4）.

[38]周宗奎，孙晓军，赵冬梅，等.同伴关系的发展研究[J].心理发展与教育，2015（1）.

[39]姜兆萍，周宗奎.班级环境、学习效能感与高中生学习动机的关系[J].中国临床心理学杂志，2010（6）.

[40]高琨，邹泓，刘艳.初中生社会交往策略的发展及其与同伴接纳的关系[J].心理发展与教育，2002（4）.

[41]杨柯，张灏.留守初中生感知班级环境、人格特征对心理健康的影响[J].教学与管理(理论版)，2016（9）.

[42]杨建.男女中学生体重与心理健康的研究[J].现代预防医学，2010（14）.

[43]李瑾瑜.论师生关系及其对教学活动的影响[J].西北师大学报（社会科学版），1996（3）.

[44]张静，许祖祥.同学关系不良的形成原因及改善方法[J].教育家，2019（18）.

[45] 刘学兰, 江雅琴. 中小学生的同伴关系及其心理辅导策略[J]. 中小学德育, 2013 (12).

[46] 林崇德, 王耘, 姚计海. 师生关系与小学生自我概念的关系研究[J]. 心理发展与教育, 2001 (4).

[47] 闵容, 罗嘉文. 师生关系研究综述[J]. 教学研究, 2006 (1).

[48] 林崇德. 21世纪学生发展核心素养研究(修订版)[M]. 北京: 北京师范大学出版社, 2021.

[49] 崔允漷, 邵朝友. 试论核心素养的课程意义[J]. 全球教育展望, 2017 (10).

[50] 吴支奎, 杨洁. 研学旅行: 培育学生核心素养的重要路径[J]. 课程·教材·教法, 2018 (4).

[51] 周璇. 基于提升学生核心素养的研学旅行课程实施路径[J]. 当代旅游, 2021 (16).

[52] 殷世东, 汤碧枝. 研学旅行与学生发展核心素养的提升[J]. 东北师大学报（哲学社会科学版）, 2019 (2).

[53] 申红燕. 研学旅行: 学生核心素养培育的新路径[J]. 教师教育论坛, 2017 (10).

[54] 余发碧, 杨德军. 基于核心素养的研学旅行课程分类及设计[J]. 基础教育课程, 2021 (14).

[55] 李艳, 陈虹宇, 陈新亚. 核心素养融入的中国研学旅行课程标准探讨[J]. 教学研究, 2020 (3).

阅读推荐

1.《心理学与生活》(作者:理查德·格里格、菲利普·津巴多)

——本书以生活中的实际案例为基础,介绍了心理学的各个领域,包括认知、社会、发展等方面的内容,适合初学者和非心理学专业的读者。

2.《认知心理学》(作者:丁锦红、张钦、郭春彦等)

——该书是国内一本较好地讲述认知心理学的著作,系统地反映了认知心理学的核心概念,认知心理学的起源与发展、研究方法和人工智能;从注意、知觉与模式识别、记忆的编码与存储、记忆的提取和遗忘、长时记忆的知识组织、视觉表象与视觉记忆、语言与言语、推理、判断与决策、问题解决方面,详细描述和比较全面地剖析了认知心理学的基本原理和方法,对各方研究有一个系统的认识。

3.《我读天下无字书》(作者:丁学良)

——本书记述了出生于皖南农家的著名学者丁学良自20世纪80年代以来在美国、亚洲、欧洲、大洋洲等国家和地区的游学历程,是对各地奇异多彩的世事、人事、学界事的观察体悟。全书内容丰富、视野宏阔、叙述亲切,是不可多得的以脚、以眼、以脑、以心阅读"无字大书"的学术文化佳作。读"天下"这本无字的大书,无边又无际,无始亦无终。

4.《我只想站得直一点——黄玉峰教育演讲录》(作者:黄玉峰)

——特级教师黄玉峰从教49年来首次推出的教育演讲,以传播"人"的教育为主线,精选了《"人"是怎么不见的》《立身以读书为本》《今天我们怎样做父母》《我只想站得直一点》等讲座内容,还有作者亲自带领学生策划、开展"文化学旅"诗歌主题研学旅行的故事。本书适用于新手教育工作者——帮助他们更好地理解教育,做独立思考的实践者。

5.《旅行教育:让孩子走进世界大课堂》(作者:罗笑)

——本书从亲子旅行对孩子情商与智商的培养出发,通过旅行,提高孩子的"旅商",让旅行体验变得更好、更深刻;通过巧妙地规划行程、享受旅途和解决旅途困难,达到丰富亲子旅行经验、感受亲子旅行教育理念、提升孩子综合素质的目的。作者认为孩子的旅商培养不应局限于巧妙规划行程、享受旅途和解决旅途困难等方面能力的培养,而应该是远大于旅行的综合素质养成。本书寓旅游见闻、育儿观念、旅行攻略、亲子关系、旅商培养于一体,在旅行中融入更多的教育元素,对旅商做了更为全面的诠释和探索。充分利用旅行这片神奇的教育沃土,做到在旅行中既构建更亲密的亲子关系,又让孩子在探索精彩世界的过程中逐渐成为一个有想法、见识广、有教养的孩子。

6.《未来学校:重新定义教育》(作者:朱永新)

——未来学校没有补习,也不需要补习。将过去以知识传授为中心,转变为以学生为中心,激发每一个学生的优势潜能,强调在真实的世界中学习。孩子心灵的发展需要时间和空间,家长要给孩子留白的时间,而不是努力把孩子的时间塞满。如果孩子把学习当成一件痛苦的事情,变成一件忍辱负重的事情,学校却忘了激发孩子的兴趣和热情,那将是一件可悲的事情。别忘了,幸福比成功更重要,成人比成才更关键。教育的本质是培养学生一种积极的态度。未来已来,未来不是我们要去的地方,而是我们正在创造的地方。

7.《走向核心素养的新加坡教育:新加坡学校和课堂观察》(作者:周健)

——新加坡教育部于2012年开始了一场无声的教育变革。作者有幸于2014年、2017年两次深度参访新加坡中小学校,亲身体验了这场变革给学校管理、课程、学习方式等方面带来的新变化。本书图文并茂带领读者纵览新加坡教育变革全貌,深刻领会新加坡教育的使命、教育政策中的精神,为读者呈现新加坡教育变革的精髓——培养学生具有21世纪的核心素养与技能。

教学支持说明

为了改善教学效果，提高教材的使用效率，满足高校授课教师的教学需求，本套教材备有与纸质教材配套的教学课件和拓展资源（案例库、习题库等）。

为保证本教学课件及相关教学资料仅为教材使用者所得，我们将向使用本套教材的高校授课教师赠送教学课件或者相关教学资料，烦请授课教师通过加入旅游专家俱乐部QQ群或公众号等方式与我们联系，获取"电子资源申请表"文档并认真准确填写后发给我们，我们的联系方式如下：

地址：湖北省武汉市东湖新技术开发区华工科技园华工园六路

邮编：430223

研学旅行专家俱乐部QQ群号：487307447

研学旅行专家俱乐部
群号：487307447

扫码关注
柚书公众号

电子资源申请表

填表时间：_____年___月___日

1. 以下内容请教师按实际情况写，★为必填项。
2. 根据个人情况如实填写，相关内容可以酌情调整提交。

★姓名		★性别	□男 □女	出生年月		★职务	
						★职称	□教授 □副教授 □讲师 □助教

★学校		★院/系	
★教研室		★专业	
★办公电话		家庭电话		★移动电话	
★E-mail（请填写清晰）				★QQ号/微信号	
★联系地址				★邮编	

★现在主授课程情况	学生人数	教材所属出版社	教材满意度
课程一			□满意 □一般 □不满意
课程二			□满意 □一般 □不满意
课程三			□满意 □一般 □不满意
其 他			□满意 □一般 □不满意

教 材 出 版 信 息

方向一	□准备写 □写作中 □已成稿 □已出版待修订 □有讲义
方向二	□准备写 □写作中 □已成稿 □已出版待修订 □有讲义
方向三	□准备写 □写作中 □已成稿 □已出版待修订 □有讲义

请教师认真填写表格下列内容，提供索取课件配套教材的相关信息，我社根据每位教师填表信息的完整性、授课情况与索取课件的相关性，以及教材使用的情况赠送教材的配套课件及相关教学资源。

ISBN（书号）	书名	作者	索取课件简要说明	学生人数（如选作教材）
			□教学 □参考	
			□教学 □参考	

★您对与课件配套的纸质教材的意见和建议，希望提供哪些配套教学资源：